Lutz Kreller
Juristen im Unrecht

Schriftenreihe
der Vierteljahrshefte
für Zeitgeschichte

Im Auftrag des
Instituts für Zeitgeschichte München–Berlin
herausgegeben von
Jörn Leonhard, Stefanie Middendorf,
Margit Szöllösi-Janze und Andreas Wirsching

Redaktion:
Agnes Bresselau von Bressensdorf und Johannes Hürter

Band 129

Lutz Kreller

Juristen im Unrecht

—

Die Biografien von Otto Palandt (1877–1951) und
Heinrich Schönfelder (1902–1944)

ISBN 978-3-11-138229-6
e-ISBN (PDF) 978-3-11-138291-3
e-ISBN (EPUB) 978-3-11-138337-8
ISSN 0506-9408

Library of Congress Control Number: 2024944645

Bibliografische Information der Deutschen Nationalbibliothek
Die Deutsche Nationalbibliothek verzeichnet diese Publikation in der Deutschen
Nationalbibliografie; detaillierte bibliografische Daten sind im Internet über
http://dnb.dnb.de abrufbar.

© 2024 Walter de Gruyter GmbH, Berlin/Boston
Titelbilder: Die Standardwerke „Palandt" und „Schönfelder"; Bayerisches Staatsministerium der Justiz
Satz: bsix information exchange GmbH, Braunschweig
Druck und Bindung: CPI books GmbH, Leck

www.degruyter.com

Für F. L. E.
VERITAS – LIBERTAS – IUSTITIA

Inhalt

Der „Palandt" und der „Schönfelder": Eine Einleitung —— 1

I   Der Jurist Otto Palandt (1877–1951) —— 18
    1   1877–1899: Sozialisation eines nichtelitären Bildungsbürgers —— 18
    2   1900–1918: Karriere(um)wege und Erster Weltkrieg als Zäsur —— 27
    3   1918/19–1932: Demokratie als Interim —— 44
    4   1933–1945: Chancen und Engagement —— 54
    5   1945–1951: Nach dem „Zusammenbruch" —— 77

II   Der Jurist Heinrich Schönfelder (1902–1944) —— 86
    1   1902–1922: Ursprünge einer völkischen Ideologisierung —— 86
    2   1922/23–1944: Ein weltanschauliches Kontinuum —— 97

Palandt, Schönfelder und der Nationalsozialismus: Eine Bilanz —— 120

Dank —— 129

Abbildungen —— 131

Abkürzungen —— 133

Quellen und Literatur —— 135

Personenregister —— 153

Der „Palandt" und der „Schönfelder": Eine Einleitung

Otto Palandt (1877–1951) und Heinrich Schönfelder (1902–1944) fungierten für mehr als acht Jahrzehnte als Namensgeber von zwei juristischen Standardwerken: dem erstmals 1939 erschienenen „Palandt" – ein Kurzkommentar zum Bürgerlichen Gesetzbuch (BGB);[1] und einer ab 1932 publizierten Sammlung der wichtigsten „Zivil-, Straf-, Verfahrens- und Staatsrechtsgesetze für den täglichen Gebrauch": dem „Schönfelder".[2] Bereits 1929 war zudem das erste von insgesamt gut zwei Dutzend Heften der von Heinrich Schönfelder konzipierten Reihe „Prüfe dein Wissen" erschienen. Diese 1933 abgeschlossene Fallsammlung diente in Form eines Repetitoriums der Vorbereitung auf die juristischen Staatsexamina.[3] Als unverzichtbare Nachschlagewerke und essenzielle Arbeits- sowie Hilfsmittel begleiteten der „Palandt", der „Schönfelder" und „Prüfe dein Wissen" Generationen von Juristinnen und Juristen in Deutschland.

Die besondere Bedeutung der Werke verstärkte jüngst eine veritable Kontroverse. Denn auch wenn „Palandt" und „Schönfelder" vertraute, ubiquitäre Begriffe waren, die Studierende der Rechtswissenschaft gleichsam vom ersten Tag der Ausbildung an bis zum Ende ihrer Karriere begleiteten, wusste man über die Biografien der beiden Namensgeber sehr wenig. Ganz besonders fehlte eine historisch-wissenschaftlich fundierte, kritische Einordung und Bewertung ihres Wirkens während des Nationalsozialismus.[4]

Diese in der Öffentlichkeit und vor allem von Studentinnen und Studenten der Rechtswissenschaft artikulierte Kritik am Umgang mit den Persönlichkeiten Otto Palandt und Heinrich Schönfelder kann im Kontext einer in den letzten rund zehn Jahren immer stärker erkennbaren Tendenz verstanden werden, historisch-wissenschaftlich aufzuklären, wie „NS-belastet" Behörden, Ministerien und Ämter, aber etwa auch Landtage, Landesverwaltungen, gesellschaftliche und kulturelle Organisationen, waren. Im Mittelpunkt stand stets die Frage, welche Folgen die personellen und mentalen Überhänge aus der Zeit des „Dritten Reiches" für die Demokratiegründung der Bundesrepublik hatten.[5] Die Kritik des juristischen Nachwuchses am Umgang mit dem

---

1 Vgl. Palandt, Gesetzbuch.
2 Vgl. Schönfelder, Reichsgesetze.
3 Vgl. u. a. Schönfelder, Wissen (2. Heft); ders., Wissen (7. Heft); ders., Wissen (8. Heft); ders., Wissen (9. Heft); ders., Wissen (10. Heft).
4 Zur Kontroverse um Palandt u. Schönfelder vgl. u. a. Busse, Literatur; Loo, Palandt; ders., Auf den, Kommentaren. Vgl. auch Ronen Steinke, Justizminister will Nazi-Namen bei Jura-Standardwerken tilgen, in: Süddeutsche Zeitung, 10.5.2021; ders., Verlag beendet Ehrung von Nazis, in: Süddeutsche Zeitung, 27.7.2021. Zu einer kursorischen u. unkritischen Abhandlung der NS-Biografie Palandts vgl. Barnert, Station (2007); dies., Station (2016).
5 Vgl. u. a. Nolzen, Entwicklungstendenzen; Maubach/Middendorf, Ort; Kundrus/Steinbacher, Kontinuitäten; Bösch/Wirsching, Hüter; Raithel/Weise, Atom- und Forschungsministerium; Friedl, Demokratie; Kreller/Kuschel, „Volkskörper"; Danker/Lehmann-Himmel, Landespolitik, sowie die Projekte des Instituts für Zeitgeschichte München–Berlin (IfZ) zum Bundeskanzleramt: „Das Kanzleramt: Bundes-

„Palandt" und dem „Schönfelder" steht zugleich aber auch für mehr. Sie ist Element einer spezifischen Rezeptionsgeschichte, mithin Ausdruck eines Selbstverständigungsprozesses innerhalb der juristischen Zunft mit Blick auf den Umgang mit der Zeit des Nationalsozialismus und den Hypotheken des NS-Unrechts.[6]

Wie stark sich das Verantwortungsbewusstsein innerhalb der Rechtswissenschaft hin zu einem kritischen Umgang mit dem Thema „Recht und Nationalsozialismus" in den letzten Jahren gewandelt hat, lässt sich nicht allein am Streit um Otto Palandt und Heinrich Schönfelder ablesen, sondern auch an anderen konkreten Entscheidungen. So wurden jüngst mehrere Projekte zur historischen Erforschung von personellen und mentalen Kontinuitäten sowie Brüchen zwischen dem „Dritten Reich" und der frühen Bundesrepublik in Bezug auf die Arbeit der Bundesanwaltschaft, des Bundesverfassungsgerichtes sowie des Bundesarbeitsgerichtes initiiert,[7] nachdem bereits 2016 die Grundsatzstudie über das „Bundesministerium der Justiz und die NS-Zeit" erschienen ist.[8]

Auch wenn der „Palandt" vonseiten des Beck-Verlages im Herbst 2021 umbenannt und gleichzeitig beschlossen wurde, die letzten Verweise auf Heinrich Schönfelder als „Gründungsvater" einer der wichtigsten deutschen Gesetzessammlungen zu tilgen,[9] bleibt es eine fortwährende Aufgabe, sich mit den Kernfragen hinter der Kontroverse

---

deutsche Demokratie und NS-Vergangenheit", online: www.ifz-muenchen.de/aktuelles/themen/bundeskanzleramt (14.4.2022), sowie zum Thema: „Die Berlinale in der Ära Bauer", online: www.ifz-muenchen.de/aktuelles/aus-dem-institut/artikel/die-berlinale-und-die-aera-bauer (22.10.2022).

6 Vgl. in diesem Sinne u. a. Busse, Literatur; Loo, Palandt; ders., Auf den Kommentaren. Vgl. auch Ronen Steinke, Justizminister will Nazi-Namen bei Jura-Standardwerken tilgen, in: Süddeutsche Zeitung, 10.5.2021; ders., Verlag beendet Ehrung von Nazis, in: Süddeutsche Zeitung, 27.7.2021. Zur jüngsten grundsätzlichen Auseinandersetzung mit der Frage nach „NS-Belastungen" von Juristen nach 1945 vgl. u. a. Materna, Richter; Falk, Entnazifizierung; Nettersheim/Kiesel, Bundesministerium; Mertens, „Spitzenjurist".

7 Zur Bundesanwaltschaft vgl. Kießling/Safferling, Staatsschutz. Zum BVerfG vgl. das IfZ-Projekt: „Das Bundesverfassungsgericht nach dem Nationalsozialismus", online: www.ifz-muenchen.de/forschung/ea/forschung/das-bundesverfassungsgericht-nach-dem-nationalsozialismus (12.2.2022). Zum BAG vgl. das IfZ-Projekt: „Das Bundesarbeitsgericht zwischen Kontinuität und Neuanfang nach 1945", online: https://www.ifz-muenchen.de/forschung/ea/forschung/das-bundesarbeitsgericht-zwischen-kontinuitaet-und-neuanfang-nach-1945 (12.2.2023); Forschungsvorhaben – Geschichte des Bundesarbeitsgerichts, online: www.bundesarbeitsgericht.de/presse/forschungsvorhaben-geschichte-des-bundesarbeitsgerichts/?highlight=studie+vergangenheit (10.3.2022). Vgl. außerdem die Studien von Kißener/Roth, Notare, u. Weichbrodt, Geschichte, sowie das IfZ-Projekt zum Bayerischen Justizministerium: „Landesjustiz und NS-Vergangenheit. Demokratie und Diktaturnachwirkungen im Bayerischen Staatsministerium der Justiz", online: www.ifz-muenchen.de/forschung/ea/forschung/landesjustiz-und-ns-vergangenheit-demokratie-und-diktaturnachwirkungen-im-bayerischen-staatsministerium-der-justiz (12.2.2022).

8 Vgl. Görtemaker/Safferling, Akte.

9 Vgl. u. a. Bundesrechtsanwaltskammer: Beck Verlag benennt Palandt und Schönfelder um, online: www.brak.de/newsroom/news/beck-verlag-benennt-palandt-und-schoenfelder-um/ (2.11.2021). Der „Palandt" heißt ab der 21. Auflage (2021) „Grüneberg", nach dem Namen des BGH-Richters Christian Grüneberg. Der „Schönfelder" wurde umbenannt in „Habersack". Mathias Habersack war Präsident der Ständigen Deputation des Deutschen Juristentages. Vgl. hierzu online: https://rsw.beck.de/aktuell/daily/meldung/detail/beck-verlag-benennt-werke-nationalsozialistisch-belasteter-herausgeber-um (25.7.2024).

um Palandt und Schönfelder auseinanderzusetzen. Sie lauten: Wie lässt sich das Verhältnis von Recht und Nationalsozialismus adäquat historisch verorten? Und warum ist dies für den Alltag im heutigen liberalen Rechtsstaat relevant?

Die vorliegende Untersuchung, die auf einem Gutachten basiert, das das Bayerische Staatsministerium der Justiz 2021/22 beim Institut für Zeitgeschichte München–Berlin in Auftrag gegeben hat und das termingerecht nach zwölf Monaten Bearbeitungszeit fertiggestellt wurde, zielt zunächst primär darauf ab, wissenschaftlich zu klären, wie NS-belastet Otto Palandt und Heinrich Schönfelder waren. Hierzu werden die jeweiligen Karriereverläufe nicht allein hinsichtlich des „Dritten Reiches" in den Blick genommen. Vielmehr wird die gesamte Biografie Palandts bzw. Schönfelders erforscht – um davon ausgehend spezifische Prägungen ihres vor 1933 herausgebildeten Rechtsdenkens herauszuarbeiten. Erst die Identifikation von Traditionssträngen, die weit vor die Zeit des Regierungsantrittes der Nationalsozialistischen Deutschen Arbeiterpartei (NSDAP) und ihres „Führers" Adolf Hitler Ende Januar 1933 zurückreichen, verspricht, das Agieren Palandts und Schönfelders im Nationalsozialismus valide bewerten zu können.[10] In Bezug auf Otto Palandt wird darüber hinaus sein Wirken nach Ende des Zweiten Weltkrieges 1945 bis zu seinem Tod 1951 untersucht.

In diesem Sinne lauten die erkenntnisleitenden Fragen der vorliegenden Darstellung: Welche Faktoren beeinflussten das Rechtsdenken von Otto Palandt und Heinrich Schönfelder vor 1933? Wie manifestierte sich ihr juristisches Selbstverständnis im „Dritten Reich"? In welcher Beziehung standen für sie das Recht und die Weltanschauung des NS-Regimes und welche Funktionsänderung erfuhr aus ihrer Sicht die Kategorie „Recht" für Staat und Gesellschaft nach dem Ende der Weimarer Republik?

Ziel ist es zugleich aber auch, danach zu fragen, welche längerfristigen Folgen die amtliche Entnazifizierung Otto Palandts 1948 für die frühe Rezeptionsgeschichte des „Palandt" hatte und ob sich mit Blick auf beide Juristen und ihre Werke Paradigmatisches hinsichtlich des Umganges der juristischen Zunft mit den Hypotheken des nationalsozialistischen Unrechts ableiten lässt?

Unter wissenschaftlichen Gesichtspunkten ist diese Untersuchung methodisch wie inhaltlich in größere Kontexte eingebettet; einerseits in die Auseinandersetzung mit dem Thema Recht und Nationalsozialismus, andererseits in die Erörterung der Frage von NS-Belastung. Beide Diskurse waren seit 1945/49 stets miteinander verschränkt, differenzierten sich aber vor allem in den beiden zurückliegenden Jahrzehnten erheblich aus.[11]

---

[10] Zur Bedeutung langer Traditionsstränge im Rechtsdenken u. mentaler Prägungen vgl. insbes. Breuer, Ordnungen; Marxen, Kampf, sowie jüngst: Clausen, Roland Freisler; Hofer, Karl Konrad Werner Wedemeyer.
[11] Vgl. u. a. Falk, Entnazifizierung; Nettersheim/Kiesel, Bundesministerium; Materna, Richter; Mertens, „Spitzenjurist".

Beim Blick zurück fällt zunächst eine Parallele auf: Ganz ähnlich wie im Fall des „Nürnberger Ärzteprozesses" und seiner Wirkung hinsichtlich der Ärzteschaft hemmte auch der ebenfalls 1947 angestrengte „Nürnberger Juristenprozess", als Nachfolgeprozess der Alliierten zur Verurteilung von NS-Verbrechen, eine differenzierte und kritische Auseinandersetzung mit der Rolle und Funktion von Juristen während des „Dritten Reiches" – und zwar für Jahrzehnte.[12]

Abb. 1: Der Angeklagte Günther Joël (Bildmitte stehend, auf der Anklagebank), im „Dritten Reich" leitender Ministerialbeamter des Reichsjustizministeriums, während des Nürnberger Juristenprozesses, Dezember 1947

Denn 1947 und in der Folge wurde von Medizinern und von Juristen die Verurteilung von Kriegsverbrechern zum Argument für den „Schlussstrich" stilisiert. Nach Abschluss der Prozesse, so hieß es, sei alles zur Schuld von Juristen bzw. von Ärzten im Nationalsozialismus gesagt. Und wenn die Täter identifiziert und bestraft worden waren, konnten die Übrigen der Zunft nur entlastet sein. So lautete Anfang der 1950er

---

12 Zum sogenannten Nürnberger Juristenprozess u. zu seiner Bedeutung vgl. u. a. Le Bouedec, Juristen; Wiedemann, Täter; Perels, Juristenprozeß; Haensel, Urteil; Luber, Strafverteidigung; Reicher, Responsibility. Zum Urteil vgl. auch Zentral-Justizblatt für die Britische Zone, Juristenurteil. Zur Bedeutung des sogenannten Nürnberger Ärzteprozesses vgl. u. a. Oppitz, Medizinverbrechen; Ebbinghaus/Dörner, Vernichten; Mitscherlich/Mielke, Medizin.

Jahre die von beiden Berufsgruppen konstruierte, simplifizierende Logik.[13] Erfolg hatte diese Entlastungsstrategie des Unpolitischen in der frühen Bundesrepublik aufgrund eines gesellschaftlichen Grundkonsenses des Beschweigens der NS-Vergangenheit, des pragmatischen Endes der rigorosen Entnazifizierung aufseiten der West-Alliierten vor dem Hintergrund des begonnenen Kalten Krieges und des fehlenden historischen Wissens um den Nationalsozialismus. Alle drei Faktoren bedingten es, dass das Narrativ vom „unpolitischen Expertentum" mit Blick auf Juristen (und Mediziner) in der frühen Bundesrepublik verfing.[14] Der „Erfolg" des konstruierten kollektiv-exkulpierenden Narrativs erscheint retrospektiv dennoch paradox. Nichts zuletzt deshalb, weil die Erkenntnis, dass Recht im Nationalsozialismus niemals etwas Unpolitisches gewesen war, in den 1950er Jahren für niemanden neu sein konnte.

„Law as a Political Instrument", so prägnant hatte der britische Historiker Stephen H. Roberts ein Kapitel seines im Sommer 1938 in London veröffentlichten Buches „The House that Hitler Built" überschrieben.[15] Roberts war zwischen 1935 und 1937 durch Deutschland gereist. Als ausgewiesener Experte für westeuropäische Geschichte wollte er Feldforschung betreiben. Vor allem galt sein Interesse der Frage, wie stark die seit Januar 1933 bestehende NS-Herrschaft den deutschen Staat und die deutsche Gesellschaft verändert hatte. Dazu führte Roberts in allen Teilen des Deutschen Reiches Gespräche mit der Bevölkerung, traf Wirtschaftseliten, die Spitzen verschiedener Reichsministerien, die Führung der NSDAP und schließlich auch Adolf Hitler persönlich.[16]

Roberts' heute weithin vergessenes Buch fand zeitgenössisch breite Beachtung. Bereits 1939 erschien es in vierter und 1945 in zwölfter Auflage.[17] Auch der britische Premierminister Neville Chamberlain hatte es im Vorfeld seiner Verhandlungen mit dem NS-Regime 1938 gelesen.[18] Ideengeschichtlich wurde Roberts' Studie unmittelbar aufgegriffen. Beide 1941 bzw. 1951 veröffentlichten Standardwerke zur Herrschaftstechnik des Nationalsozialismus – Ernst Fraenkels auf Deutsch verfasstes, aber erstmals auf Englisch publiziertes Buch „The Dual State. A Contribution to the Theory of Dictatorship" und Hannah Arendts „The Origins of Totalitarianism" – nahmen Bezug auf Roberts' Befunde und seine scharfsinnigen Analysen und Beschreibungen des NS-Regimes.[19]

---

13 Vgl. Le Bouedec, Juristen; Wiedemann, Täter; Perels, Juristenprozeß; Dörner/Ebbinghaus, Vernichten; Weindling, Gerechtigkeit. Vgl. außerdem Leßau, Entnazifizierungsgeschichten.
14 Vgl. u. a. Leßau, Entnazifizierungsgeschichten; Günther, Denken; ders., Rechtsstaat; ders./Kreller, Beamter; Rigoll, Staatsschutz. Zur Ärzteschaft vgl. u. a. Ellerbrock, Democracy; Gerst, Neuaufbau.
15 Vgl. Roberts, House.
16 Vgl. ebenda, S. v–vii, 12.
17 Vgl. Roberts, House; ders., House (1945).
18 Vgl. Feiling, Life, S. 328.
19 Vgl. Fraenkel, Dual State; Arendt, Origins.

„The House that Hitler Built" ist allein deshalb eine einzigartige Untersuchung, weil sie offenbar werden lässt, wie deutlich der vom „Dritten Reich" vollzogene fundamentale Bruch mit elementaren Rechtsgrundsätzen und -traditionen als solcher zeitgenössisch erkennbar war. Roberts vermochte es darüber hinaus aber erstmals auch, die Rolle des politisch instrumentalisierten Rechts für das Funktionieren des Nationalsozialismus wissenschaftlich zu beschreiben. Er wies bereits 1938 luzide nach, dass es einer ahistorischen Legende glich, zu behaupten, es habe innerhalb der nationalsozialistischen Rechtsordnung auch nur die geringsten Residuen rechtsstaatlicher Verfahrensweise geben können: „Hitler's conception of law, as primarily a political weapon, has set the clock of the jurists back to the eighteenth century, back to the days of irresponsible despots and *lettres de cachet*."[20]

Ernst Fraenkel setzte hier an. Der 1941 veröffentlichte „Doppelstaat" zeichnete die für das NS-Recht eigentümliche Amalgamierung von Regelbasiertheit, Willkür und Illegalität nach. Er definierte die Gleichzeitigkeit eines Normen- und eines Maßnahmenstaates als Charakteristikum der Herrschaftstechnik des Nationalsozialismus. Und auch der Jurist Fraenkel wies mit seinem Buch analytisch nach, dass Recht im klassischen Sinn im „Dritten Reich" nicht mehr existierte.[21] Die Kategorie „Recht" war überwölbt und zugleich untergraben worden von einer politischen Ideologie. Recht war nicht länger Instrument zur Begrenzung politischer Macht, sondern wurde selbst machtpolitisch maximal instrumentalisiert – und zwar zur Um- und Durchsetzung einer Weltanschauung, die jeden traditionellen naturrechtlich-humanistischen Codex negierte.[22]

Die Realisierung einer entgrenzten rassistisch-völkischen politischen Agenda unter Zuhilfenahme pseudolegaler Techniken wird bei Hannah Arendt an einem einzigen Gesichtspunkt augenfällig: der unumschränkten Willkür. Willkür als Garant eines politisch instrumentalisierten Weltanschauungsrechts; als Antipodin von Liberalität, Rechtsstaatlichkeit, Gewaltenteilung, Pluralismus und Selbstbestimmung des Einzelnen.[23]

Roberts, Fraenkel und Arendt waren sich im Grunde einig in der Feststellung, dass der Nationalsozialismus Recht und Normen als solche nicht ablehnte, sondern zwei Ziele verfolgte: zum einen den „alten" tradierten Rechtsrahmen zu überwinden, und zum anderen die Ordnung des Rechts umzuformen, indem neue, „revolutionäre" Grundsätze einer politischen Gesinnungsjustiz aufgestellt wurden. Den Wesenskern der neuen, utilitaristisch-rassistischen und illiberal-aggressiven nationalsozialistischen

---

20 Zum Zit.: Roberts, House, S. 283 (Hervorhebung im Original).
21 Vgl. Fraenkel, Doppelstaat.
22 Zur NS-ideologischen Programmatik gegenüber dem Recht u. a. die Aussagen im Parteiprogramm der NSDAP der 1920er Jahre in: Rosenberg/Hitler, Wesen, sowie Dietze, Naturrecht; Freisler, Recht; Frank, Technik; ders., Lebensrecht; ders., Nationalsozialismus; Fauser, Gesetz. Vgl. auch die Edition von Pauer-Studer/Fink, Rechtfertigungen.
23 Vgl. Arendt, Elemente.

Rechtsphilosophie fasste 1934 der seinerzeit als „Reichsjustizkommissar" fungierende Hans Frank prägnant zusammen: „Die Einzelpersönlichkeit kann vom Recht nur noch unter dem Gesichtspunkt seines Wertes für die völkische Gemeinschaft gewertet werden. [...] Im nationalsozialistischen Staate kann das Recht immer nur ein Mittel sein zur Erhaltung, Sicherstellung und Förderung der rassisch-völkischen Gemeinschaft."[24]

Abb. 2: Hans Frank, Generalgouverneur des Generalgouvernements, während einer Rede in Krakau 1940

Roland Freisler, neben Frank der bekannteste Jurist der NSDAP, definierte das Verhältnis von Recht und Politik im neuen NS-Staat folgendermaßen: „Politik ist Volksführung. Sie wird von der Lebensidee des Volkes beherrscht. Politik treibt in ihrer Gesamtplanung wie in der Festlegung der Grundlinien ihrer Durchführung das zentrale Willensorgan des Volkes: der Führer."[25] Im „Dritten Reich" sei zudem, so Freisler weiter, ein Gesetz ein „unmittelbarer Willensausdruck des Führers" und damit per se legal, legitim und universell gültig: „Eine Nachprüfung von Führerhandlungen steht niemandem zu."[26] Hinsichtlich der von ihm ausgemachten Unsinnigkeit der Gewaltenteilung präzisierte Freisler weiter: Die Rechtspflege sei im „Dritten Reich" ein „politisches Organ der Volksführung" und nur Hitler persönlich verantwortlich; Recht und Rechtspflege seien überdies „innerlich an den Nationalsozialismus als Leitidee gebunden", und sie repräsentierten ein „Kämpfertum für den Nationalsozialismus".[27]

---

24 Vgl. Frank, Nationalsozialismus, S. 8.
25 Vgl. Freisler, Recht, S. 194.
26 Vgl. ebenda, S. 194 f.
27 Vgl. ebenda, S. 194–197.

Abb. 3: Roland Freisler als Staatssekretär im preußischen Justizministerium in Parteiuniform der NSDAP, 1935

Der Nationalsozialist Freisler hatte damit die Wesensmerkmale des nationalsozialistischen Rechtsbegriffes benannt, die Roberts, Fraenkel und Arendt als analytische Kategorien ins Zentrum ihrer Untersuchungen rückten: absolute weltanschaulich-politische Durchdringung, alleinige Verfügungsgewalt Hitlers und (Selbst-)Aufgabe jedweder regulierend-kontrollierenden Funktion von politischer Macht. Hans Frank und Roland Freisler propagierten keine abstrakten Theorien. Ab Januar 1933 wurden die neuen nationalsozialistischen Rechtsprämissen in der Praxis unmittelbar umgesetzt. Drei Beispiele aus den ersten Wochen der Kanzlerschaft Hitlers lassen den radikalen Zäsurcharakter des Nationalsozialismus für die deutsche Rechtsgeschichte erkennen.

Das neue Verständnis in Bezug auf rechtsförmige Traditionen bzw. das politisch missliebigen Personen verbliebene Maß an Rechten dokumentierte bereits der Fall von Marinus van der Lubbe. Der mutmaßliche Brandstifter und Verantwortliche für das Feuer im Berliner Reichstag Ende Februar 1933 wurde zum Tode verurteilt und hingerichtet – obwohl zum Tatzeitpunkt das deutsche Strafgesetzbuch für Brandstiftung als höchstes Strafmaß Haft vorsah.[28] Reichsjustizminister Franz Gürtner brachte die nationalsozialistische Logik hinter dieser Negierung des klassischen Rechtsgrundsatzes des Rückwirkungsverbotes auf den simplen Nenner: „Unrecht ist künftig in Deutschland auch da möglich, wo es kein Gesetz mit Strafe bedroht. [...] Dem Satz Nulla poena sine lege wird also der Satz entgegengestellt: Nulla crimen sine poena. Damit stellt der Nationalsozialismus dem Strafrecht eine neue hohe Aufgabe: Die Verwirklichung wahrer Gerechtigkeit."[29]

---

28 Vgl. u. a. Epping, Lex van der Lubbe.
29 Vgl. Gürtner, Gedanke, S. 9, 11.

Abb. 4: Der Angeklagte Marinus van der Lubbe (Bildmitte mit gesenktem Kopf) während des Reichstagsbrandprozesses vor dem Reichsgericht in Leipzig, 20. Oktober 1933

Das „revolutionäre" Element des nationalsozialistischen Rechtsverständnisses tritt auch an einem zweiten Beispiel zutage: der im März 1933 verkündeten „Verordnung über die Gewährung von Straffreiheit".[30] Ihr zufolge wurden alle Straftaten, „die im Kampfe für die nationale Erhebung des Deutschen Volkes, zu ihrer Vorbereitung oder im Kampfe für die deutsche Scholle begangen" worden waren, nicht verfolgt. Paragraf drei regelte ausdrücklich, dass alle noch laufenden diesbezüglichen Verfahren einzustellen und neue nicht einzuleiten waren.[31]

Das bedeutete – erstmals vonseiten der NSDAP expressis verbis in einer Norm formuliert –, dass die politischen Motive des Täters maßgeblich für die Beurteilung der Strafwürdigkeit seiner Tat wurden. Also faktisch jede Person unter anderem für Körperverletzung, Totschlag und Mord nicht belangt wurde, sofern ihr Handeln dem „Kampfe" (oder auch nur der „Vorbereitung" des Kampfes) „für die nationale Erhebung des Deutschen Volkes" galt. Formal als ein alltäglich-triviales Verordnungskonstrukt bemäntelt, vollzog sich mit ihm gleichwohl ein fundamentaler Paradigmenwechsel hinsichtlich der Funktion von Recht für die Gesellschaft. Die Verordnung implementierte eine weitere, in der deutschen Rechtsgeschichte präzedenzlose Entgrenzung und Umwertung traditioneller rechtlicher Normen.[32]

---

30 Vgl. RGBl. I, 1933, Nr. 24, Verordnung des Reichspräsidenten über die Gewährung von Straffreiheit, 21.3.1933, S. 134 f.
31 Vgl. ebenda, § 3, S. 134.
32 Vgl. u. a. Kluke, Potempa.

Wie ambivalent und doppelsinnig das Verhältnis zum Recht aufseiten Hitlers und der NSDAP-Führung war, zeigt schließlich auch die eigentliche rechtliche Basis der nationalsozialistischen Herrschaft zwischen 1933 und 1945. Hitler hatte bereits 1930 als Zeuge in einem Hochverratsprozess gegen Nationalsozialisten vor dem Reichsgericht einen „Legalitätseid" geleistet und geschworen, die politische Macht nur auf legalem Wege erringen zu wollen. Weder in der Öffentlichkeit noch in den Augen der administrativ-bürokratischen Eliten wollten er und seine nationalsozialistische „Bewegung" als „illegitim" gelten und drangen daher stets darauf, eine gesetzlich fundierte Grundlage der „Machtergreifung" zu schaffen. Sie sollte nie regellos sein, sondern pseudolegal ablaufen, indem eine weltanschaulich-ideologisch fundierte politische Programmatik in Gesetzesform gegossen wurde, um sie unter Aufgabe jedweder formal-administrativen Hemmnisse auf dem Verwaltungsweg durchzusetzen.[33]

Der Prozess der nationalsozialistischen Machtsicherung im Frühjahr 1933 basierte in diesem Sinne rechtlich auf drei Säulen: der „Reichstagsbrandverordnung", dem „Ermächtigungsgesetz" und der „Gleichschaltung der Länder".[34] Hergebrachte rechtsförmige Verfahren anzuerkennen und einzuhalten war nicht Bestandteil der „Machtergreifung", denn neben einer föderalen Kontrolle politischer Macht wurde durch die NSDAP auch die gesetzgebende Funktion des Reichstages 1933 unmittelbar aufhoben, die Pressefreiheit abgeschafft und die politische Opposition ausgeschaltet. Auch das sogenannte Ermächtigungsgesetz war de jure in seinem Zustandekommen illegal und verstieß gegen die Weimarer Reichsverfassung. Nur waren die Erosion des deutschen Rechtsstaates, die „Entparlamentarisierung der Weimarer Demokratie" und die vonseiten der Präsidialregierung begonnene „Zerstörung des Weimarer Verfassungsgefüges" im Januar 1933 bereits vor Antritt der Regierung Hitlers so weit vorangeschritten, dass die pseudolegale Etablierung der nationalsozialistischen Diktatur gelingen konnte.[35]

Zwei banale Sätze beendeten im Frühjahr 1933 die Demokratie in Deutschland, verdichteten zugleich das ambigue Selbstverständnis des Nationalsozialismus von Recht und gaben dem ambivalent-paradoxen Spannungsverhältnis nationalsozialistischer Pseudolegalität Ausdruck: „Reichsgesetze können außer in dem in der Reichsverfassung vorgesehenen Verfahren auch durch die Reichsregierung beschlossen werden"; „Die von der Reichsregierung beschlossenen Reichsgesetze können von der Reichsverfassung abweichen."[36]

---

33 Vgl. auch Stolleis, NS-Recht; ders., Gemeinwohl; Wirsching, Republik; ders., Weltkrieg; ders., Jahr; ders., Schicksalsjahr; Krohn, Justiz. Vgl. auch Turner, Weg; Bracher/Sauer/Schulz, Machtergreifung; Broszat, Machtergreifung.
34 Zu den Verordnungen u. Gesetzen vgl. RGBl. I, 1933, Nr. 17, Verordnung des Reichspräsidenten zum Schutz von Volk und Staat, 28.2.1933, S. 83; RGBl. I, 1933, Nr. 25, Gesetz zur Behebung der Not von Volk und Reich, 24.3.1933, S. 141; RGBl. I, 1933, Nr. 29, Vorläufiges Gesetz zur Gleichschaltung der Länder mit dem Reich, 31.3.1933, S. 153 f.
35 Vgl. Wirsching, Schicksalsjahr, S. 10 f. Vgl. auch ders., Jahr; ders., Weimarer Republik.
36 Vgl. RGBl. I, 1933, Nr. 25, §§ 1 u. 2, Gesetz zur Behebung der Not von Volk und Reich, 24.3.1933, S. 141.

Was die zeitgenössischen Studien von Roberts und Fraenkel erkannten – und auch Arendt später beschrieb –, war genau dies: Hitler und die NSDAP wollten sich zur Ausübung ihrer Herrschaft einer in Gesetzen und Normen verschriftlichten Form bedienen, aber immanent weder klassisch rechtsförmige Verfahren als Begrenzung von Macht anerkennen noch andere Prämissen außer die einer rassistisch-völkischen, antisemitischen, biologistischen, illiberalen und aggressiven Weltanschauung als Fundamente des Rechts akzeptieren. Und die Errichtung einer weltanschaulich durchdrungenen und von einer politischen Ideologie definierten neuen Rechtsordnung als Basis von Herrschaft war kein Fernziel des Nationalsozialismus, sondern eine Realität im juristischen Alltag in Deutschland ab dem Zeitpunkt des Machtantrittes von Reichskanzler Adolf Hitler am 30. Januar 1933.[37]

Die gesellschaftliche Debatte wie auch die historische Forschung zum Thema Recht und Nationalsozialismus fielen nach 1945/49 aber zunächst hinter den von Roberts, Fraenkel und Arendt herausgearbeiteten Erkenntnisstand zurück. Im Schatten des exkulpierend wirkenden „Nürnberger Juristenprozesses" und des Narrativs vom „unpolitischen" Rechtsexperten reproduzierte auch die historische Forschung mehrheitlich die Erzählung von einer während des NS-Regimes „gefesselten" und „missbrauchten Justiz". Sie sei Opfer geworden von fanatischen Ideologen, denen es vorgeblich erst 1941/42 gelungen war, die letzten bis dahin wohl gehüteten „Bastionen" des Rechtsstaates zu schleifen. Der Mehrheit der „normalen" Rechtsexperten, die die schlimmsten Exzesse während der NS-Herrschaft angeblich hatte verhindern können, stand die Minderheit nationalsozialistischer Dogmatiker der SS und Adolf Hitler persönlich gegenüber. Nur Letztere seien verantwortlich gewesen für begangenes Unrecht und hatten sich schuldig gemacht.[38]

Die Jahrzehnte währende Fortgeltung dieses unkritischen und apologetischen Narrativs innerhalb der historischen Forschung – aber auch innerhalb des gesellschaftlichen Diskurses zum Thema Recht und Nationalsozialismus in der Bundesrepublik – zeigt, wie wirkmächtig es war.[39] Als Ende der 1960er Jahre erstmals die Rolle des Rechts im „Dritten Reich" in einem größeren Forschungsverbund untersucht werden sollte, galt es als notwendig, dass während des NS-Regimes selbst aktiv gewesene Juristen die wissenschaftliche Arbeit durchführten.[40] Nicht zuletzt aufgrund mangelnder wissenschaftlicher Objektivität scheiterte das geplante Projekt „Die deutsche Justiz und der Nationalsozialismus" innerhalb weniger Jahre.[41]

---

37 Vgl. u. a. Stolleis, NS-Recht. Vgl. auch Arendt, Elemente; Fraenkel, Doppelstaat; Roberts, House.
38 Vgl. exemplarisch die Argumentation bei Heiber, Justiz. Vgl. auch Schorn, Richter.
39 Zur Fortgeltung vgl. etwa die Argumentation bei Reitter, Franz Gürtner; Wulff, Staatssekretär. Eine Ausnahme bildete etwa die von Reinhard Strecker Ende der 1950er Jahre konzipierte Ausstellung „Ungesühnte Nazijustiz", vgl. u. a. Glienke, Ausstellung.
40 Vgl. das Vorwort von Helmut Krausnick in: Weinkauf, Justiz.
41 Zur kritischen Analyse vgl. Zarusky, Volksgerichtshof-Studie.

Erst im Nachgang zur Historikerkontroverse zwischen „Intentionalisten" und „Funktionalisten", einer sich weiter ausdifferenzierenden historischen Forschung und einer beginnenden neuen Historisierung der Weimarer Demokratie bzw. der Ursachen ihres Scheiterns konnten ab den frühen 1990er Jahren auch wesentliche Erkenntnisfortschritte mit Blick auf die administrativ-strukturelle Funktionsweise des NS-Regimes und die Arbeit des Verwaltungsapparates generiert werden.[42]

Parallel hierzu differenzierte sich das historische Wissen um Fragen von Schuld und die Schattierungen von (Mit-)Täterschaft aus, nicht zuletzt basierend auf den neu gewonnenen Erkenntnissen über die Schoah und die streng administrativ-bürokratisch organisierten und per Gesetz, Verordnung und Weisung geregelten Abläufe der NS-Krankenmordprogramme zwischen 1939 und 1945. Die Kategorie Recht war hier stets adressiert, denn es zeigten sich gerade beim Krankenmord oftmals auf lokaler Ebene individuell vollzogene Selbstermächtigungsprozesse bei de lege lata auch im „Dritten Reich" niemals legalisierten Handlungen.[43]

Abb. 5: Die sogenannte Gaskammer der „Heil- und Pflegeanstalt" Sonnenstein bei Pirna, aufgenommen 1995. Die Einrichtung war eine von reichsweit sechs Tötungsanstalten des zwischen 1939 und 1945 planmäßig betriebenen nationalsozialistischen Krankenmordprogrammes.

---

42 Vgl. u. a. Middendorf, Macht; Caplan, Government; Bracher, Zeit; ders., Diktatur; Maier, Past; Kielmansegg, Schatten; Brozat, Staat; Winkler, Weimar; ders., Weimar im Widerstreit; ders., Schein; Wirsching, Jahr; ders., Weltkrieg; Longerich, Deutschland; ders., Politik; Dülffer, Geschichte; Burleigh, Zeit. Zur neueren Forschung im Hinblick auf die Verwaltung des NS vgl. insbes. Hachtmann, Effizienz; Kuller, Verwaltung; Reichardt/Seibel, Staat.
43 Vgl. u. a. Hilberg, Vernichtung; Friedländer, Juden; Herbert, Ulrich Best; Berger, Karrieren; Klee, Medizin; ders., „Euthanasie"; Burleigh, Tod; Doetz, Alltag; Eckart, Medizin.

Die neuesten Forschungsergebnisse belegen: Es bedurfte keines „Euthanasie"-Gesetzes, damit Täter sich im Recht wähnten beim Ermorden von Schutzbefohlenen in Heil- und Pflegeanstalten aufgrund einer diagnostizierten „Minderwertigkeit" für das Volksganze. Im Sinne des NS-Rechts und seiner immanenten „revolutionären" pseudolegalen Konstruktionslogik konnte der 1939 systematisch begonnene Krankenmord ganz ohne Gesetz und eine Strafrechtsreform Legalität beanspruchen, obwohl er nach dem Strafgesetzbuch illegal blieb. Denn mit dem am 15. August 1939 im Reichsgesetzblatt veröffentlichen Erlass des „Führers" über sein Niederschlagungsrecht im ärztlichen Berufsgerichtsverfahren stand fest, dass die deutsche Ärzteschaft nicht befürchten musste, für die „Euthanasie" belangt zu werden. Und die Täter des Krankenmordes wollten ihr Tun ausdrücklich auch zur Selbstrechtfertigung als legal verstanden wissen. Die Kenntnis des „Führerwillens", der Straflosigkeit auch für Handlungen proklamierte, die nach dem Wortlaut des Strafgesetzes strafbar waren, motivierte das Gefühl, eine zwar strafrechtlich verbotene, gleichwohl dem Willen der NSDAP und des „Führers" genehme Handlung auszuführen, die allein durch Hitler persönlich legalisiert wurde, weil sie angeblich unverzichtbar und notwendig war.[44]

Aber auch bei der Erforschung der durch ein Juristenmonopol geprägten Beamtenschaft während des „Dritten Reiches" stand die Kategorie Recht mittel- wie unmittelbar im Zentrum der Darstellung.[45] In vielerlei Hinsicht ergänzten und erweiterten die Forschungen zur „Regionalität im NS" in den 2000er Jahren klassische Arbeiten zur Verwaltungslogik des Nationalsozialismus, indem aufgezeigt wurde, wie entscheidend die individuelle Mobilisierung „von unten" war, die oftmals Dysfunktionalität ausglich. Der Wille, dem „Führer entgegen zu arbeiten", erzeugte wiederum Effizienz und Effektivität.[46] Die lange Zeit geltende Annahme, die NS-Verwaltung sei geprägt gewesen von einem ineffizienten polykratischen Chaos wurde damit widerlegt. Damit schärfte die Forschung zugleich den Blick für die Instrumentalisierung und Politisierung von Recht im „Dritten Reich" substanziell.[47]

Auch wenn einzelne, dezidiert rechtsgeschichtliche Werke bereits in den 1970er bzw. 1980er Jahren einen differenzierten und kritischen Blick auf das Thema „Recht und Nationalsozialismus" einnahmen,[48] blieb die Persistenz der Erzählung von einer

---

44 Zum „Führer-Erlass" vom 15.8.1939 u. zu seiner Bedeutung als „Euthanasie"-Gesetz vgl. Kreller/Kuschel, „Volkskörper", S. 163–166, 188–196. Zum Erlass vgl. RGBl. I, 1939, Nr. 146, Erlaß des Führers und Reichskanzlers über die Ausübung des Gnadenrechts in der Berufsgerichtsbarkeit der Ärzte, Tierärzte und Apotheker, 15.8.1939, S. 1447.
45 Zur Beamtenschaft im „Dritten Reich" vgl. insbes. Mommsen, Beamtentum; Caplan, Servant; dies., Government.
46 So die Aussage des Staatssekretärs im preußischen Landwirtschaftsministerium Werner Willikens 1934, zit. n. Kershaw, Hitler, S. 663.
47 Zur Regionalität im NS vgl. insbes. Mecking/Wirsching, Stadtverwaltung; Gotto, Kommunalpolitik; Gruner, Kommunen; John/Möller/Schaarschmidt, NS-Gaue. Vgl. außerdem Steber/Gotto, Visions.
48 Vgl. etwa Rottleuthner, Recht; Säcker, Recht; Stolleis, Gemeinschaftswohl; Wrobel, Otto Palandt zum Gedächtnis; ders., Otto Palandt.

nach 1933 fortbestehenden rechtsstaatlichen Normalität bzw. einer von NS-Ideologen missbrauchten Justiz eine wesentliche Konstante der rechtshistorischen Forschung.[49] Basierend auf der allgemeinen geschichtswissenschaftlichen Forschungsentwicklung differenzierte sich innerhalb der Rechtsgeschichte zu Beginn der 2000er Jahre ein neuer, analytisch-kritischer Forschungszugang heraus.[50] Paradigmatisch für dessen thematische Differenziertheit stehen durchaus auch die rechtswissenschaftlichen Arbeiten, die sich mit der Rolle von „Juristen als Wegbereiter der Verbrechen an Psychiatriepatienten" nach 1933 bzw. auch mit der juristischen Rezeption des Eugenik- und des „Euthanasie"-Diskurses in Deutschland seit dem Ende des 19. Jahrhunderts auseinandersetzten.[51] Dass Privatheit vor Gericht und im Recht in Deutschland zwischen dem 30. Januar 1933 und dem 8. Mai 1945 aufgehört hatte zu existieren, konnte als Befund erst jüngst von der Zeitgeschichtsforschung präzise herausgearbeitet werden.[52]

Konkret bezogen auf Otto Palandt und Heinrich Schönfelder existieren bis dato kaum biografische Studien. Allein aufgrund seiner Funktion als Präsident des im „Dritten Reich" neu etablierten Reichsjustizprüfungsamtes zwischen 1934 und 1943 hat Palandt im Vergleich zu Schönfelder die stärkere Beachtung der rechtswissenschaftlichen Forschung gefunden. Während über Letztgenannten nur eine längere biografische Monografie aus dem Jahr 1997 vorliegt,[53] thematisieren im Falle Palandts verschiedene neuere Aufsätze seinen beruflichen Werdegang vor 1933 facettenreich und quellengestützt – sparen jedoch seine NS-Biografie aus bzw. behandeln sie kursorisch und unkritisch.[54]

In der einzigen bislang vorliegenden Arbeit zum Reichsjustizprüfungsamt wiederum, die 2019 erschien, wird der erste und langjährige Präsident der Einrichtung nur am Rande behandelt.[55] Der seinerzeit eher als Mutmaßung formulierten Aussage, Palandt habe sich an der Spitze des Reichsjustizprüfungsamtes nicht politisch engagiert und sei hinsichtlich der Amtsführung als „opportunistisch", „blass, behäbig" und schwerfällig zu charakterisieren,[56] steht der generell erarbeitete Forschungsstand zur Lebensrealität in der nationalsozialistischen Diktatur entgegen. Und Letzterer bedeu-

---

49 Vgl. u. a. die Argumentation bei Löffler, Diensttagebuch; Wulff, Staatssekretär; König, Dienst.
50 Vgl. insbes. u. a. Schumann, Kontinuitäten; Müller-Dietz, Recht; Stolleis, Geschichte (1999); ders., Geschichte (2002); Wiener, Schule. Vgl. auch Steinweis/Rachlin, Law, sowie Clausen, Roland Freisler.
51 Vgl. Merkel, Eugenik; Meussinger, Juristen.
52 Vgl. Christians, Private.
53 Vgl. Wrobel, Heinrich Schönfelder.
54 Zur Darstellung der Karriere vor 1933 vgl. Slapnicar, Karriereknick. Zu einer kursorischen u. unkritischen Abhandlung von Palandts NS-Biografie vgl. Barnert, Station (2007); dies., Station (2016), die ebenfalls Palandts Karriere vor 1933 betrachtet.
55 Vgl. Würfel, Reichsjustizprüfungsamt. Auch in der in 2021 veröffentlichten Studie zum „Gemeinschaftslager Hanns Kerrl", das dem Reichsjustizprüfungsamt unterstand, wird Palandt nur am Rande betrachtet, vgl. Schmerbach, Gemeinschaftslager.
56 Vgl. Würfel, Reichsjustizprüfungsamt, S. 185.

tet: Es ist außerordentlich unplausibel anzunehmen (und Gegenteiliges müsste zumal als Schlussfolgerung in einer Publikation ganz besonders sorgfältig begründet werden), dass es der NSDAP und dem Reichsjustizministerium bei einer neu gegründeten und ideologisch stilisierten Einrichtung wie dem Reichsjustizprüfungsamt gleichgültig gewesen sei, wer an der Spitze der Behörde stand bzw. es dieser Person erlaubt war, ihr Präsidentenamt über Jahre hinweg „blass" und „behäbig" auszuüben.

Die Publikation zum Reichsjustizprüfungsamt fiel auch hinter den Stand der Forschung aus den Jahren 1982 bzw. 1984 zurück. In den seinerzeit veröffentlichten Aufsätzen über Palandts Karriere während des „Dritten Reiches" standen keineswegs die Argumente der Passivität, des Opportunismus und einer Widerwilligkeit im Mittelpunkt. Vielmehr wurde differenziert und kritisch, vor dem Hintergrund des damaligen Wissensstandes zum Funktionieren des Nationalsozialismus und den Dimensionen von „NS-Belastung", Palandts intrinsisch motivierte Umtriebigkeit als Präsident des Reichsjustizprüfungsamtes erörtert.[57]

Das Fazit lautete Anfang der 1980er Jahre: „Wir Juristen in der Bundesrepublik Deutschland haben zur Kenntnis zu nehmen, daß unter uns der Name und das Werk eines Mannes lebendig geblieben sind, der nach allem, was wir von ihm wissen, ein Baumeister am Unrechtsstaat des Dritten Reiches war. Man kann es auch weniger pathetisch sagen. Wir haben einen Mann vor uns, der den Nationalsozialismus seine Karriere verdankte und ihnen in einer Weise diente, die uns fragen läßt, ob Palandt nicht weit mehr war als der fachmännisch arbeitende, bloß äußerlich angepaßte Opportunist. Juristen haben einen Ausdruck dafür, wenn jemand einen Erfolg bewußt und gewollt herbeiführt: sie nennen es Absicht."[58]

Völlig zu Recht wurde 1982 darauf hingewiesen, dass Palandt mit der Beförderung zum Präsidenten des Reichsjustizprüfungsamtes einen enormen beruflichen Aufstieg erlebte. Er stand 1933 altersmäßig praktisch am Ende seiner Karriere und hätte kein Amt antreten müssen, das er nicht mit eigener Überzeugung auch antreten wollte – und zwar deshalb, um darin nachhaltig zu wirken. War Palandt damit aber qua Amt ein „Baumeister" des nationalsozialistischen Unrechtsstaates? Wie verhält es sich in seinem Falle mit der Kategorie „NS-Belastung" konkret? War er nur „äußerlich" an den Nationalsozialismus angepasst oder auch „innerlich" von ihm überzeugt? Und wenn Letzteres der Fall war: Wie lassen sich die Schnittmengen bestimmen, die Palandt mit dem NS-Regime teilte und die seine Affinität begründeten? Diese Fragen blieben seit den frühen 1980er Jahren unbeantwortet. Sie wurden damals aber immerhin formuliert.

Die 2016 erschienene Festschrift zur 75. Auflage des Palandt'schen BGB-Kommentars negierte diese Aspekte und fiel hinter den allgemeinen Forschungsstand zur NS-Rechtsgeschichte zurück. Die einzige im Sammelband präsentierte biografisch angelegte Studie kam hinsichtlich der Karriere Palandts ab 1933 zum Schluss, er sei „geschmeidig auf die Knie gefallen", aber „kein Roland Freisler gewesen"; wiederholt wurden da-

---

57 Zu den Arbeiten der 1980er Jahre vgl. Wrobel, Otto Palandt zum Gedächtnis; ders., Otto Palandt.
58 Vgl. Wrobel, Otto Palandt zum Gedächtnis, S. 16.

mit Deutungen im Stil des Ich-Erzählers literarischer Prosa, die identisch bereits 2007 in einem Aufsatz vorgebracht worden waren.[59] Hinter den Forschungsstand zurück fiel die Publikation allein deshalb, weil unzählige, auch 2016 bereits bekannte Details der Biografie des Vize- und Präsidenten des Preußischen Juristischen Landesprüfungsamtes und Präsidenten des Reichsjustizprüfungsamtes, die der positiven Interpretation widersprachen, völlig negiert wurden. Die Publikation aus Anlass der 75. Auflage des „Palandt" erscheint in ihrer Anlage umso bemerkenswerter, als praktisch zeitgleich (und im gleichen Verlag) die grundlegende Studie zur frühen Geschichte des Bundesjustizministeriums (BMJ) erschien. Darin behandelt wurde ausdrücklich die Frage, welche personal- und sachpolitischen Kontinuitäten und Brüche zwischen dem „Dritten Reich" und dem neu etablierten BMJ in den ersten Jahren nach 1949 bestanden.[60]

Mit anderen Worten: Die BMJ-Studie legte Ergebnisse dazu vor, welche NS-Belastungen sich im Hinblick auf den Bereich der bundesdeutschen Spitzenbehörde der Justiz ausmachen ließen und welche aus der NS-Zeit tradierten Überzeugungen im Rechtsdenken identifizierbar waren. Im Ergebnis dieser historischen Untersuchung stand etwa die Erkenntnis, dass während des „Dritten Reiches" verfestigte rassistisch-illiberale Grundüberzeugungen bei einer Vielzahl von Rechtsgebieten Eingang in die junge bundesdeutsche Demokratie und ihre Rechtsgeschichte gefunden hatten.[61] Vor allem lieferte der Band zum Bundesjustizministerium aber auch ein methodisches Instrumentarium, das es ermöglichte, die „NS-Belastung" von Juristen zu bemessen.

2016 hätte man also auch im Falle der Festschrift zur 75. Auflage des „Palandt" problemlos das folgende Beispiel erörtern können: „Schon zeitlich vorher, nämlich am 5.11.1937 (RGBl. I S. 1161) hatte das Gesetz über die erbrechtlichen Beschränkungen wegen gemeinschaftswidrigen Verhaltens den Ausschluß ausgebürgerter Personen vom Erwerb von Todes wegen und vom Erwerb durch Schenkung sowie das Recht eines Erblassers deutscher Staatsangehörigkeit und deutschen oder artverwandten Blutes einem Abkömmling den Pflichtteil zu entziehen für den Fall angeordnet, daß der Abkömmling als Staatsangehöriger deutschen oder artverwandten Blutes nach dem 16.9.1935 die Ehe mit einem Juden oder einem jüdischen Mischling ohne die erforderliche Genehmigung eingegangen war."

Otto Palandt stellte diesen stilistisch-grammatikalisch gewaltigen Satz an den Schluss seiner Einleitung des erstmals 1939 erschienenen Kurzkommentars zum BGB.[62] Sagt dieser Satz etwas über das Verhältnis von Recht und Nationalsozialismus und über Palandts juristisches Selbstverständnis während des „Dritten Reiches" aus? Inwiefern ist er Indikator für die geistige Haltung Palandts gegenüber der Ideologie des Nationalsozialismus – für die Nähe oder die Distanz ihr gegenüber? Oder anders formuliert: Stehen Syntax und Semantik des Satzes exemplarisch für den von der Fest-

---

59 Vgl. Barnert, Station (2016); dies., Station (2007).
60 Vgl. Görtemaker/Safferling, Akte.
61 Vgl. die Darstellung ebenda.
62 Vgl. Palandt, Gesetzbuch, S. XXXIX f.

schrift identifizierten „geschmeidigen Kniefall" Palandts vor der antisemitisch-rassistisch und inhumanen NS-Ideologie oder waren sie Ausdruck von Überzeugung? War der Richter und Präsident des Reichsjustizprüfungsamtes naiv oder wollte er genauso wirken und verstanden werden, wie er es schrieb? Welche Indikatoren zeigen an, dass er ein indifferent-unpolitischer Opportunist war, der leichtfertig scheinbar belanglose politische Floskeln referierte, ohne zu bedenken, wo und für wen er dies tat? Und welche Aspekte sprechen für das Gegenteil?

All diese Fragen hätten von der 2016 erschienenen Festschrift zur 75. Auflage des Palandt'schen BGB-Kommentars thematisiert werden können. Aber während die NS-Bezüge in der Geschichte des Bonner Justizministeriums untersucht wurden, erschien im selben Verlag gleichzeitig eine Festschrift zu einem juristischen Standardwerk, das den Namen einer Person trug, dessen NS-Biografie Anlass genug für eine umfassende Untersuchung geboten hätte – ohne dass dieser Teil der Biografie adäquat abwägend, objektiv und kritisch reflektiert wurde.

Die historische Forschung hat sich hinsichtlich einer begrifflichen Schärfung von „NS-Belastung" seit 2016 erheblich weiterentwickelt. Ausgehend von zentralen Studien über die frühe Behördengeschichte bundesdeutscher Ministerien kann es als Allgemeingut gelten, dass weder eine nominelle Mitgliedschaft in der NSDAP noch eine Nichtmitgliedschaft in der Partei Hitlers eine Aussagekraft für das Maß einer „Belastung" oder „Nichtbelastung" bieten. Einer Nähe oder Distanz zum Nationalsozialismus gilt es demgegenüber differenziert und auf verschiedenen Ebenen nachzuspüren, wobei das Handeln einer Person und gerade die von ihr nicht gewählten Alternativen entscheidend sind. Und nicht zuletzt von Bedeutung ist es, nach mentalen Prägungen zu fragen und ihre Traditionslinien offenzulegen, die lange vor die Zäsur des Januar 1933 zurückreichen können.[63] Methodologisch relevant für die Bemessung der NS-Belastung sind unter Umständen aber auch organisationssoziologische Kriterien, etwa dann, wenn praktizierte Handlung Legitimität erzeugt.[64]

In diesem Sinne werden im Folgenden die Biografien Otto Palandts und Heinrich Schönfelders kritisch erforscht und kontextualisiert. Um beide Lebenswege wissenschaftlich in den Blick zu nehmen, wurden systematisch eine Vielzahl an Quellen und Hinterlassenschaften ausgewertet. Dazu zählten etwa die Bestände des Bundesarchives, des Geheimen Staatsarchivs Preußischer Kulturbesitz in Berlin-Dahlem sowie Akten verschiedener Landes-, Universitäts- und Stadtarchive. In die Untersuchung einbezogen wurden selbstverständlich auch von Palandt und Schönfelder während des „Dritten Reiches" publizierte Werke. Eine Einsicht in den privat verwahrten Nachlass Otto Palandts wurde dem Autor indes verwehrt.[65]

---

63 Vgl. u. a. Bösch/Wirsching, Hüter; Kreller/Kuschel, „Volkskörper"; Clausen, Roland Freisler; Hofer, Karl Konrad Werner Wedemeyer.
64 Vgl. insbes. Kühl, Illegalität; ders., Organisationen.
65 Der Nachlass wird von der Familie Otto Palandts verwahrt. Ein Überblick über seinen Umfang bzw. konkreten Inhalt konnte nicht gewonnen werden.

I Der Jurist Otto Palandt (1877–1951)

1 1877–1899: Sozialisation eines nichtelitären Bildungsbürgers

„Wie ein Volk, das auf seine Geschichte nicht stolz ist, nichts wert ist, so ist auch eine Familie, die auf ihre Geschichte nichts hält, nicht würdig, weiter zu bestehen und dem Untergange geweiht". Mit diesem Satz leitete Otto Palandt im Sommer 1945 seine wenige Wochen nach dem Ende des Zweiten Weltkrieges und der bedingungslosen Kapitulation der Wehrmacht niedergeschriebenen „Familienerinnerungen" ein.[1]

Dieser Bericht Palandts ist ein ganz wesentliches Selbstzeugnis und damit zugleich eine wichtige Quelle für die historische Forschung. Weniger deshalb, weil Palandt darin keinerlei kritische Reflexion über die deutsche Schuld am Zweiten Weltkrieg zum Ausdruck bringt und im Juni 1945 mit dem ersten Satz seines Textes in Manier der zeittypisch „heroischen" Sprache einfordert, die Deutschen müssten „stolz auf ihre Geschichte sein" – oder wären „dem Untergange geweiht".[2] Bedeutung hat sein Bericht vor allem aufgrund der geschilderten familiären Sozialisation.

Wie die „Familienerinnerungen" zeigen, war Otto Palandt daran interessiert, historische Zusammenhänge und familiengenealogische Wurzeln detailliert rückzuverfolgen und nachzuvollziehen. Ausgehend von dieser Nachforschung stiftete Palandt sich selbst eine Identität. Er deutete seine Lebensentscheidungen, ordnete sie gleichsam in den Stammbaum der Familie Palandt ein bzw. begründete sie nachträglich mit dem Lebensgang der Ahnen. Palandt fokussierte sich hierbei auf die väterliche Linie, während der Name seiner Mutter überhaupt auf Seite 15 des Textes erstmals vollständig erwähnt wird. Naheliegenderweise aus zwei Gründen: ihrer sozial niedrig stehenden Stellung und unehelichen Geburt wegen.

Otto Palandt wurde am 1. Mai 1877 im norddeutschen Stade geboren. Nach seinem Großvater väterlicherseits führte er auch den Vornamen Wilhelm, nach seiner Großmutter mütterlicherseits, Louise Glenewinkel, den Vornamen Louis (Loui).[3] Palandt war das zweite Kind der Familie. Bis 1889 wurden noch drei weitere Söhne geboren, wobei ein Bruder Palandts im Kleinkindalter verstarb.[4] Otto Palandt wuchs aber nicht nur gemeinsam mit seinem älteren Bruder Ernst und den zwei jüngeren Geschwistern Hans und Friedrich auf, sondern auch mit zwei sogenannten Pensionären, den Söhnen

---

1 Vgl. StA Hildesheim, WB 19910, Familienerinnerungen, verfasst von Otto Palandt 1945, S. 1.
2 Zur Sprache des Nationalsozialismus vgl. Klemperer, LTI.
3 Zu den Geburtsdaten u. der Namensführung vgl. u. a. BArch, R 3001/70246, Zeugnis der Reife, 22.2.1896, sowie die Anmerkungen in: StA Hildesheim, WB 19910, Familienerinnerungen, verfasst von Otto Palandt 1945, S. 1, 12. Abweichend war auch die Schreibweise „Lui" gebräuchlich, vgl. StArchiv Hamburg, 221-11/X 871, Entnazifizierungsakte Palandt, Otto, Fragebogen, 27.12.1947.
4 Vgl. die Schilderungen in: StA Hildesheim, WB 19910, Familienerinnerungen, verfasst von Otto Palandt 1945. Vgl. außerdem Thier, Palandt, Otto, S. 9.

Abb. 6: Stade, Fischmarkt, um 1916

eines Barons, die von der Familie gegen Bezahlung für gewährte Kost und Logis aufgenommen worden waren.[5]

Palandts Vater, 1848 geboren, war wie dessen Vater und Großvater Volksschullehrer von Beruf. Er war eines von zehn Kindern der Familie von Wilhelm Palandt und seiner Frau, die ebenfalls aus einer Lehrerfamilie stammte.[6] Aufgrund des Kinderreichtums der Familie hätte sein Vater, so Otto Palandt, bei dessen Großeltern aufwachsen müssen. Er habe sie als Eltern völlig akzeptiert, während er zeitlebens in großer Distanz zu seinen leiblichen Eltern gestanden habe.[7]

Die Familie Palandt sei, so Otto Palandt in den „Familienerinnerungen", ein durch und durch welfisches Geschlecht: „Alles was von preußischer Seite kam, taugte nicht, anders dagegen, wenn es von welfischer Seite kam. Da war alles gut und alle Menschen waren Engel."[8] Tatsächlich entstammte Palandts Familie väterlicherseits seit Generationen der Region um Hildesheim. Über alle politischen Verwerfungen des frühen 19. Jahrhunderts hinweg lassen sich aus Palandts Familienschilderungen zwei Konstanten herauslesen, die prägend für seine und die Sozialisation seines Vaters waren: ein als

---
5 Vgl. StA Hildesheim, WB 19910, Familienerinnerungen, verfasst von Otto Palandt 1945, S. 26.
6 Vgl. ebenda, S. 9–11, 14–18; Thier, Palandt, Otto, S. 9.
7 Vgl. StA Hildesheim, WB 19910, Familienerinnerungen, verfasst von Otto Palandt 1945, S. 14.
8 Vgl. ebenda, S. 19.

„streng orthodox" beschriebener christlich-protestantischer Glaube und die Lehrerstellung von Großvater und Urgroßvater der Palandt'schen Linie.[9]

Nachdem sich das Königreich Hannover im Deutschen Krieg 1866 auf die Seite Österreichs gestellt, aber verloren hatte, wurde es von Preußen besetzt und annektiert. Die neue preußische Provinz Hannover behielt zunächst die verwaltungsmäßige Gliederung in sechs sogenannten Landdrosteyen bei, die erst 1885 in preußische Regierungsbezirke umgewandelt wurden.[10] Kontinuität bestand auch hinsichtlich der Beamtenschaft, zu der Palandts Vater und Großvater als Lehrer zählten, wenngleich es sich bei ihnen nicht um akademisch gebildete Lehrer, sondern um solche handelte, die ein Lehrerseminar besucht hatten.[11] Sie standen nach 1866 nicht länger in welfischen, sondern in preußischen Diensten.

Die Reichseinigung 1871 markierte auch für die Familie Palandts eine entscheidende Zäsur. Verstärkte wirtschaftliche Prosperität und sozialer Aufstieg gingen mit einem Prozess der „Verbürgerlichung" und Modernisierung dieses neuen Staates einher. Lebenswelt und Werteorientierung von Palandts Eltern blieben dabei – durchaus paradigmatisch für die Gesellschaftsgeschichte des Kaiserreiches – geprägt von streng christlich-protestantischen Idealen und der Kategorie „Bildung" als Bedingung und Voraussetzung von sozialer Teilhabe und Selbstverwirklichung. Bildung und Leistung, geleitet von Normen und Werten protestantischer Dogmen, definierten das Ideal von Bürgerlichkeit der Familie Palandts.[12]

Dies zeigt sich auch ausgehend von der Kategorie der akademischen Bildung und des Besuches eines Gymnasiums. Beides hatte – als Ausdruck von Bürgerlichkeit – bei der Sozialisation von Palandts Vater und Großeltern stets eine Rolle gespielt. Die Familie Palandt war alles andere als bildungsfern, auch wenn ihre pekuniäre Stellung nie als übermäßig stark gelten konnte. Einen „Lehrberuf", wenn auch ohne ein Studium der Theologie, wie im Falle von dessen Bruder, sollte auch Palandts Vater nach dem Willen seines Vaters ergreifen. Das „Lehrende" war – nach Otto Palandts Darstellung im Sommer 1945 – verbindendes Element zwischen ihm, als ehemaligen Präsidenten des Reichsjustizprüfungsamtes und langjährig seit den 1910er Jahren im Prüfungswesen der juristischen Referendare tätig gewesenen Richters, seinen Vorfahren im klassischen Lehrerberuf, Geschwistern in Dozententätigkeit für die Bergwissenschaft und den Theologen und Pastoren in der Familie. Wobei „Lehr-Berufung" von Otto Palandt verstanden wurde als Auftrag zur charakterlichen und geistigen Aneignung und Adaption präsentierter Fakten, deren – und dies bleibt ausgehend von Palandts längeren

---

9 Vgl. ebenda, S. 8–11, 14–21.
10 Vgl. u. a. Blazek, Landdrostey, S. 28–55, sowie Mijndert, Königreich.
11 Vgl. die Schilderungen in: StA Hildesheim, WB 19910, Familienerinnerungen, verfasst von Otto Palandt 1945, S. 15.
12 Vgl. ebenda. Zur Gesellschaftsgeschichte des Kaiserreichs vgl. u. a. Nipperdey, Geschichte (1991); ders., Geschichte (1993); Wehler, Gesellschaftsgeschichte; ders., Kaiserreich; Budde, Blütezeit; Schulz, Lebenswelt; Lüdtke, Lebenswelt; Berg/Herrmann, Industriegesellschaft; Berg, Familie.

Traktaten zur „Pädagogik" rückzuschließen – Wahrheitsgehalt unmittelbar weder als strittig galt noch hinterfragt werden sollte.[13]

Palandts Vater, der zunächst in bzw. in der Nähe von Hildesheim als Volksschul- und später auch als Privatlehrer für einen Rittergutsbesitzer gearbeitet hatte, wollte nach Etablierung des wilhelminischen Kaiserreiches die Chance ergreifen, wirtschaftlich von einer beruflichen Spezialisierung zu profitieren: der Unterrichtung von Taubstummen. 1873/74 wurde er Taubstummenlehrer in Stade, der nördlichsten „Landdrostey" der preußischen Provinz Hannover.[14] Dort geboren wurde 1875 Otto Palandts Bruder Ernst und zwei Jahre später Palandt selbst.[15]

Ebenfalls in Stade geheiratet hatte Palandts Vater 1874 die gelernte Köchin Caroline Glenewinkel-Schneidler. Sie war 1854 in Hildesheim als uneheliche Tochter der „Köchin oder Haushälterin" Louise Glenewinkel und des damaligen Senators und späteren Ehrenbürgers von Hildesheim Friedrich Wilhelm Schwemann zur Welt gekommen.[16] Schwemann war bei Geburt seiner Tochter 37 Jahre alt gewesen und hatte deren Mutter, Louise Glenewinkel, als Hausangestellte beschäftigt. Einer Hochzeit stimmte er nicht zu, entschädigte Glenewinkel jedoch finanziell durch den Kauf von Häusern in Hildesheim sowie einer damit in Verbindung stehenden Ehe: Schwemann habe, so Otto Palandts Darstellung, der Mutter seiner Tochter auch das Haus eines verschuldeten Bäckermeisters namens Schneidler übereignet, diesen gleichzeitig entschuldet und damit auch „die eheliche Verbindung Schneidler-Glenewinkel [...] ‚erzwungen'".[17]

Kontakt habe zwischen dem leiblichen Vater und seiner Tochter nie bestanden; Schwemann, der erst 1897 verstarb und in Hildesheim als politische wie gesellschaftliche Größe galt, wies auch seine Enkel Ernst, Otto, Hans und Friedrich zurück. Eine Kränkung, die – anhand der Art und Weise, wie Otto Palandt diesen Teil der Familienchronik schildert und angesichts seines großen Interesses für die Genealogie und Herkunft seiner Person – in ihrer die Persönlichkeit Palandts verletzenden Wirkung nicht unterschätzt werden sollte. Gerade die Überkompensation eines peniblen Eindringens in die Verästelungen der väterlichen Linie, bis hin zu Untersuchungen adliger Wurzeln der „von Palandts" und einer elaborierten Exegese zum Ursprung des Familiennamens zeigt, wie stark Palandt von einem als Makel empfundenen Umstand ablenken wollte: der Zurückweisung seiner Mutter durch den gesellschaftlich wie politisch hochangesehenen und wohlhabenden Friedrich Wilhelm Schwemann – und dessen Familie.[18]

---

13 Vgl. StA Hildesheim, WB 19910, Familienerinnerungen, verfasst von Otto Palandt 1945.
14 Vgl. ebenda, S. 15.
15 Vgl. ebenda.
16 Vgl. ebenda, S. 11 f.; Thier, Palandt, Otto, S. 9. Zu Schwemann vgl. auch die Angaben der Stadt Hildesheim „Ehrenbürgerinnen und Ehrenbürger", online: stadtarchiv.stadt-hildesheim.de/portal/seiten/ ehrenbuergerinnen-und-ehrenbuerger-900001272-33610.html (28.11.2022).
17 Vgl. StA Hildesheim, WB 19910, Familienerinnerungen, verfasst von Otto Palandt 1945, S. 12.
18 Vgl. die Darstellung in: ebenda.

Die 1874 zwischen Ernst Palandt und Caroline Glenewinkel-Schneidler geschlossene Ehe konnte im Sinne des von Otto Palandt referierten Wertekanons der Palandt'schen Familie nicht als normal gelten, weniger aufgrund zeitgenössischer Konvention hinsichtlich der unehelichen Geburt der Braut (die partiell geheilt war durch die Ehe der Mutter mit Schneidler), als aus Gründen der innerfamiliären Stellung des protestantischen Dogmatismus. Ein Tabubruch war die Hochzeit nicht, gleichwohl kann angesichts der Schilderungen Otto Palandts über die Familie seines Vaters angenommen werden, dass diese zumindest ob der Wahl ihres Sohnes Vorbehalte gegenüber der Schwiegertochter in spe hegte.

Palandt beschreibt in den „Familienerinnerungen" vor allem seinen Großvater Wilhelm Palandt ausführlich.[19] Er hatte 1855 die Leitung des evangelischen Waisenhauses in Hildesheim übertragen bekommen. Palandt charakterisiert ihn als einen für seine Strenge und sein autoritäres Gebaren gefürchteten „Vater" seiner Zöglinge, denen er vor allem Bildung und christlichen Glauben vermittelt habe.[20] Auch er sei durch und durch Welfe gewesen und geblieben. Er habe seiner inneren Distanz gegenüber dem Wilhelminismus des Kaiserreiches auch dadurch Ausdruck verliehen, dass er den „Wahren Jacob" gelesen habe. Dabei handelte es sich um ein sozialdemokratisch geprägtes Satireblatt, das jedoch auch unter dem Sozialistengesetz des Kaiserreiches nie verboten worden war – im Gegensatz zur Sozialdemokratischen Partei Deutschlands (SPD) und ihrer offiziellen Parteipresse.[21]

Allein die behauptete Lektüre des „Wahren Jacob" machte Palandts Großvater freilich nicht zum Mitglied der im Kaiserreich später wieder zugelassenen SPD, denn eine Vielzahl an Personen aus dem sozialdemokratischen Umfeld las dieses satirisch aufgebaute Magazin.[22] An der von Otto Palandt geschilderten Episode um den „Wahren Jacob" wird aber eine politische Haltung deutlich: Das „Welfische" in der Grundüberzeugung von Wilhelm Palandt und dessen Sohn – also Otto Palandts Vater – ließ beide nie zu einer wirklichen inneren Identifizierung mit dem preußisch geprägten Kaiserreich gelangen. In Mittelpunkt der Sozialisation von Palandts Vater und Otto Palandt selbst standen zwar die (als klassisch deutsch wie preußisch geltenden) Tugenden Fleiß, Leistung, Disziplin und Ausdauer, aber ohne dezidiert politisches Kolorit ihrer Legitimation und ohne einen elitären Habitus.

Otto Palandt, der seine gesamte Karriere zwischen 1899 und 1934 als Jurist im preußischen Staatsdienst verbringen sollte, musste sich frühzeitig ein gutes Stück weit vom Preußenhass, als einem welfischen Familienerbe der Palandts, freimachen. Er konnte dies auch deshalb erfolgreich, weil er in der Kindheit universelle Prinzipien anerzogen bekommen hatte: Fleiß, Leistungsbereitschaft und Gottgläubigkeit.

---

19 Vgl. ebenda.
20 Vgl. ebenda, S. 8–11.
21 Zur Sozialdemokratie im Kaiserreich vgl. u. a. Ritter/Tenfelde, Arbeiter; Wachenheim, Arbeiterbewegung. Zum „Wahren Jacob" vgl. Wendel, Jahre.
22 Vgl. ebenda.

Protestantischer Glaube, wenig Pathos, große Nüchternheit, Sachlichkeit und Vernunft seien die Konstanten gewesen, die ihn in der Beziehung zu seinen Eltern geprägt hätten, so Otto Palandt.[23] Emotionale Wärme und Zuwendung seien demgegenüber völlig in den Hintergrund getreten: „Da wir nicht zärtlich erzogen waren, haben wir auch keine Zärtlichkeit vermißt", so Palandts streng logisch deduzierte Selbstdeutung.[24]

Diese von Palandt zur charakterlichen Ausprägung von Bescheidenheit und Verhinderung übermäßigen Stolzes erklärte emotionale Distanz habe Ausdruck darin gefunden, dass seine Eltern ihn niemals zu irgendeiner Art von Leistungserfolg beglückwünscht hätten. Keine Versetzung in die nächste Klassenstufe des Hildesheimer Gymnasiums Andreanum etwa, das Palandt seit 1883 besuchte und das vor ihm bereits sein Vater und dessen Bruder besucht hatten, wurde als außeralltägliches Ereignis begangen. Und kein in späterer Zeit bestandenes Examen und kein erlangtes Amt seien jemals Anlass eines Glückwunsches seiner Eltern gewesen, so Palandt.[25]

In gewisser Weise erklären und verdeutlichen die geschilderten Episoden erlebter Zurückweisung einen sehr früh begonnenen Prozess hin zur Herausbildung einer prägenden Charaktereigenschaft Palandts, nämlich dem Streben nach Anerkennung. Anerkennung fand bereits der ganz junge Otto Palandt nicht durch den Zuspruch seiner Eltern oder einen elitären Dünkel, sondern durch seine – mit eigenem Fleiß und Leistung – erworbene Bildung. Bereits in der Sekunda habe er „minderbegabten und faulen Schülern Stunden erteilt", so Palandt.[26] Abgesehen von einem damit erzielten „kleinen Nebeneinkommen" agierte er – selbst noch Kind und Schüler – erstmals als Lehrer und verschaffte sich Anerkennung, indem er von seinen ihn lebenslang prägenden charakterlichen Eigenschaften Fleiß und Disziplin profitierte.

Dass die Eltern niemals in die Berufswahl der Kinder eingegriffen hätten, wie von Palandt behauptet,[27] lässt sich anhand seines Abiturzeugnisses in Zweifel ziehen. Denn dort wurde noch Ende Februar 1896 vermerkt, Palandt verlasse die Schule, um sich dem „Bergfache" zu widmen.[28] Tatsächlich begann er kaum sechs Wochen später das erste Semester seines rechtswissenschaftlichen Studiums in München.[29] Warum wollte er noch im Februar seinem ältesten Bruder beruflich nachfolgen und was gab letztlich den Ausschlag für die Rechtswissenschaft? Anhand der Quellen lassen sich diese Fragen nicht beantworten. Otto Palandt selbst geht in seinen „Familienerinnerungen" nie auf die im Abgangszeugnis des Gymnasiums vermerkte Absicht der Berufswahl ein. Er erklärt dort aber länger, dass es sein Wunsch gewesen sei, Theologie zu studieren. Er

---

23 Vgl. StA Hildesheim, WB 19910, Familienerinnerungen, verfasst von Otto Palandt 1945, S. 14–21.
24 Vgl. ebenda, S. 19.
25 Vgl. ebenda, S. 20.
26 Vgl. ebenda, S. 18.
27 Vgl. ebenda, S. 20.
28 Vgl. BArch, R 3001/70246, Zeugnis der Reife, 22.2.1896.
29 Vgl. BArch, R 3001/70246, Zeugnis zum Abgang von der Universität der Königlich-Bayerischen-Ludwig-Maximilians-Universität München, 30.7.1896.

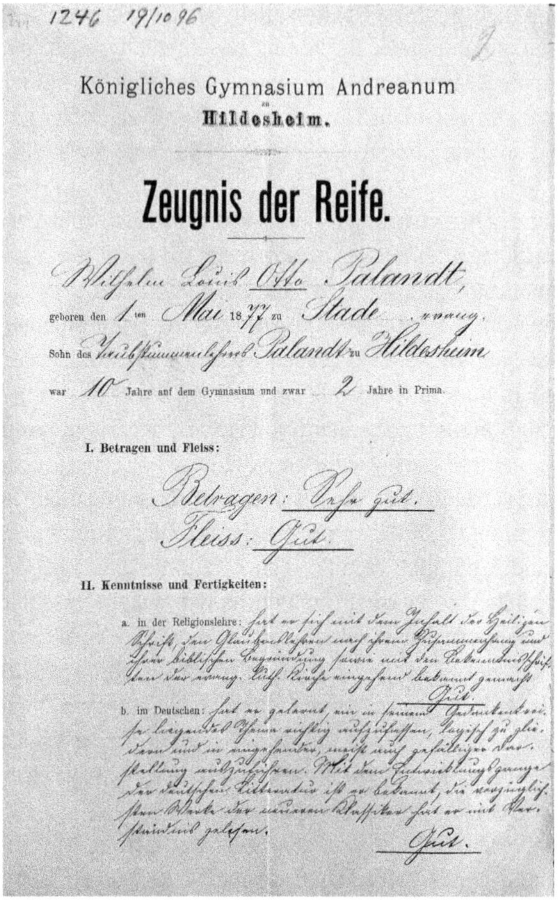

Abb. 7: Deckblatt des 1896 ausgestellten Abiturzeugnisses von Otto Palandt

habe dies aber unterlassen, so Palandt, da bereits sein Onkel Theologe und Pastor gewesen sei.[30]

Im Lichte der von Otto Palandt präsentierten Familiengeschichte ließe sich mutmaßen, dass es sehr wohl die Überlegung der Eltern bzw. des Vaters war, zwei Söhne nicht gleiche berufliche Wege einschlagen zu lassen. Auch bei Palandts Vater und Großvater war eine vom Familienoberhaupt aus pragmatischen Sachzwängen heraus getroffene Entscheidung zur Berufswahl bindend für die Kinder gewesen.[31] Möglich wäre aber auch, dass Otto Palandt mit der Wahl einer eigenen Profession stärker aus dem Schatten seines ihm sehr nahestehenden großen Bruders heraustreten wollte.[32]

---

30 Vgl. StA Hildesheim, WB 19910, Familienerinnerungen, verfasst von Otto Palandt 1945, S. 33–38.
31 Vgl. ebenda.
32 Zum Verhältnis zwischen Otto u. Ernst Palandt vgl. ebenda.

Da bei ihm die Begegnungen mit Ärzten in seiner Kindheit wenig Interesse an der medizinischen Wissenschaft geweckt hatten, wie Palandt in seinen „Familienerinnerungen" in mehreren Episoden schildert, war das Recht als Fachgebiet durchaus naheliegend. Zumal wenn Palandts Fleiß, seine in der Schule gezeigten Leistungen und sein verinnerlichtes Verständnis von Disziplin in Rechnung gestellt werden. Otto Palandt besaß darüber hinaus lateinische Sprachfähigkeiten und den Charakterzug, logisch deduzierend denken zu können. All dies prädestinierte ihn für ein rechtswissenschaftliches Studium.[33]

In München schrieb sich Palandt im Sommersemester 1896 ein und belegte erste Vorlesungen zur Rechtsgeschichte und den „Institutionen des römischen Rechts".[34] Zu Beginn des Wintersemesters 1896/97 immatrikulierte er sich in Leipzig und blieb dort für ein Jahr. Palandt konnte in der Stadt gemeinsam mit seinem Bruder Ernst leben, der zeitgleich dort studierte.[35] An der Universität Leipzig belegte Otto Palandt Vorlesungen und Seminare bei namhaften Professoren und Dozenten, unter anderem zur Volkswirtschaftslehre und „Nationalökonomie", aber auch zum Zivilrecht.[36]

Im Wintersemester 1897 schließlich wechselte Palandt an die Universität Göttingen und belegte vor allem Lehrveranstaltungen zum bürgerlichen Recht.[37] Er blieb bis zum Wintersemester 1898/99 dort und war – ausweislich der von Göttinger Professoren und Dozenten ausgestellten Referenzen – ein fachlich äußerst versierter und ausgezeichnet arbeitender Student.[38]

Weit über dem Durchschnitt lag schließlich auch die Note des von Otto Palandt im Mai 1899 am Oberlandesgericht in Celle abgelegten ersten juristischen Staatsexamens, das er mit dem Prädikat „gut" bestand.[39] Palandt galt damit zeitgenössisch als eine absolute Ausnahme.[40] Auch ohne eine ausgeprägte familiäre Tradition im Hinblick auf die Rechtswissenschaft, ohne eine von den Eltern zur Verfügung gestellten substanziellen Finanzkraft und ohne Umwege hatte Palandt mit Fleiß und Disziplin ein Ergebnis erreicht, das ihm eine „hoch anerkennungswürdige" Leistung und außergewöhnlich gute Befähigung zum Beruf des Juristen attestierte.[41] Im Sinne der Sozialisation Palandts bedeutete nicht zuletzt dieser große akademische Erfolg eine Bestätigung dafür,

---

33 Zu Palandts schulischen Leistungen u. seinem Abgangszeugnis vgl. BArch, R 3001/70246, Zeugnis der Reife, 22.2.1896.
34 Vgl. BArch, R 3001/70246, Zeugnis zum Abgang von der Universität der Königlich-Bayerischen-Ludwig-Maximilians-Universität München, 30.7.1896.
35 Vgl. StA Hildesheim, WB 19910, Familienerinnerungen, verfasst von Otto Palandt 1945, S. 22.
36 Vgl. UAL, Quaestur, Otto Palandt; UAL, Rep. 01, 16/07 C/058 Bd. 2, Otto Palandt. Zum Aufenthalt in Leipzig vgl. auch BArch, R 3001/70246, Universität Leipzig, Beurkundung durch Abgangszeugnis, 5.8.1897.
37 Vgl. BArch, R 3001/70246, Abgangszeugnis der Georg-August-Universität zu Göttingen, 1899.
38 Vgl. die Referenzen u. Unterlagen in: BArch, R 3001/70246.
39 Vgl. die Prüfungsprotokolle vom 19.5.1899, in: ebenda.
40 Vgl. u. a. Slapnicar, Karriereknick, S. 25.
41 So das Urteil seiner Prüfer in: BArch, R 3001/70246, Prüfungsprotokolle, 19.5.1899.

dass sich Fleiß und Leistung lohnten und sich in Form von Anerkennung und sehr guten Chancen des beruflichen Fortkommens auszahlen würden. Elitäre Herkunft war demgegenüber weder deren Voraussetzung noch Bedingung.

Am 5. Juni 1899 wurde Otto Palandt als preußischer Beamter vereidigt.[42] In der Folge begann sein vor dem zweiten Staatsexamen und der Ernennung zum Beamten auf Lebenszeit obligatorisch zu absolvierender juristischer Vorbereitungsdienst gemäß der dualistischen Prinzipien Preußens. Es schloss sich also Palandts mehrjährige Verwendung als Referendar bei der Staatsanwaltschaft, in der freien Anwaltschaft, in Notariaten sowie beim Amts-, Land- und Oberlandesgericht an.[43]

Abb. 8: Der Landgerichts-Bezirk Göttingen mit seinen Gerichten, unten rechts das Amtsgericht Zellerfeld, um 1900

Als erste Ausbildungsstation habe er, so Palandt in seinen „Familienerinnerungen", das Amtsgericht Zellerfeld im Harz ausgewählt, weil im unmittelbar angrenzenden Clausthal sein Bruder Ernst an der dortigen Bergakademie studiert und sich auf seine

---

42 Vgl. BArch, R 3001/70245, Personalbogen, o. D.
43 Zur dualistischen Juristenausbildung in Preußen vgl. Preußisches Justizministerium, Ausbildung, sowie Kühn, Reform.

Referendarprüfung vorbereitet habe.[44] Palandts Erfahrungen am Zellerfelder Amtsgericht sollten seine weitere Karriere als Jurist ganz maßgeblich prägen und beeinflussen.

2 1900–1918: Karriere(um)wege und Erster Weltkrieg als Zäsur

Am Abend des 8. Februar 1901 saß der 23 Jahre alte Otto Palandt in einer Gastwirtschaft in Goslar. Laut den später in zwei Gerichtsverfahren ermittelten Fakten und dem Bericht, den Palandt dem Hildesheimer Landgerichtspräsidenten sowie dem Oberlandesgerichtspräsidenten in Celle vorlegte, geschah dann das Folgende:[45] Palandt, der als Referendar am Amtsgericht in Zellerfeld auch Kenntnis von Zwangsvollstreckungen erlangt hat, erörterte diverse Themen mit seinen Gesprächspartnern, bei denen es sich um an der Bergakademie in Clausthal tätige Bergreferendare bzw. sogenannte Bergbaubeflissene handelte. Letztere waren keine regulären Studenten der Akademie, sondern Nichtakademiker. Sie entstammten in der Regel weniger gut situierten Kreisen und hatten kein Gymnasium besucht, konnten sich aber „im Rahmen einer vom Oberbergamt Clausthal zugelassenen Bergakademie als Praktikanten vorbereiten".[46] Nachdem das Gespräch auf die prekäre finanzielle Situation der Bergbaubeflissenen gelangt war, äußerte Palandt nach eigener Darstellung sinngemäß, er habe „erst kürzlich eine Akte gesehen, nach welcher bei einem Bergbaubeflißenen eine Pfändung vorgenommen" worden sei, „einen Namen", so Palandt, habe er indes nicht genannt.[47]

Zwei Tage später, als Palandt wieder in Zellerfeld war, wurde er nach eigener Aussage von „einem Kellner in das Hotel zum Deutschen Friesen gerufen", weil ihn „2 Herren dringend sprechen wollten".[48] Auf Palandt wartete unter anderem der Bergbaubeflissene Leonhard Kolle, der bei Palandts Gespräch in der Gastwirtschaft am 8. Februar nicht anwesend gewesen war. Kolle habe ihn dennoch, so Palandt, unmittelbar zur Rede gestellt, weil Palandt Kolle an besagtem Abend in Goslar „als einen Herrn bezeichnet habe, bei dem der Gerichtsvollzieher gepfändet habe".[49] Palandts Beteuerungen, weder über Kolle noch eine andere Person konkret gesprochen zu haben, konnten die Situation nicht befrieden. Leonhard Kolle beharrte auf seiner Behauptung

---

44 Vgl. StA Hildesheim, WB 19910, Familienerinnerungen, verfasst von Otto Palandt 1945, S. 22.
45 Zur Involvierung des Celler OLG-Präsidenten sowie des LG-Präsidenten vgl. BArch, R 3001/70246, Schreiben des OLG-Präsidenten in Celle an den Landgerichtspräsidenten in Hildesheim, 12.3.1901. Zum Vorgang vgl. die Unterlagen in: BArch, R 3001/70245 u. BArch, R 3001/70246.
46 Vgl. Slapnicar, Karriereknick, S. 27.
47 Vgl. BArch, R 3001/70246, Stellungnahme Otto Palandts, 13.3.1901.
48 Vgl. ebenda.
49 Vgl. ebenda.

und schlug Otto Palandt im Verlauf der Auseinandersetzung „ohne weiteres ins Gesicht und nannte mich einen Lümmel", so Palandt.[50]

Zum Skandal gereichte die Angelegenheit aber erst durch die Reaktion des Gerichtsreferendars im juristischen Vorbereitungsdienst respektive die seiner Vorgesetzten. Palandts weitere Schilderung im Bericht an den Landgerichtspräsidenten von Hildesheim bzw. an den Oberlandesgerichtspräsidenten in Celle verdient es, vollständig zitiert zu werden: „Ich ging sofort weg [aus dem Hotel und von Kolle] und zwar zum Aufsichtsrichter Groschupf, dem ich den Vorgang anzeigte. Letzterer riet mir, ich möchte zur Sühne der Beleidigung den Weg der Herausforderung zum Duell wählen. Das lehnte ich ab, weil ich ein Gegner der ‚Duellprinzipien' bin, wie alle meine Freunde wissen. Dagegen habe ich nach Rücksprache mit meinem Berater den Beleidiger durch den Rechtsanwalt Koch, hierselbst [gemeint ist Hildesheim], im Wege der Privatklage belangt. Der Privatbeklagte hat mir allerdings durch einen dritten Herrn sagen lassen, daß er sein Unrecht einsehe und zu einer Ehrenerklärung bereit sei. Ich habe jedoch geantwortet, daß ich mich darauf nicht einlaße und das Privatklageverfahren seinen Gang nehmen soll."[51]

Dass sich die Ereignisse im Frühjahr 1901 für Palandt rasch skandalträchtig entwickelten, lag nicht an dem in seinem Bericht gemachten Eingeständnis, als Gerichtsreferendar bei einem geselligen Beisammensein in einer Gastwirtschaft öffentlich über „kürzlich" in Dienstakten gelesene Informationen gesprochen zu haben, sondern daran, dass Palandt sich gegen eine elitäre und seit dem 1. Januar 1872 gemäß Reichsstrafgesetzbuch verbotene Konvention des juristischen Berufsstandes wandte: das Duell.[52]

Palandt wollte die Angriffe des Bergbaubeflissenen Kolle 1901 legal parieren und den dafür einzig möglichen gesetzmäßigen Weg beschreiten. Gerechtigkeit und Sühne sollten im Zuge einer Privatklage herbeigeführt werden, anstatt durch eine – laut Palandt dienstlich eingeforderte – illegale Handlung: einen bewaffnet ausgetragenen Zweikampf, der in der Regel mit dem Tod, mindestens aber mit der Verletzung des Konkurrenten endete. Auch wenn das Duell im strafrechtlichen Sinne verboten war, galt es zeitgenössisch weiterhin als eine sehr verbreitete Form, um eine „gekränkte Ehre" zu rehabilitieren. Der Zweikampf war Anfang des 20. Jahrhunderts ein politisch umkämpftes Feld, weil die Duellbefürworter sich ihr durch elitäres Selbstverständnis, Konvention und Standescodex legitimiertes „gutes Recht" nicht vom Strafgesetzbuch verbieten lassen wollten. Vor allem unter Juristen galt es nach wie vor als eine geradezu selbstverständlich zu pflegende Sitte, sich zu duellieren.[53]

---

50 Vgl. ebenda.
51 Vgl. ebenda.
52 Vgl. auch die Darstellung bei Slapnicar, Karriereknick, S. 26–56; Barnert, Station (2007), S. 57 f. Zum Duell vgl. u. a. Frevert, Ehrenmänner; McAller, Dueling.
53 Vgl. u. a. ebenda; Graeser, Zweikampf; Slapnicar, Karriereknick, S. 32–39.

Abb. 9: Stilisierung einer Duell-Situation in Frankreich um 1880

Wie stark diese strafrechtlich verbotene Konvention unter Juristen nach- und fortwirkte, belegt nicht zuletzt die von Palandt bezeugte Aussage seines Dienstvorgesetzten: Bereits die an Palandt gerichtete Aufforderung zum Zweikampf war gemäß Paragraf 210 des Strafgesetzbuches verboten; kam ein Duell auf diesem Wege zustande, war auch der zu bestrafen, der zum Zweikampf „angereizt" hatte.⁵⁴ Der Aufsichtsrichter hätte sich folglich strafbar gemacht, wenn Palandt auf seinen Vorschlag eingegangen wäre. Das sowohl das eigene als auch das verlangte Handeln im Sinne des Strafgesetzbuches illegal waren, hielt den „Aufsichtsrichter Groschupf" 1901 nicht davon ab, den Rechtsreferendar Palandt zum Duell zu drängen – und sich damit auch selbst strafbar zu machen.

Das von Otto Palandt 1901 verweigerte Duell schlug sich noch Jahre später in seinen Personalunterlagen zum Nachteil nieder, obwohl er nichts Unrechtmäßiges getan und auch Recht auf dem Klageweg erhalten hatte.⁵⁵ In seinem allerersten Zeugnis als Referendar im Vorbereitungsdienst hieß es Anfang März 1901 vonseiten des Zellerfelder Amtsgerichtspräsidenten, Palandt habe exzellente fachliche Arbeit geleistet, auch seine Führung sei „tadellos" gewesen, um abschließend zu erklären: „Zu meinem größ-

---
54 Vgl. RGBl., 1871, Nr. 24, § 210 Strafgesetzbuch für das Deutsche Reich, 15.5.1871, S. 166.
55 Vgl. die Unterlagen in: BArch, R 3001/70245 u. BArch, R 3001/70246.

ten Bedauern glaube ich aber vermerken zu müssen, daß Palandt Mitte Februar d. J. von einem Bergbaubeflißenen beleidigt worden ist und solche Beleidigung mit einer Herausforderung zum Zweikampf nicht beantwortet hat."[56]

Routinemäßig wechselte Palandt im März 1901 seinen Posten während des Vorbereitungsdienstes und gelangte als Referendar an das Landgericht in Hildesheim, versehen mit dem oben genannten Zeugnis. In Hildesheim wurde ihm – als Duellgegner – „unter der Hand" und in „freundlichster Weise" vom Landgerichtspräsidenten persönlich ein Rat erteilt: Er solle sich nicht um Aufnahme in die Hildesheimer „Juristentischgesellschaft" bemühen, denn eine solche Mitgliedschaft sei für ihn als Gegner des Zweikampfes unerreichbar.[57] Mit anderen Worten: Palandt, dem im Studium, im ersten Staatsexamen und von seiner ersten Station des Vorbereitungsdienstes bei Gericht bescheinigt worden war, außergewöhnlich gute fachliche Fähigkeiten zu besitzen, galt innerhalb des Juristenstandes als Geächteter, weil er sich einem Duell versagt hatte.[58]

Warum die fachlich begründete Ausnahmeleistung eines Juristen durch sein gesetzeskonformes Verhalten konterkariert wurde, erläuterte der Landgerichtspräsident in Hildesheim ausführlich. Zwar erteilte er Palandt im Zusammenhang mit der Causa Kolle beiläufig einen Tadel für den leichtfertigen Umgang mit dienstlichen Informationen, konzentrierte sich in seinem Vermerk für die Personalakte aber vor allem auf die Verweigerung eines Zweikampfes.

Palandt habe „den gesetzlichen Weg eingeschlagen", um sich „Genugthuung" wegen der Ehrkränkung zu verschaffen, so der Landgerichtspräsident. Dies könne ihm „wohl nicht" zum Vorwurf gemacht werden.[59] Besonders das Wort „wohl" zeigte die Geisteshaltung des Beurteilenden an: Der Landgerichtspräsident stellte seine Aussage unter Vorbehalt. Rein logisch war es jedoch grundsätzlich ausgeschlossen, Palandt vorzuwerfen, dass er sich sowohl legal verhalten hatte als auch einen ordentlichen Gerichtsweg gegangen war. Im Übrigen wolle er, so der Landgerichtspräsident weiter, in dieser Sache auch gar nicht gegen den Referendar Palandt „einschreiten", denn dessen „Stellung" sei ohnehin irreversibel geschädigt, sowohl innergesellschaftlich als auch im Hinblick auf die Juristen. Gestraft sei Palandt auch deshalb, weil er aufgrund seines Verhaltens „schwerlich Aussicht" habe, Reserveoffizier zu werden.[60]

Besonders der letztgenannte Verweis macht deutlich, für wie gravierend und tatsächlich unumkehrbar er die Reputationsschädigung hielt, die Palandt sich selbst aufgrund mangelnden Elitenbewusstseins zugefügt hatte. Für den Landgerichtspräsidenten stand fest: Neben die innerständisch vollzogene Exklusion Palandts trat seine substanzielle gesellschaftliche Ächtung. Sie fand den höchstmöglichen Ausdruck darin,

---

56 Vgl. BArch, R 3001/70245, Zeugnis des Amtsgerichts Zellerfeld, 6.3.1901.
57 Vgl. BArch, R 3001/70245, Vermerk des Landgerichtspräsidenten in Hildesheim, 15.3.1901; BArch, R 3001/70246, Vermerk des Landgerichtspräsidenten in Hildesheim, 15.3.1901.
58 Vgl. auch Slapnicar, Karriereknick, insbes. S. 24–46.
59 Vgl. BArch, R 3001/70246, Vermerk des Landgerichtspräsidenten in Hildesheim, 15.3.1901.
60 Vgl. ebenda.

dass Otto Palandt kein Offizier der Reserve werden konnte – in einem Staat, der durch und durch militärisch geprägt war und in dem der Nimbus des Militärischen hinsichtlich des sozialen Prestiges einer Person eine enorme Bedeutung besaß.[61]

Tatsächlich blieb Otto Palandt nach seinem „einjährig-freiwilligen Armeedienst" zwischen Oktober 1899 und September 1900 als Reservist in der Folge Unteroffizier und konnte keinen ihn zum Offizier qualifizierenden Lehrgang absolvieren. Er diente zunächst im Rang eines Feldwebels bzw. später eines Vizefeldwebels.[62] Dieser Dienstgrad ist angesichts des akademischen Hintergrundes Palandts sehr ungewöhnlich und muss deshalb tatsächlich darauf zurückgeführt werden, dass die Duellgegnerschaft ihm den Weg verbaute, Offizier der Reserve zu werden.[63]

Die gesellschaftlichen Konventionen und der ungeschriebene, elitäre Standescodex der Juristen sahen 1901 in einem Duell den einzigen Weg, eine Ehrverletzung, wie Palandt sie – zumal durch einen „Bergbaubeflissenen" – erfahren hatte, angemessen zu ahnden. Sein antielitäres und gesetzeskonformes Verhalten brachte den jungen Gerichtsreferendar Palandt gegenüber der Führung von Amts-, Land- und Oberlandesgericht aber in sehr große Bedrängnis. Eine Erfahrung, die aus mehreren Gründen eine substanzielle Prägekraft für sein Rechtsdenken und für sein Selbstverständnis als Jurist besaß.

Der Vorfall erschütterte Palandts bisherige biografische Grundfeste nachhaltig – zuvörderst die Erkenntnisse, dass sich Leistung und Fleiß in Erfolg und Anerkennung niederschlugen und dass allein das durch Fleiß und Leistung erarbeitete Wissen zählte. Sein rational-deduktiv geprägtes Rechtsverständnis als Jurist konterkarierte die Praxis: Es galt nicht das Primat eines im Strafgesetzbuch niedergelegten Paragrafen, sondern das ungeschriebene Gesetz einer tradierten standesethisch geprägten Konvention. Und rechtmäßig verhalten konnte sich der Referendar Palandt nur dann, wenn er illegal handelte.

Entscheidend war bei all dem aber eine innerständische, aus elitärem Selbstverständnis herrührende Zurückweisung seiner Person: Denn alle Instanzen, vom Amtsgericht in Zellerfeld, über das Landgericht in Hildesheim bis hin zum Oberlandesgerichtspräsidenten in Celle, gaben Palandt zu verstehen (und legten es auch schriftlich in seinen Personalakten nieder), dass sie diese als antielitär und unwürdig geltende Haltung, ganz gleich wie legal sie war, nicht sanktionslos hinnehmen wollten. Es schien ihnen, als ob Palandts fehlende elitäre Herkunft und sein wenig standesgemäßes Elternhaus überhaupt erst dazu geführt hatten, dass er die ganz besonders auch vom Juristenstand gepflegten Konventionen weder verinnerlicht noch anerzogen bekommen hatte, ansonsten wäre er kein „Gegner des Duellprinzips" gewesen. Standesmäßig hielten sie Palandt folglich für einen Outsider. Diese trotz exzeptioneller fachli-

---

61 Zur Bedeutung des Militärischen vgl. u. a. Wette, Schule; Ulrich, Untertan.
62 Vgl. BArch, R 3001/70246, Formular, o. D., ca. 1906.
63 Zum Dienstgrad Palandts vgl. BArch, R 3001/70246, Personalbogen, o. D., ca. 1910.

cher Leistungen erfahrene Zurückweisung muss für Otto Palandt eine sehr prägnante Erfahrung im negativen Sinn gewesen sein.

Im Kontext dieser Zurückweisung ist nicht zuletzt das studentische Verbindungswesen von Bedeutung. Otto Palandt war – nach allen quellenmäßig vorliegenden Informationen und den Ergebnissen der bisherigen Forschung – nie Mitglied einer studentischen Verbindung.[64] Die „Satisfaktion", als Zurücknahme einer Beleidigung auf dem Wege des Duells, war jedoch ein zentraler Bestandteil der damaligen akademischen Subkultur des Burschenschafts- und Corpswesens.[65] Palandt hatte bis 1901 niemals verinnerlicht, wie stark ein elitärer Habitus, zu dem etwa auch die Zugehörigkeit zu einer Burschenschaft zählte, eine Voraussetzung bzw. auch Bedingung von beruflichem Erfolg als Jurist war. Nicht seine standesmäßige Herkunft, sondern seine Leistungen, sein Fleiß und seine Disziplin hatten ihm Geltung und Anerkennung verschafft. In der juristischen Praxis zählten jedoch plötzlich andere Werte.

Palandt wurde in diesem Sinne durch die Causa Kolle einer gewissen Naivität im Hinblick auf den juristischen Beruf beraubt. Er lernte Ambivalenzen von Recht kennen und erlebte vor allem auch unmittelbar, dass nicht die fachliche Leistung, sondern eine Gesinnung den letzten Ausschlag bei der Beurteilung eines Juristen geben konnte. Palandt hielt trotz aller Widerstände an seiner Überzeugung fest und ließ sich nicht darin beirren, ein moderner und kein traditioneller Jurist zu sein. Dem Duell und seinen „Prinzipien" zu frönen, war – so lässt es Palandts Stellungnahme gegenüber dem Landgerichtspräsidenten in Hildesheim 1901 erkennen – nicht nur irrational und rechtlich verboten, sondern auch Ausdruck einer antiquierten und zugleich anachronistischen Haltung. Von ihr wollte er sich ausdrücklich abheben, indem er standhaft blieb.[66]

Palandts im Sommer 1902 erfolgreich abgeschlossene Promotion an der Universität Heidelberg war vor dem Hintergrund der erfahrenen Zurückweisung und Benachteiligung mit hoher Wahrscheinlichkeit tatsächlich ein Ausdruck von „Frustrationskompensation" und nicht primär Resultat seines bildungsbürgerlichen Strebens nach akademisch-wissenschaftlichem Erfolg bzw. von der Idee motiviert, sich später im wissenschaftlichen Bereich zu verwirklichen und einen universitären Lehrstuhl zu besetzen.[67] Im Gegensatz zu den Universitäten, die Palandt durch sein rechtswissenschaftliches Studium bereits kannte, war in Heidelberg keine Dissertation zu verfassen und zu

---

64 Vgl. die Selbstangaben Palandts in: StArchiv Hamburg, 221-11/X 871, Entnazifizierungsakte Palandt, Otto, Fragebogen, 27.12.1947. Vgl. auch Barnert, Station (2007); dies., Station (2016); Slapnicar, Karriereknick.
65 Zur zeitgenössischen Subkultur des Verbindungs- u. Corpswesens vgl. Jarausch, Universität.
66 Vgl. BArch, R 3001/70246, Stellungnahme Otto Palandts, 13.3.1901.
67 Zur Promotion vgl. die Unterlagen in: UAH, H II, 111/123 u. UAH, K Ia, 58/31. Zur Deutung u. zu den Angaben zu Palandts Motiven, ausgehend von einem von Palandts Frau in den 1950er Jahren verfassten Buch, vgl. Slapnicar, Karriereknick, S. 47.

Abb. 10: Mitglieder einer schlagenden studentischen Verbindung in Berlin 1905

veröffentlichen, um den Doktortitel zu erlangen.[68] Notwendig war stattdessen die Anfertigung einer „Arbeitsaufgabe" und das Absolvieren eines Rigorosums. Beides bestand Palandt im Juni 1902 „cum laude".[69]

Den Brief, mit dem Palandt seinen neu erlangten akademischen Titel anzeigte, adressierte er an die Hildesheimer Staatsanwaltschaft, denn dort war er nach seinem gut einjährigen Aufenthalt am Landgericht Hildesheim seit März 1902 tätig.[70] Palandts Unterschrift unter diesen Brief zeigt, wie große seine Genugtuung nach den vorangegangenen Kontroversen und erfahrenen Kränkungen war, denn noch immer galt er als Paria.[71]

Im Juli 1902 schloss sich Palandts Verwendung in einem Notariat und einer Anwaltskanzlei in Hildesheim an; Palandt wählte den Rechtsanwalt, der ihn bereits in den Prozessen gegen Leonhard Kolle vertreten hatte. Ein halbes Jahr später begann er Mitte Januar 1903 am Amtsgericht Hannover die vorletzte Station seines juristischen Vorbereitungsdienstes, die er im Dezember beendete. Er wechselte anschließend an das Oberlandesgericht nach Celle.[72]

---

68 Vgl. u. a. ebenda, S. 47 f.
69 Vgl. UAH, K Ia, 58/31, Promotionsurkunde der Universität Heidelberg 1902.
70 Vgl. BArch, R 3001/70245, Schreiben Otto Palandts an die Staatsanwaltschaft Hildesheim, 29.6.1902.
71 Vgl. ebenda. Vgl. auch Slapnicar, Karriereknick, S. 48.
72 Zu den Stationen vgl. BArch, R 3001/70246, Formular, o. D., ca. 1906. Zu den Prozessen vgl. die Unterlagen in: BArch, R 3001/70245 u. BArch, R 3001/70246.

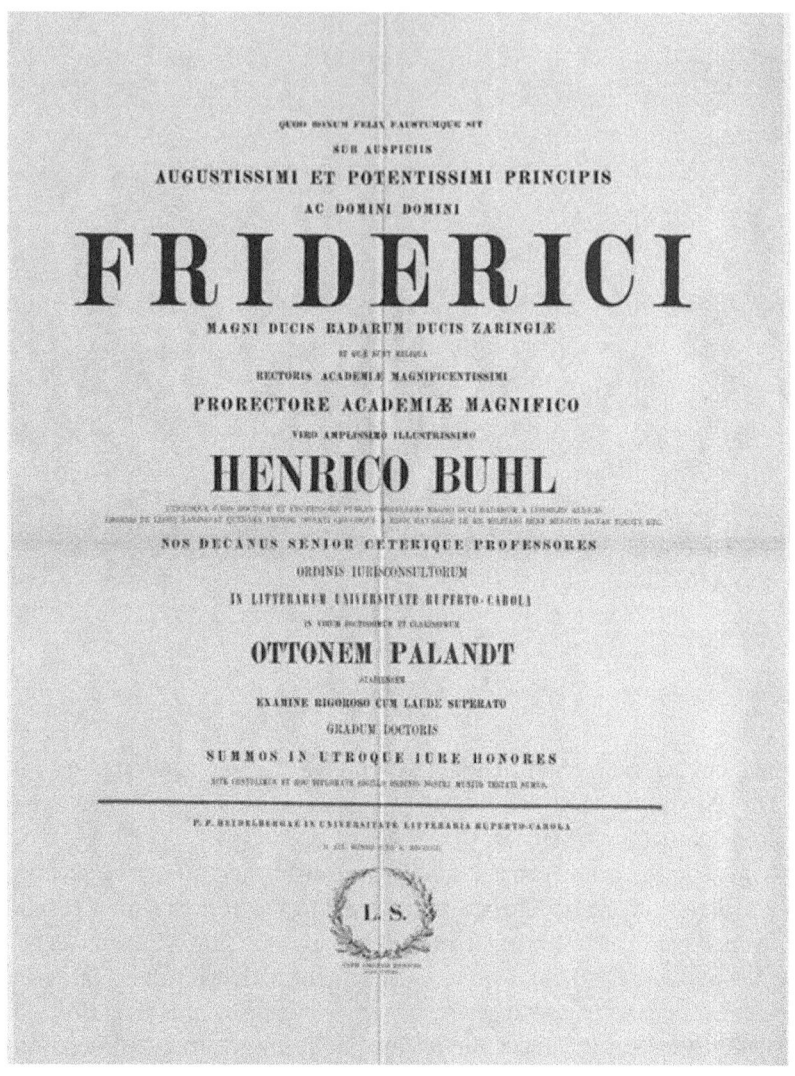

Abb. 11: Promotionsurkunde Otto Palandts, 1902

Alle Zeugnisse Palandts – von der Staatsanwaltschaft über den Notar bis hin zum Rechtsanwalt – rückten seine großen fachlichen Fähigkeiten ins Zentrum.[73] Palandts Makel konnte all dies aber nicht tilgen. Als er sich 1904 zum zweiten juristischen Staatsexamen anmeldete, vermerkte der Celler Oberlandesgerichtspräsident auf Palandts Schreiben gegenüber dem preußischen Justizministerium: „Wie die überreichten Personalakten Band I Bl. 37a zufolge ergeben, wurde der Referendar Palandt am

---

[73] Vgl. die Unterlagen in: BArch, R 3001/70245, BArch, R 3001/70246 u. BArch, R 3001/70247.

10.ten Februar 1901 von dem Bergbaubeflißenen Kolle in Clausthal beleidigt und ungerecht behandelt. Derselbe ist deswegen mit einer Gefängnisstrafe von einem Monat bestraft, nachdem die von Palandt angestrebte Privatklage zurückgenommen war, der Beklagte eine Ehrenerklärung abzugeben und sich bereit erklärt hatte, 1000 M an die Armen zu zahlen. Satisfaction zu leisten hatte Referendar Palandt als erklärter Gegner des Duells abgelehnt. Zum Reserve-Offizier ist er nicht befördert."[74]

Dieser Vermerk zeigt, wie stark die Ablehnung des Zweikampfes noch Jahre fortwirkte und zur Charakterisierung Palandts herangezogen wurde, obwohl das Ereignis keinerlei disziplinarrechtliche Bedeutung besaß. Trotz der Palandt im Verlauf seines Vorbereitungsdienstes attestierten „tadellosen Führung" und seinen in Zeugnissen mehrfach hervorgehobenen sehr guten fachlichen Befähigungen, seinem herausgestellten Fleiß und seiner Begabung als Jurist wirkte seine erklärte Ablehnung einer auch strafrechtlich verbotenen Handlung dauerhaft negativ fort.[75]

Unmittelbar negativen Einfluss hatte die Causa Kolle aber weder auf Palandts Zulassung zur zweiten juristischen Staatsprüfung noch auf ihr Ergebnis. Otto Palandt bestand im Januar 1905 auch das zweite Staatsexamen mit dem exzeptionellen Prädikat „gut".[76] Das verweigerte Duell schadete aber dem Fortkommen des doppelt „gut" examinierten Juristen, der Mitte Januar 1905 auch zum Gerichtsassessor ernannt worden war.[77]

Otto Palandt lebte im Anschluss beinahe zwei Jahre von unentgeltlichen Aushilfen beim Amtsgericht Hildesheim und von Hilfsrichter- und Hilfsarbeitertätigkeiten bei den Staatsanwaltschaften Hildesheim und Lüneburg, dem Amtsgericht Hannoversch Münden, dem Landgericht Hannover und dem Landgericht Verden an der Aller.[78] Auch wenn Palandt dort, gemäß den überlieferten Geschäftsverzeichnissen, an bedeutenden Urteilen mitwirken konnte,[79] führte sein Karriereweg nach dem zweiten Staatsexamen – aus Sicht Palandts – nur „von Station zu Station" und nicht absehbar zu einer Ernennung als Amtsgerichtsrat und damit zum Status eines Beamten auf Lebenszeit. Daher suchte Palandt auch nach einer Beschäftigung außerhalb des preußischen Staatsdienstes.[80]

---

74 Vgl. BArch, R 3001/70246, Anmeldung Otto Palandts zur zweiten juristischen Staatsprüfung, 27.6.1904.
75 Vgl. auch Slapnicar, Karriereknick, S. 50.
76 Vgl. BArch, R 3001/70245, Personalbogen, o. D., ca. 1919; Slapnicar, Karriereknick, S. 50.
77 Zur Ernennung vgl. die Angaben in: BArch, R 3001/70245, Personalbogen, o. D., ca. 1919.
78 Vgl. BArch, R 3001/70246, Personal- und Qualifikations-Nachweisung, 20.1.1906. Zu den Stationen vgl. die Unterlagen in: BArch, R 3001/70245, BArch, R 3001/70246 u. BArch, R 3001/70248, sowie Barnert, Station (2007), S. 57 f.; Slapnicar, Karriereknick, S. 51 f. Zu den Wohnortwechseln Palandts vgl. auch die Angaben in: StA Hildesheim, Meldekartei Otto Palandt.
79 Vgl. die Unterlagen in: BArch, R 3001/70247.
80 Zum Zit.: Barnert, Station (2007), S. 60; dies., Station (2016), S. 24. Vgl. etwa eine Bewerbung bei der städtischen Armenpflege der Hansestadt Bremen in: BArch, R 3001/70246. Vgl. auch Barnert, Station (2007), S. 58 u. Slapnicar, Karriereknick, S. 50 f.

Ungewöhnlich verlief diese berufliche Phase im Anschluss an das zweite Staatsexamen im Falle Palandts tatsächlich insofern, als der Celler Oberlandesgerichtspräsident seine Ernennung zum Amtsgerichtsrat blockierte – und zwar zurückgehend auf die Causa Kolle. Dies verdeutlichen seine Vermerke in Palandts Personalakte.

So erkundigte sich etwa der Oberlandesgerichtspräsident in Celle Mitte Februar 1906 – also zeitgleich zu Palandts Bemühungen um eine Stelle als Amtsgerichtsrat – beim Landgerichtspräsidenten in Hildesheim, ob „der Gerichtsassessor Dr. Palandt wegen der Euer Hochwohlgeboren bekannten Zellefelder Angelegenheit von seinen Kollegen auch jetzt noch gesellschaftlich gemieden" würde und sein Ansehen „gesellschaftlich weiter nachteilig beeinfluß[e]".[81] Außerdem erbat er ausdrücklich Antwort auf die Frage, ob Palandt Mitglied des Hildesheimer „Juristentischkreises" sei.[82]

Der (neue) Landgerichtspräsident in Hildesheim erklärte daraufhin, er könne nichts berichten, da Palandt „privat zurückgezogen" lebe, er deshalb aber annehme, „daß die Ihrerseits erwähnte Angelegenheit in Zellerfeld vergessen" sei.[83] Gut zwei Monate später wurde Palandt mit Wirkung vom 1. Juni 1906 zum Amtsgerichtsrat ernannt, aber nicht im Bereich des Oberlandesgerichtes Celle, sondern am Amtsgericht in Znin, das zum Landgerichtsbezirk Bromberg bzw. dem Oberlandesgerichtsbezirk Posen gehörte.[84] Diesem Schritt waren allein im Frühjahr 1906 gut 90 Gesuche Palandts um Anstellung vorausgegangen.[85]

Eine so intensive Stellensuche ist in Anbetracht seiner zweifach „gut" abgelegten Staatsprüfungen und vor dem Hintergrund der als fachlich exzellent dargestellten Wertungen in seinen bis dahin erhaltenen Zeugnissen und Beurteilungen ungewöhnlich. Der durch innerständische Konvention hervorgerufene Makel bleibt – neben dem Aspekt einer großen personalpolitischen Konkurrenz – die plausibelste Erklärung dafür, weshalb Otto Palandt als überaus qualifizierter Jurist so intensiv um eine Stelle als Amtsgerichtsrat suchen musste.[86]

Nachweisen lässt sich dies nicht nur mit dem bereits zitierten Wortlaut des Oberlandesgerichtspräsidenten. Denn wie virulent und zugleich präsent Palandts Stigma als Duellverweigerer und damit seine innerständische Exklusion im Sommer 1906 in Justizkreisen noch war und auch bleiben sollte, zeigt gerade der Palandt desavouierende Kommentar des Celler Oberlandesgerichtspräsidenten auf der „Personal- und Qualifikations-Nachweisung", die von Celle an die für Palandt potenziell neu zuständige Per-

---

81 Vgl. BArch, R 3001/70246, Schreiben des OLG-Präsidenten in Celle an den LG-Präsidenten in Hildesheim, 19.2.1906.
82 Vgl. ebenda.
83 Vgl. BArch, R 3001/70246, Schreiben des LG-Präsidenten in Hildesheim an den OLG-Präsidenten in Celle, 20.2.1906.
84 Vgl. BArch, R 3001/70248, Schreiben des preußischen Justizministeriums an den OLG-Präsidenten in Celle, 26.5.1906.
85 Vgl. Slapnicar, Karriereknick, S. 52.
86 Vgl. dazu auch Barnert, Station (2007), S. 57 f.; Slapnicar, Karriereknick, S. 50–52.

sonalstelle geschickte wurde – und zwar inmitten des Bewerbungsverfahrens. Darin hieß es im März 1906 ausdrücklich aktivisch formuliert: „Auf eine Ohrfeige, die er während seiner ersten amtsgerichtlichen Station in Zellerfeld von einem Bergbaubeflißenen erhielt, hat er im Zuge einer Privatklage reagiert. Dies ist ihm derzeit von seinen Kollegen sehr verdacht und er ist deshalb von diesen gesellschaftlich gemieden. Der Vorfall scheint aber, wie ich auch einem Schreiben des Landgerichtspräsidenten in Hildesheim vom 16. v. Mts. entnehmen muß, inzwischen in Vergeßenheit geraten zu sein."[87]

Diese Stellungnahme belegt, dass es primär der Celler Oberlandesgerichtspräsident war, der Palandts „Verfehlung" nicht vergessen konnte und der die Erinnerung an sie überall so wach wie möglich halten wollte. Seine Bedeutung als Verhinderungsinstanz einer adäquaten Anstellung Palandts als Amtsgerichtsrat im Oberlandesgerichtsbezirk Celle muss ausgehend davon als wahrscheinlich gelten. Umso deutlicher erkennbar wird zugleich der Zäsurcharakter des Dienstantrittes von Otto Palandt am Amtsgericht in Znin, das weit genug entfernt lag von allen Orten vorangegangener „Verfehlungen".[88] Das Schreiben aus Celle erreichte im März 1906 das für Palandt zuständige Oberlandesgericht in Posen nicht, da es versehentlich an das Oberlandesgericht in Breslau adressiert worden war.[89]

Znin, das etwa auf halber Strecke zwischen Bromberg und Posen lag, war zur damaligen Zeit eine Stadt kleinerer bis mittlerer Größe innerhalb der an den östlichsten Grenzen des Kaiserreiches gelegenen preußischen Provinz Posen. Sie war nach dem Wiener Kongress wieder an Preußen gefallen und stand – ähnlich wie die Provinzen Ost- und Westpreußen – im Zentrum gewachsener Spannungen zwischen Deutschen und Polen. Nach 1871 verstärkten sich länger zurückreichende Rivalitätskonflikte, bei denen dezidiert Deutsches gegenüber polnischen Einflüssen immer weiter gestärkt werden sollte, etwa durch die Abschaffung des Polnischen als Schulsprache oder auch die Zurückdrängung des von Polen mehrheitlich gepflegten katholischen zugunsten des protestantischen Glaubens. Der von Polen zum „Kulturkampf" erklärte Konflikt innerhalb der Provinz war auf vielfältige Weise Nährboden einer polnischen Nationalbewegung und stiftete ex negativo zum zurückgewiesenen „Deutschtum" Identität. Die Auseinandersetzungen innerhalb einer zumal nicht stark industriell geprägten Provinz, die stets mit Abwanderung in die Städte kämpfen musste, ließ Posen zur „ungeliebten Provinz" Preußens werden.[90]

---

87 Vgl. BArch, R 3001/70246, Personal- und Qualifikations-Nachweisung, 15.3.1906.
88 Vgl. dazu auch Slapnicar, Karriereknick, S. 54 f.
89 Vgl. den Posteingangsstempel auf dem Dokument in: BArch, R 3001/70246, Personal- und Qualifikations-Nachweisung, 15.3.1906.
90 Vgl. Neubach, Posen. Vgl. auch Boysen, Geist; Pletzing, Völkerfrühling; Heyde, Geschichte.

Abb. 12: Das Amtsgericht in Znin auf einer Postkartenaufnahme um 1900

Otto Palandt und Helene Firnhaber, die Tochter eines Rittergutspächters aus Düderode im Harz, die Palandt Anfang August 1906 heiratete,[91] waren folglich mit Dienstantritt in Znin im Juni 1906 in ein von deutsch-polnischen Nationalitätskonflikten geprägtes und politisch unruhiges Umfeld gelangt. Angesichts des Umstandes, dass Palandt bis dahin zumeist in der näheren Umgebung von Hildesheim tätig gewesen war, versprach die Erfahrung des Aufenthaltes in Znin und der Provinz Posen durchaus neue, auch politisch gefärbte Einsichten und Erfahrung. 1908 wurde Palandts erster Sohn geboren.[92]

Auch wenn in den Archiven bislang keine Akten über seine konkrete Tätigkeit in Znin ermittelt werden konnten, lassen die überlieferten Personalunterlagen erkennen, dass sich Palandt rasch einen sehr guten Ruf erarbeitete. Im November 1908 wurde er am Oberlandesgericht in Posen zum Hilfsrichter ernannt und blieb dies bis 1912.[93] 1911 hieß es vonseiten eines Senatspräsidenten des Posener Oberlandesgerichtes, dem Palandt als Hilfsrichter zugeordnet worden war, seine Leistungen seien von „Emsigkeit und Fleiß" geprägt und ragten deutlich „über den Durchschnitt" hinaus. Zudem habe er sich „tadellos" geführt.[94]

Diese Beurteilung Palandts war eine der ersten, die keine Einschränkung mehr enthielt, also nicht Bezug auf das 1901 verweigerte Duell nahm. Noch 1909 etwa hatte

---

91 Vgl. die Angaben in: BArch, R 3001/70245, Personalbogen, o. D., ca. 1919.
92 Vgl. die Angaben zur Geburt in: BArch, R 3001/70245, Personalbogen, o. D., ca. 1919.
93 Vgl. BArch, R 3001/70246, Schreiben des OLG-Präsidenten in Posen an Otto Palandt, 4.11.1908. Zur weiteren Tätigkeit vgl. die Unterlagen in: BArch, R 3001/70246.
94 Vgl. BArch, R 3001/70246, Stellungnahme des Senatspräsidenten Leppel, OLG-Posen, 9.1.1911.

es auch in einer Beurteilung des Landgerichtspräsidenten in Bromberg geheißen: „Seit einem Vorfall während seiner Referendarzeit, bei dem er sich gegenüber einer ihm widerfahrenen tätlichen Beleidigung nicht korrekt benommen hat, ist sein außerdienstliches Verhalten nicht mehr zu beanstanden gewesen."[95]

Nach gut sechs Jahren wurde Palandt – ernannt zum Landrichter – im Oktober 1912 von Znin respektive dem Oberlandesgericht in Posen an das Landgericht nach Kassel versetzt.[96] In Posen war Palandt nach eigenen Angaben erstmals als „Instruktor" tätig gewesen und brachte sich nun auch in Kassel sehr erfolgreich in die Ausbildung der juristischen Referendare ein.[97] In einer Beurteilung des Kasseler Oberlandesgerichtspräsidenten hieß es 1912 über Palandt: „Seine Leitung der Referendarübung ist durch die Frische seines Wesens besonders anregend."[98]

Der Jurist Otto Palandt blickte am Vorabend des Ersten Weltkrieges auf eine außergewöhnliche Karriere zurück: Er hatte zunächst sein Studium sehr zielstrebig und mit dem herausragenden Prädikat „gut" hinter sich gebracht und im Grunde auch mit dem Ergebnis seiner zweiten Staatsprüfung eine außergewöhnliche juristische Begabung nachgewiesen. Unmittelbarer Erfolg, im Sinne eines problemlosen Karrierestarts, hatte sich indes nicht eingestellt. Palandt war vielmehr konfrontiert worden mit den negativen Auswirkungen eines ihn im beruflichen Fortkommen behindernden elitären juristischen Standesdünkel.

Otto Palandt wurde wenige Tage nach Eintritt Deutschlands in den Ersten Weltkrieg „zum Dienste bei der Fahne eingezogen", wie er es in seinem Schreiben am 3. August 1914 dem Hildesheimer Landgerichtspräsidenten anzeigte.[99] Dass Palandt sich freiwillig zum Kriegsdienst meldete, geht aus dieser Formulierung nicht unmittelbar hervor und wurde bislang auch von der Forschung nicht behauptet.[100]

Jedoch bleibt sein am 4. August 1914 begonnener Militärdienst im Rang eines Vizefeldwebels der Reserve insofern bemerkenswert, als Palandt seinerzeit mit 37 Jahren eigentlich zu alt war, um als Reservist direkt bei Kriegsausbruch einberufen zu werden.[101] In diesem Sinne scheint es doch eher wahrscheinlich zu sein, dass Otto Palandt zu den Angehörigen des in Hildesheim stationierten 3. Kurhessischen Infanterieregimentes Nummer 83 zählte, die Anfang August 1914 in Scharen in die Kaserne strömten

---

95 Vgl. BArch, R 3001/70246, Qualifikationsbericht des Landgerichtspräsidenten in Bromberg an den Oberlandesgerichtspräidenten in Posen, 14.1.1909.
96 Vgl. BArch, R 3001/70246, Schreiben des preußischen Justizministeriums an den Oberlandesgerichtspräsidenten in Posen, 17.7.1912.
97 Zur Angabe Palandts vgl. BArch, R 3001/70244, Schreiben Otto Palandts an das preußische Justizministerium, 15.10.1917.
98 Vgl. BArch, R 3001/70244, Personal- und Qualifikations-Nachweisungen, 1911/12.
99 Vgl. BArch, R 3001/70245, Schreiben Otto Palandts an den LG-Präsidenten in Hildesheim, 3.8.1914.
100 Vgl. u. a. Barnert, Station (2007); dies. Station (2016); Slapnicar, Karriereknick; Thier, Palandt, Otto.
101 Vgl. Stachelbeck, Heer, S. 99–111, 186–204.

und sich freiwillig zum Dienst meldeten.[102] Palandt hatte bei dieser Einheit 1899/1900 seinen einjährig freiwilligen Militärdienst geleistet und gehörte ihr auch in der Folge als Reservist an – aufgrund der Causa Kolle aber eben nicht im Rang eines Offiziers, sondern als Vizefeldwebel, das heißt als Unteroffizier.[103]

Was zunächst als ein abenteuerlich anmutendes Unterfangen ohne Gefechte und Feindberührungen startete, entwickelte sich für Palandts Regiment ab Mitte August 1914 in Belgien rasch zu einer veritablen Erfahrung von Gewalt: Stellungskämpfe, flächendeckender Artilleriebeschuss, Sperrfeuer von Maschinengewehren, Stoßtrupps und massive Verluste, all dies erlebte auch Vizefeldwebel Palandt, der aufgrund seines Dienstgrades eine Gruppe von etwa zehn bis zwölf Soldaten geführt haben muss, bereits während der ersten Kriegswochen an der Westfront.[104]

Ende August 1914 wurde das 83. Infanterieregiment an die Ostfront verlegt, da die deutsche Militärführung aufgrund der schweren Gefechte in Ostpreußen zu einer Kräfteumverteilung gezwungen war.[105] Palandts Einheit war zunächst in der Region um Gumbinnen und später bei Königsberg im Einsatz, wurde im Herbst 1914 in den südlichen Abschnitt der Ostfront nach Westgalizien verlegt und blieb dort bis zum Frühjahr 1915.[106] Seine erste Kriegsweihnacht verbrachte Otto Palandt gut 20 Kilometer südöstlich vom polnischen Łódź entfernt in der Nähe der Stadt Tomaszów; im Kriegsbericht des Regiments heißt es zu der Zeit knapp: „Es beginnen die durch die Ungunst der Witterung und der örtlichen Verhältnisse auf Geist und Körper zersetzend wirkenden Stellungskämpfe."[107]

Im Frühjahr 1915 begannen für Palandts Einheit neue massive Kämpfe an der Ostfront. Es war ein Grabenkrieg, in dem Flammenwerfer und Giftgas eingesetzt wurden und Typhus und Cholera grassierten.[108] Otto Palandt schied im Mai 1915, physisch wie psychisch verletzt und versehrt, aus den aktiven Kampfhandlungen aus, wurde aber nicht aus dem Militär entlassen.[109]

---

102 Zum 83. Infanterieregiment, das der 22. Infanteriedivision unterstellt war, vgl. die Darstellung in: Clausius, Infanterie-Regiment, S. 1–11; Oetzel, 22. Infanterie-Division, S. 8–12.
103 Zum Militärdienst Palandts vgl. die Unterlagen in: BArch, R 3001/70242; BArch, R 3001/70243; BArch, R 3001/70245 u. BArch, R 3001/70246.
104 Zum Einsatzverlauf vgl. Clausius, Infanterie-Regiment, S. 11–20; Oetzel, 22. Infanterie-Division, S. 12–25.
105 Zur Verlegung vgl. Clausius, Infanterie-Regiment, S. 20 f.; Oetzel, 22. Infanterie-Division, S. 25–28. Zur generellen Militärplanung vgl. Zimmermann, Tannenberg; Birk, Schlacht; Stachelbeck, Heer; ders., Taktik; Münkler, Krieg, S. 107–157.
106 Vgl. Clausius, Infanterie-Regiment, S. 20–47; Oetzel, 22. Infanterie-Division, S. 36–108.
107 Zum Zit.: Clausius, Infanterie-Regiment, S. 47. Zum Einsatzverlauf vgl. Oetzel, 22. Infanterie-Division, S. 89–91.
108 Vgl. ebenda, S. 99–104; Clausius, Infanterie-Regiment, S. 47–56.
109 Vgl. die Angaben in: BArch, R 3001/70244, Fragebogen des Rechnungsamtes bei dem Oberlandesgericht, 26.9.1925.

Abb. 13: Deutsche Soldaten im Schützengraben an der Ostfront, Winter 1914/15

Eine Regenerationspause im Frühjahr 1915 nutzte Palandt auch dazu, eine von der innerjuristischen und gesellschaftlichen Ächtung herrührende Hypothek zu tilgen. Denn er wurde in der Folge zum „Leutnant der Landwehr und Kompanieführer" befördert, muss also nach seinem gesundheitsbedingten Ausscheiden aus dem aktiven Kampfdienst im Mai 1915 einen Offizierslehrgang erfolgreich absolviert haben. Palandt ergriff damit eine Chance, die der Fronteinsatz im Krieg eröffnet hatte, nämlich die negativen Auswirkungen des nicht erwiderten Duells hinter sich zu lassen und als Akademiker die standesgemäße Reserveoffizierslaufbahn einzuschlagen.[110]

Im Mai 1916 wurde Palandt zudem vom Landgericht in Kassel an das Oberlandesgericht nach Posen versetzt und zugleich vom Landrichter zum Oberlandesgerichtsrat befördert.[111] Der Vorgang hatte aber praktisch nur in seinem zivilen Leben insofern eine Bedeutung, als er damit formal eine neue Planstelle zugewiesen bekam. Denn tätig war der – nach wie vor dem Militär angehörende – Richter Otto Palandt bereits seit Sommer 1915 in der Zivilverwaltung des „Generalgouvernements Warschau".[112] Das Generalgouvernement war während des Ersten Weltkrieges vonseiten der deutschen Regierung neu gebildet worden und sollte die Besatzungsverwaltung im nördlichen

---

110 Vgl. BArch, R 3001/70244, Personal- und Qualifikations-Nachweisungen, o. D., ca. 1917.
111 Vgl. GStA PK, I. HA, Rep. 84 a, Nr. 26371, Bestallungsvermerk Posen, 12.5.1916.
112 Zur Tätigkeit vgl. die Angaben zum Personal in den „Vierteljahresberichten des Verwaltungschefs der Zivilverwaltung des Kaiserlichen Generalgouvernements Warschau" in: BArch, PH 30-II/9. Palandt blieb dort bis 1918 beschäftigt, vgl. u. a. die Angaben in: BArch, PH 30-II/10, BArch, PH 30-II/11, BArch, PH 30-II/12, BArch, PH 30-II/13 u. BArch, PH 30-II/14.

und von deutschen Truppen besetzten vormaligen sogenannten Kongresspolen sichern. „Kongresspolen" entsprach dem 1815 auf dem Wiener Kongress etablierten „Königreich Polen".[113]

Otto Palandt arbeitete innerhalb der Zivilverwaltung des Generalgouvernements Warschau in der Abteilung III: Justizwesen. Anfänglich waren dort nur sehr wenige Beamte tätig, die, wie die Zivilverwaltung generell, nicht von einem Militär, sondern von einem zivilen Beamten geführt wurden.[114] Neben der Zivilverwaltung, an deren Spitze Wolfgang von Kries stand und deren Beamte ausnahmslos disziplinarisch dem Reichsamt des Innern unterstanden, existierte innerhalb des Generalgouvernements Warschau die militärische Verwaltung, die langjährig von Generaloberst Hans von Beseler geführt wurde, der in Personalunion zugleich „Generalgouverneur" in Warschau war.[115] Dieses zivil-militärische Format eines Besatzungsregimes war keineswegs neu, denn auch im besetzten Königreich Belgien etwa hatte die deutsche Regierung ein „Generalgouvernement" errichtet, das ganz ähnlich administrativ strukturiert worden war.[116]

Palandt verschwieg seine zwischen Sommer 1915 und Winter 1918 alleinige dienstliche Tätigkeit innerhalb der Zivilverwaltung des Generalgouvernements in späteren Lebensläufen ab den 1920er Jahren konstant. Um dies zu belegen, behauptete Palandt auch, er habe ab 1915 regulär in den ihm zugewiesenen Planstellen bei Gericht in Kassel, in Posen bzw. später am Obergericht der Zivilverwaltung des Generalgouvernements in Warschau gearbeitet, sei also 1915 aus dem Militär entlassen worden und regulär in den preußischen Justizdienst zurückgekehrt.[117] Diese Angaben wurden von der Forschung kolportiert.[118] Sie lassen sich jedoch anhand der Akten widerlegen.

Und zwar nicht nur mithilfe der Stellenbesetzungspläne der Zivilverwaltung des Generalgouvernements Warschau,[119] sondern auch durch die Mitteilung des Oberlandesgerichtspräsidenten in Posen. Als er 1917 zu einer Beurteilung Palandts aufgefordert wurde, erwiderte er, er könne keine Aussagen treffen, da Palandt seine ihm dort formal 1916 zugewiesene Stelle am Gericht in der Praxis nicht angetreten habe.[120] Dies bestätigte Otto Palandt auch in seinem Schreiben an das preußische Justizministerium 1917, indem er festhielt, seine Richtertätigkeit ruhe seit 1914.[121] Darüber hinaus ist in den Personalakten eindeutig festgehalten, dass Otto Palandt erst am 24. Dezember 1918

---

113 Vgl. Kauffman, Sovereignty; Heyde, Geschichte.
114 Vgl. die Unterlagen in: BArch, PH 30-II, Bd. 6–14.
115 Zur Struktur vgl. Kauffman, Sovereignty. Vgl. auch Komierzyńska-Orlińska, Origins, S. 45 f.
116 Vgl. Schwarte, Weltkampf, S. 1–110.
117 Vgl. u. a. die Personalunterlagen in: BArch, R 3001/70242 sowie in: StArchiv Hamburg, 221-11/X 871, Entnazifizierungsakte Palandt, Otto.
118 Vgl. Barnert, Station (2007); dies., Station (2016); Slapnicar, Karriereknick; Thier, Palandt, Otto, S. 9 f.
119 Vgl. die Stellenpläne in: BArch, PH 30-II, Bd. 9–14.
120 Vgl. BArch, R 3001/70244, Personal- und Qualifikations-Nachweisungen, o. D., ca. 1917.
121 Vgl. BArch, R 3001/70244, Schreiben Otto Palandts an das preußische Justizministerium, 15.10.1917.

aus dem Militärdienst entlassen wurde, der am 4. August 1914 für ihn begonnen hatte.[122]

Otto Palandt war folglich von 1914 bis 1918 ununterbrochen Angehöriger des Militärs. Nach Ausscheiden aus dem Frontdienst fand er bis Kriegsende Verwendung in der deutschen Besatzungsverwaltung des Warschauer Generalgouvernements. Seine Funktion innerhalb des preußischen Justizdienstes ruhte in dieser Zeit, auch wenn er formal im Mai 1916 einen Dienstposten in Posen zugewiesen bekam.[123]

Dies so deutlich zu betonen, ist deshalb von Bedeutung, weil Palandts Tätigkeit in der Zivilverwaltung des Generalgouvernements mit der Gründung der sogenannten Polnischen Landesdarlehnskasse im Dezember 1916 in Verbindung stand.[124] Auch das leugnete Palandt später. Er erklärte lediglich, seine Rolle in Bezug auf die Polnische Landesdarlehnskasse habe darin bestanden, dass er quasi ehrenamtlich, nebenberuflich und nur sporadisch dort als „Justiziar" tätig gewesen sei.[125] Die Geschichte dieser Institution, aus der in den 1920er Jahren die polnische Zentralbank hervorging,[126] erlangte in der frühen Weimarer Republik eine große politische Bedeutung. Und Palandts Person respektive sein intimes Wissen um die Genese der Polnischen Landesdarlehnskasse spielten in den Kontroversen eine zentrale Rolle.[127]

Neben einer extremen Gewalterfahrung, die Palandt physisch wie psychisch im Mai 1915 kampfunfähig werden ließ, und der Möglichkeit der Bewährung, die der Kriegsdienst bot, um doch noch Reserveoffizier zu werden (und damit die letzten Reputationsschäden nach dem 1901 verweigerten Zweikampf zu überwinden), besaß der Erste Weltkrieg für Palandts Biografie vor allem aufgrund seiner Tätigkeit in der Zivilverwaltung des Generalgouvernements Warschau einen wichtigen Zäsurcharakter. Denn Palandts Mitarbeit an der Gründung der Polnischen Landesdarlehnskasse war in der Weimarer Republik von großer Bedeutung und prägte den Fortgang seiner Karriere in der Demokratie.

---

122 Vgl. die Angaben in: BArch, R 3001/70244.
123 Zur Versetzung vgl. GStA PK, I. HA, Rep. 84 a, Nr. 26372, Bestallungsvermerk des OLG in Posen, 12.5.1916.
124 So lautete die Schlussfolgerung von Reichsfinanz-, Reichshandels- sowie preußischem Justizministerium Anfang der 1920er Jahre. Vgl. diesbezüglich die Unterlagen in: BArch, R 3001/70243. Zur Gründung der Polnischen Landesdarlehnskasse vgl. Verordnungsblatt des Generalgouvernements Warschau, 1916, Nr. 57. Vgl. auch Komierzyńska-Orlińska, Origins, S. 47.
125 Vgl. BArch, R 3001/70242, Formular, o. D., ca. 1938; BArch, R 3001/70243, Formular, o. D., ca. 1926.
126 Vgl. Komierzyńska-Orlińska, Origins; Leszczyńska, History.
127 Zur Rolle Palandts vgl. die Darstellung im folgenden Kapitel. Zur Kontroverse vgl. Komierzyńska-Orlińska, Origins, sowie u. a. die Unterlagen in: BArch, R 2/3005; GStA PK, I. HA, Rep. 151, IA, Nr. 7381 u. GStA PK, I. HA, Rep. 151, IA, Nr. 7382.

3 1918/19–1932: Demokratie als Interim

Seit Ende des Jahres 1918 befand sich Otto Palandt in Kassel bei seiner Familie. Dort erlebte er auch die tiefgreifende politisch-revolutionäre Entwicklung im Nachgang des verlorenen Krieges mit, die letztlich in der Ausrufung der ersten deutschen Republik am 9. November 1918 mündete. Es folgte der Abschluss des Waffenstillstandes von Compiègne, mit dem Deutschland am 11. November 1918 gegenüber Frankreich und Großbritannien de facto seine militärische Niederlage zugab.[128]

Das Abkommen beendete den Ersten Weltkrieg, annullierte zugleich aber auch den Frieden von Brest-Litowsk vom 3. März 1918, der unter anderem eine dauerhafte deutsche Herrschaft im besetzten polnischen Gebiet und eine deutsche Hegemonie in der Ukraine vorsah. Die deutsche Niederlage im Westen sowie das Ende des wilhelminischen Kaiserreiches verhalfen der polnischen Nationalbewegung zum Durchbruch. Ebenfalls am 11. November 1918 entstand die zweite polnische Republik, die unter anderem das Gebiet des vormaligen Generalgouvernements Warschau als Staatsterritorium beanspruchte.[129]

Nachdem Otto Palandt Ende Dezember 1918 sowohl aus dem Militär als auch aus der in Auflösung befindlichen Besatzungsverwaltung des vormaligen Generalgouvernements Warschau ausgeschieden war, wurde er am 24. Dezember 1918 formal wieder zum regulären Justizbeamten Preußens. Noch von Kassel aus ließ er sich jedoch umgehend von seinem ihm 1916 zugewiesenen Dienstposten am Oberlandesgericht in Posen beurlauben und trat die Stelle weiterhin nicht an.[130]

Aufgrund der instabilen politischen Umstände, einerseits in Posen, das Teil des neuen polnischen Staates werden sollte, und andererseits in Deutschland, dessen politische Ordnung sich im Umbruch befand, strebte Otto Palandt im Frühjahr 1919 seine Versetzung „in die Heimat" an, wie er es gegenüber dem preußischen Justizministerium betonte. Er wolle, auch in Anbetracht der prekären Sicherheitslage in Deutschland, bei seiner Frau und den insgesamt drei Söhnen in Kassel bleiben.[131] Mit Wirkung vom 1. Juni 1919 wurde Palandt vom Oberlandesgericht in Posen an das Oberlandesgericht nach Kassel versetzt.[132]

Für die gesamte deutsche Beamtenschaft – und auch für Otto Palandt – ging das Ende des Kaiserreiches und der Beginn der parlamentarischen Demokratie 1918/19 for-

---

128 Zum Aufenthalt Palandts Ende 1918 vgl. die Unterlagen in: BArch, R 3001/70244.
129 Vgl. u. a. Heyde, Geschichte.
130 Vgl. BArch, R 3001/70244, Schreiben Otto Palandts an das preußische Justizministerium, 3.2.1919, sowie die Unterlagen in: BArch, R 3001/70244.
131 Vgl. BArch, R 3001/70244, Schreiben Otto Palandts an das preußische Justizministerium, 3.2.1919 u. BArch, R 3001/70244, Schreiben Otto Palandts an das preußische Justizministerium, 2.3.1919. Zur Geburt der Söhne vgl. die Angaben in: BArch, R 3001/70244, Formular, o. D., ca. 1938, sowie Thier, Palandt, Otto, S. 9.
132 Vgl. GStA PK, I. HA, Rep. 84 a, Nr. 26373, Schreiben des preußischen Justizministeriums an den OLG-Präsidenten in Posen, 15.5.1919.

mal betrachtet mit einer großen Kontinuität einher. Und zwar insofern, als der republikanische Staat das Berufsbeamtentum aus der „alten" Zeit mit hinübernahm in die neue. Auch wenn es zeitgenössisch als strittig galt, ob der wilhelminische „Beamtenkörper" tatsächlich anpassungsfähig war und sich ausreichend loyal gegenüber der demokratischen Ordnung verhalten könne, votierte 1918/19 die Mehrheit dagegen, das Berufsbeamtentum abzuschaffen. Ziel war es vielmehr, mithilfe der Übernahme der Beamten und Fortgeltung ihrer Rechte, einen Integrationsprozess einzuleiten und sie langfristig mit der Demokratie zu versöhnen.[133]

Vor allem die die Weimarer Republik maßgeblich tragende Sozialdemokratie forderte zugleich aber auch tiefgreifende Reformen in Bezug auf die Beamtenschaft. Neu entstehen sollte ein der Arbeiterbewegung entstammender, aber akademisch gebildeter Beamtentypus. Diese neuen „Staatsdiener" sollten in verantwortungsvoller Stellung langfristig durch ihre demokratische Grundüberzeugung die Loyalität des gesamten Staatsapparates festigen und damit auch Vorbehalte der alten Eliten gegenüber der Republik neutralisieren.[134]

Mit Blick auf die Justiz zeigte sich jedoch rasch, wie stark die antidemokratischen und autoritär geprägten Beharrungskräfte nach Gründung der Republik blieben. Das demokratische Loyalitätsbekenntnis der übernommenen Beamtenschaft fiel hier in weiten Teilen besonders zaghaft aus und der „Kampf um die ‚Republikanisierung' der Rechtspflege in der Weimarer Republik" entwickelte sich in der Folge zu einem sehr langwierigen Prozess. All dies führte letztlich aufseiten der Demokaten zu der die Weimarer Republik prägenden „Vertrauenskrise" gegenüber dem republikanischen Bekenntnis der Justiz.[135]

Palandts Biografie in den 1920er Jahren steht pars pro toto für den Typus des Justizbeamten, der die neue Republik nach ihrer Gründung lediglich als ein marginales und instabiles Interim ansah. War er vor 1918 nie überzeugter Anhänger der preußischen Monarchie gewesen, fand Palandt nach Abdankung des Kaisers und Etablierung der Weimarer Republik auch keinen Zugang zur Demokratie und erkannte in der republikanischen Staatsform keinen politischen oder gesellschaftlichen Fortschritt. Daher nahm er diesen neuen Staat – dem er als Beamter dienen sollte – auch nicht ernst.

Die Konsequenzen dieser unmittelbar 1919/20 gezeigten Haltung, die geprägt war von ostentativer Illoyalität, verhinderten bis Anfang der 1930er Jahre zugleich seinen beruflichen Erfolg und damit auch Palandts Integration in das demokratische Staatswesen. All dies lässt sich ausgehend von einem Ereignis exakt bestimmen: der Kontroverse um die Polnische Landesdarlehnskasse bzw. um die „Kries-Noten" Anfang der 1920er Jahre, bei der Palandt als einer der wichtigsten Akteure auftrat.

---

133 Vgl. u. a. Caplan, Government, S. 1–101.
134 Vgl. Hoffmann, Sozialdemokratie; Miller, Bürde; Auernheimer, Rolle.
135 Vgl. u. a. Kuhn, Vertrauenskrise.

Die Kries-Noten waren im Dezember 1916 im Generalgouvernement Warschau als Zahlungsmittel neu eingeführt worden. Sie begründeten die Währung „Marek Polskich" und wurden durch die Polnische Landesdarlehnskasse ausgegeben. Sie dienten auch dazu, die deutschen Beamten der Besatzungsverwaltung des Warschauer Generalgouvernements zu bezahlen. Offiziell war es auf deutscher Seite das Ziel gewesen, durch die Einführung der Kries-Noten den Umlauf von Mark im östlichen Besatzungsgebiet zu beenden und mithilfe der Polnischen Landesdarlehnskasse zugleich Kredite und Darlehen günstig zur Verfügung zu stellen. Wie die neuere Forschung gezeigt hat, führte die Arbeit der Polnischen Landesdarlehnskasse aber primär dazu, den polnischen Wirtschafts- und Finanzsektor maximal zur Deckung der Kriegs- und Besatzungskosten heranzuziehen. Sie trug auf diese Weise zwischen 1916 und 1918 dazu bei, der polnischen Wirtschaft und seinem Bankenwesen im hohen Maße zu schaden und die Inflation zu verschärfen.[136]

Bei den Auseinandersetzungen in der Weimarer Republik Anfang der 1920er Jahre ging es konkret um eine auf der Vorderseite der Kries-Noten abgedruckte Garantieerklärung, die unter anderem auch der Leiter der Zivilverwaltung des Warschauer Generalgouvernements Wolfgang von Kries unterschrieben hatte, der damit zugleich Namensgeber der „Kries-Noten" wurde. Der Wortlaut dieser auf Polnisch verfassten Erklärung konnte auf Deutsch dahingehend interpretiert werden, dass das Reich dafür garantierte, die Kries-Noten respektive „Marek Polskich" eins zu eins in Mark wechseln zu können.[137] Während der deutschen Besatzungszeit wurden Kries-Noten im Betrag von rund 1,2 Milliarden „Marek Polskich" hergestellt und im Wert von etwa 800 Millionen „Marek Polskich" in Umlauf gebracht.[138]

Im Sommer 1920 verklagten mehrere Inhaber von Kries-Noten das Deutsche Reich auf den vermeintlich garantierten Umtausch in Mark.[139] Auch Otto Palandt hatte sich bereits Ende Oktober 1919 schriftlich an das Reichsfinanzministerium sowie an das „Reichsschatzamt, Abt. für ausländische Werte" gewandt. In seinen Briefen erklärte Palandt, er sei als ehemaliger Beamter des Generalgouvernements in „Marek Polskich" bezahlt worden, besitze noch erhebliche Mengen an Kries-Noten und bestehe auf deren Umtausch in Mark zum Kurs eins zu eins. Zudem gab Palandt zu verstehen, dass er als Mitarbeiter der Zivilverwaltung des Generalgouvernements Warschau bei der Gründung der Polnischen Landesdarlehnskasse 1916 maßgeblich mitgewirkt habe und auch Akten besitze, die nicht öffentlich diskutierte Details der Vorgänge enthielten bzw. angeblich geheim gehaltene deutsche Absichten belegten.[140]

---

136 Vgl. Komierzyńska-Orlińska, Origins, S. 46–50.
137 Vgl. die Unterlagen in: BArch, R 2/3005.
138 Vgl. GStA PK, I. HA, Rep. 151, IA, Nr. 7381, Vermerk des Reichsfinanzministeriums, 18.11.1920; BArch, R 2/3022, Abkommen zwischen dem Reichsfinanzministerium und der Polska Krajowa Kasa Pożyczkowa Warszaw, 21.2.1922.
139 Vgl. u. a. die Unterlagen in: BArch, R 2/3005, sowie BArch, R 2, Bd. 3018–3023 u. GStA PK, I. HA, Rep. 151, IA, Nr. 7381.
140 Vgl. BArch, R 3001/70243, Vermerk des preußischen Justizministeriums, o. D., ca. 1922.

Abb. 14: Eine sogenannte Kries-Note in Höhe von 20 Marek Polskich, 1917

Nach Auffassung des Reichsfinanz- und des preußischen Justizministeriums war der Wortlaut der Schreiben Palandts „als Drohung" zu verstehen. Denn der Beamte Palandt kündigte an, dass er sein dienstliches Wissen dann einsetzen werde, wenn das Reich seiner Forderung nach Umtausch der Kries-Noten in Mark zum Kurs eins zu eins nicht nachkomme. Mit anderen Worten: Beide Ministerien qualifizierten Palandts Schreiben als Erpressungsversuch.[141]

Nachdem 1920 einer der ersten großen zivilrechtlichen Prozesse zum Umtausch der Kries-Noten gegen das Reich in Berlin vor Gericht begonnen und Otto Palandt weiterhin keine ihm befriedigend erscheinende Lösung mit dem Reichsfinanzministerium gefunden hatte, entschloss er sich zur Eskalation: Palandt sandte im Sommer 1920 Briefe an zwei verschiedene Rechtsanwälte, von denen er annahm, sie seien Vertreter von Klägern in Kries-Noten-Prozessen gegen das Reich. In seinen Schreiben bot Palandt den Anwälten an, „Material", das er als ehemaliger und mit den Angelegenheiten der Polnischen Landesdarlehnskasse betraut gewesener Mitarbeiter der Zivilverwaltung des Generalgouvernements noch besitze, „zur Verfügung zu stellen", weil dieses „Material" aus Sicht Palandts bei der Durchsetzung der vermeintlichen Ansprüche der Mandanten der Anwälte in den Kries-Noten-Prozessen gegen das Reich signifikant helfe.[142]

Otto Palandt hielt damit in Briefen fest, dass er bereit war, dienstlich erlangte und vertraulich zu haltende Informationen zum Zweck der Verwendung gegen das Reich in Gerichtsverfahren an Dritte weiterzugeben – um davon auch selbst finanziell zu profitieren. Denn der positive Ausgang der angestrengten Prozesse hätte, wie Palandt selbst gegenüber dem Reichsfiskus zuvor erklärt hatte, Präzedenzcharakter für alle In-

---

141 Vgl. ebenda.
142 Vgl. die Abschriften der Briefe vom 19. bzw. 30.11.1920 in: BArch, R 3001/70243.

haber der Noten, also auch für ihn, der noch eine mutmaßlich hohe Summe an „Marek Polskich" besaß.[143]

Die Anwälte, an die Palandt sich 1920 wandte, waren jedoch keine Vertreter der Kläger, sondern der Beklagten: des Reiches, das in den Prozessen in Form des Reichsministeriums der Finanzen (RMF) in Erscheinung trat. Dementsprechend wurden Palandts Briefe von den Anwälten umgehend an das Finanz- und auch an das preußische Justizministerium weitergegeben.[144] Das Justizministerium, aber vor allem auch das Reichsfinanzressort, das angesichts einer ersten Klagewelle in Sachen der Kries-Noten unter enormem Druck stand, betrachteten Palandts Handeln als einen extrem gravierenden Vorgang. Nachdem beide Ministerien bereits die zuvor direkt an das RMF adressierten Schreiben Palandts „als Drohung" aufgefasst hatten, bewiesen seine neuerlichen Briefe an die Anwälte nunmehr seine Entschlossenheit und völlige Unberechenbarkeit.[145]

Immerhin hatte ein Richter und Justizbeamter Rechtsanwälten angeboten, Dienstgeheimnisse in einem Verfahren gegen das Reich zur Verfügung zu stellen, was auch deshalb bizarr war, weil die Anwälte das angebotene „Material" Palandts nur unter Rechtsbruch hätten in die Verfahren einfließen lassen können, denn es handelte sich – wie Palandt ausdrücklich erklärte – um Dienstgeheimnisse, die nicht ohne Weiteres sanktionslos in einem Prozess verwandt werden konnten. Otto Palandt ging aber offenkundig fest davon aus, dass die Anwälte – selbst wenn sie tatsächlich für die Kläger gearbeitet hätten, wie Palandt vermutete – bereit sein würden, sein „Material" zu verwenden und ihn nicht zu verraten. Denn strafbar machte sich Palandt mit einer Herausgabe von vertraulichen Dienstbelangen an Dritte in jedem Fall. Vor allem demonstrierten Palandts Schreiben aber seine gravierende Illoyalität als Beamter gegenüber dem neuen Staat und seinen Institutionen.[146]

Besonders in Anbetracht seiner Erfahrungen aus dem Jahr 1901 war Palandts Agieren 1920 absolut bemerkenswert. Er hatte seinerzeit bekanntlich als Referendar bei einem geselligen Beisammensein gegenüber Dritten in einer Goslaer Gastwirtschaft über „kürzlich" in den Dienstakten gelesene Vorkommnisse berichtet. Seine weitere Karriere als Justizbeamter vor dem Ersten Weltkrieg war dadurch maßgeblich beeinträchtigt worden, aber eben nicht wegen des Bruchs an Vertraulichkeit, sondern bedingt durch die fehlende Bereitschaft zum Duell mit einem Mann, der sich von Palandts insinuierenden Äußerungen gekränkt gefühlt hatte.[147] Obwohl sein leichtfertiger Umgang mit dienstlichen Informationen bereits 1901 drastische Konsequenzen für

---

143 Vgl. die Abschriften der Briefe Palandts an das RMF vom Juli bzw. August 1920 in: BArch, R 3001/70243.
144 Vgl. die Unterlagen in: BArch, R 3001/70243.
145 Vgl. BArch, R 3001/70243, Vermerk des preußischen Justizministeriums, o. D., ca. 1922.
146 Vgl. hierzu auch die Schlussfolgerung in: BArch, R 3001/70243, Vermerk des preußischen Justizministeriums, 9.2.1924.
147 Vgl. die Darstellung in Kap. I.2.

seine Karriere gehabt hatte, überbot Palandt 1920 sein damaliges Verhalten noch massiv. Ohne jeden Skrupel oder Zweifel ob eines eindeutig rechtswidrigen Handelns setzte er als Beamter – der sich mit 43 Jahren in der Mitte seiner Karriere befand und bis dahin lediglich Oberlandesgerichtsrat geworden war – seinen Dienstherren unter Druck. Palandt fand sich bereit, seine Laufbahn als Richter zu gefährden, indem er Dritten dienstliche Informationen im Rechtsstreit gegen das Reich feilbot.

Gerade die Risikobereitschaft bzw. die Risikoabwägung Otto Palandts in der Kries-Noten-Affäre kann als Ausdruck einer Erwartungshaltung gelten: Palandt schien in keiner Weise damit zu rechnen, dass der neue demokratische Staat von Dauer sein würde. Er war überzeugt, dass die Führung des Staates rasch wieder in die Hände anderer Personen überging. Daher war es für ihn auch völlig gleichgültig und konnte billigend in Kauf genommen werden, wenn er als Beamter und Richter gegen seinen eigenen (vermeintlich nur interimsmäßig agierenden) Dienstherren vor Gericht strittige finanzielle Ansprüche geltend machte und anderen bei deren Prozessen gegen das Reich half – und zwar jeweils unter Androhung bzw. In-Aussicht-Stellung eines veritablen Rechtsbruches. Wenn die, die sein Handeln dienstrechtlich zu beurteilen hatten, nicht lange an der Macht waren, war es auch für den Fortgang seiner Karriere unerheblich, wenn er dienstliche Belange an Dritte zum eigenen Vorteil preisgab und Reichsfinanz- sowie preußisches Justizministerium mit einem vermeintlich skandalträchtigen dienstlichen Intimwissen bedrohte, nötigte und erpresste.

Die Unterlagen des Reichsfinanz- sowie des preußischen Justizministeriums machen deutlich, dass man dort überzeugt davon war, dass Otto Palandt die Kläger und deren Anwälte in den Kries-Noten-Prozessen gegen das Reich Anfang der 1920er Jahre mit Informationen und Auszügen aus Dienstakten versorgt hatte, auch wenn man dies nicht beweissicher fundieren konnte.[148] Von ganz besonderer Relevanz war in diesem Kontext für die Ministerien die Rolle Palandts als ein vonseiten der Kläger geladener Zeuge in einem der prominentesten Verfahren vor Gericht im Sommer 1922. Palandt war hierfür durch das preußische Justizministerium kein Aussagerecht in Sachen der Polnischen Landesdarlehnskasse erteilt worden. Der Wortlaut eines internen Vermerkes legt es nahe, dass das Justizministerium davon ausging, Palandt selbst habe seine Zeugenschaft in dem Prozess mit den Anwälten der Kläger koordiniert. Ihm ging es offenkundig darum, vor Gericht ausführlich auf die vom ihm stets behaupteten wichtigen Kenntnisse im Kontext der Gründung der Polnischen Landesdarlehnskasse 1916 eingehen zu können, die vorgeblich verfahrensrelevant waren und eine ausschlaggebende Bedeutung für den Anspruch eines Wechsels von Kries-Noten in Mark zum Kurs eins zu eins besaßen.[149]

Das Reichsfinanzressort stellte diesbezüglich im August 1922 gegenüber dem preußischen Justizministerium explizit fest: „In der Anlage übersende ich ergebenst Ab-

---
148 Vgl. BArch, R 3001/70243, Vermerk des preußischen Justizministeriums, o. D., ca. 1922, u. GStA PK, I. HA, Rep. 151, IA, Nr. 7381, Schreiben des RMF an das preußische Justizministerium, 15.8.1922.
149 Vgl. die Unterlagen in: BArch, R 3001/70243 u. GStA PK, I. HA, Rep. 151, IA, Nr. 7381.

schrift eines Beweisbeschlusses [der auch Palandts Vorladung als Zeuge umfasste], der in der am Kammergericht [Berlin] anhängigen Klagesache Wipf gegen die P. L. D. K. [Polnische Landesdarlehnskasse], in der von der P. D. L. K. die Einlösung von Kriesnoten verlangt wird, ergangen ist. Die Ausführung des anliegenden Beweisbeschlusses bedeutet eine Veröffentlichung der gesamten Gründungsvorgänge der P. L. D. K. und der Verhandlungen, die mit der polnischen Regierung und der P. L. D. K. geführt worden sind. Es liegt auf der Hand, dass eine derartige Veröffentlichung geeignet ist, die Stellung des Reiches in der Kriesnotenfrage sowohl gegenüber Polen und der P. L. D. K. wie gegenüber den Inhabern der Darlehnskassenscheinen zu verderben. Es erscheint geboten, dass die Vorlage gewisser Aktenstücke der beteiligten Ministerien bei Gericht vermieden wird, und dass aus Gründen des Staatswohls denjenigen Zeugen, die noch im Beamtenverhältnis stehen oder frühere Beamte der Besatzungsbehörden waren, nicht die Erlaubnis zur Zeugenaussage erteilt wird."[150]

Die große Vorsicht der Reichsregierung, die aus dieser Stellungnahme des Finanzministeriums herauszulesen ist, ging im Sommer 1922 ganz konkret auch auf die zeitgleich stattfindenden Verhandlungen mit der polnischen Regierung zurück. Deren Ziel war es, die bilateralen Streitigkeiten um die Polnische Landesdarlehnskasse beizulegen. Mit einem im Herbst 1922 auf der „Dresdner Konferenz" geschlossenen Abkommen wurden die deutsch-polnischen Konflikte ausgeräumt, auch wenn die vonseiten des Reiches Polen zugesagte finanzielle Kompensation im Zuge der Inflation 1923 praktisch hinfällig wurde.[151] Im Nachgang dieser diplomatischen Lösung der Kries-Noten-Frage mit Polen führten letztlich aber auch die zivilen Klagen gegen das Reich bis 1923 nicht zu den von den Klägern erhofften Entschädigungen.[152]

Für Otto Palandt aber galt Ende des Jahres 1923: Er war im Verlauf seiner Karriere als preußischer Justizbeamter zum zweiten Mal Paria geworden. Bereits als Referendar hatte ihn der Berufsstand verstoßen, aber nicht wegen seines leichtfertigen Umganges mit dienstlichen Informationen, sondern deshalb, weil er sich legal verhalten wollte und ein Duell ablehnte, wohingegen die Vorgesetzten etwas Illegales erwarteten. Anfang der 1920er Jahre verhielt es sich exakt gegenteilig: Sein absichtsvoll rechtswidriges Agieren und seine damit demonstrierte Illoyalität als Beamter der Weimarer Republik bewertete das preußische Justizministerium im Februar 1924 unumwunden als ein Verhalten, das für „einen Richter besonders verwerflich" und eines Beamten „absolut unwürdig" sei.[153]

---

150 Vgl. GStA PK, I. HA, Rep. 151, IA, Nr. 7381, Schreiben des RMF an das preußische Justizministerium, 15.8.1922.
151 Zu den Ergebnissen u. dem Abkommen vgl. die Unterlagen in: GStA PK, I. HA, Rep. 151, IA, Nr. 7381, sowie BArch, R 2/3022. Vgl. auch Komierzyńska-Orlińska, Origins, S. 50.
152 Historische Untersuchungen zu den Kries-Noten-Prozessen stehen aus. Zum Ausgang der Verfahren generell vgl. Komierzyńska-Orlińska, Origins, S. 50–58.
153 Vgl. BArch, R 3001/70243, Vermerk des preußischen Justizministeriums, 9.2.1924.

Aufgrund der Intervention des Reichsfinanzministeriums wiederum, das „kein Interesse" daran besaß, die „Angelegenheit Palandt" nach Abschluss des Abkommens mit Polen „weiterzuverfolgen", wie es der Reichsfiskus gegenüber dem preußischen Justizministerium 1924 erklärte,[154] wurde Otto Palandt für sein Verhalten lediglich eine Missbilligung ausgesprochen und in den Personalakten vermerkt. Es war eine der niedrigsten disziplinarischen Maßnahmen, die hätten ergriffen werden können.[155] Zu groß schien aber aufseiten der Reichsregierung die Befürchtung, eine rigorose Verfolgung Palandts, bis hin zu seiner Entlassung als Beamter, richte großen politischen Schaden an, weil dann möglicherweise als brisant bewertete Details der Gründung der Polnischen Landesdarlehnskasse tatsächlich öffentlich geworden wären.[156]

Aber auch wenn Palandts Agieren für die Personalakte offiziell nur als „Missbilligung" gerügt wurde, war viel entscheidender, was nach dem Willen des preußischen Justizministers in der Praxis gelten sollte: ein faktisches Karriereende. Ein berufliches Fortkommen war für den Richter Otto Palandt in der Weimarer Republik nach der Kries-Noten-Affäre kategorisch ausgeschlossen.

Abb. 15: Hugo am Zehnhoff, 1919 bis 1927 preußischer Justizminister, 1926

Auch wenn es in Beurteilungen des Oberlandesgerichts in Hildesheim 1926 hieß, Palandt würde sich „als guter Kenner wirtschaftlicher Fragen und Dank seiner langjährigen Erfahrung als Vorsitzender des Schlichtungsausschusses zum Vorsitzenden eines

---

154 Vgl. ebenda.
155 Vgl. BArch, R 3001/70243, Schreiben des OLG-Präsidenten in Hildesheim an das preußische Justizministerium, 5.3.1924; BArch, R 3001/70243, Vermerk des preußischen Justizministeriums, 9.2.1924. Zum Sanktionsrahmen vgl. Brand, Beamtenrecht.
156 Vgl. BArch, R 3001/70243, Vermerk des preußischen Justizministeriums, 9.2.1924.

Landesarbeitsgerichts recht gut eignen",¹⁵⁷ stellte das preußische Justizministerium im selben Jahr im Hinblick auf Palandts Qualifikation für eine frei werdende Stelle als Senatsvorsitzender an einem Oberlandesgericht fest: „Für diese Stelle ist Herr Oberlandesgerichtsrat Palandt in die allerengste Wahl gekommen. Es kann auch nicht bezweifelt werden, dass Herr Palandt sich seiner juristischen Qualifikationen nach gut für die Stelle eignen würde. Bei nochmaliger genauer Durchprüfung seiner Akten haben sich jedoch Bedenken aus seinem Verhalten in den Kriesnotenprozessen ergeben. Die Bedenken wegen seines Verhaltens, das nicht nur in mehreren anderen Ministerien, sondern auch sonst bekannt geworden ist, sind so erheblich, dass der Herr Minister glaubt, von Herrn Palandt absehen zu wollen."¹⁵⁸

Das heißt: Seine die Demokratie leichtfertig abtuende und ablehnende Einstellung war 1919/20 die Ursache dafür, weshalb Palandt glaubte, sich folgenlos als Beamter und Richter rechtswidrig verhalten und im höchsten Maße illoyal gegenüber seinem Dienstherren zeigen zu können. Diese – durchaus auch aus einer Verachtung der Demokratie heraus zu verstehende – Illoyalität verhinderte jedoch in der Weimarer Republik sein berufliches Fortkommen und damit zugleich auch seinen finanziellen Aufstieg. Anders als es in seinem Fall zu erwarten gewesen wäre, war Otto Palandt eben nicht bis Ende der 1920er Jahre Senatsvorsitzender an einem Oberlandesgericht oder – als doppelt gut examinierter Jurist – Oberlandesgerichtspräsident geworden. Er blieb vielmehr Oberlandesgerichtsrat in einfacher Stellung. Palandt besaß noch Anfang der 1930er Jahre im Alter von 55 Jahren keine Immobilie und verfügte, soweit die Quellen darüber Aufschluss geben können, auch über keine signifikanten finanziellen Rücklagen.¹⁵⁹

Zwar hatte sich Palandt ab Mitte der 1920er Jahre mit der Weimarer Ordnung arrangiert, aber er wandelte sich vermutlich nie zu einem überzeugten Demokraten. Er war zusätzlich zu seiner Richterstelle am Oberlandesgericht in Kassel als Streitschlichter in verschiedenen Wirtschaftssachen aktiv und agierte auch am Gericht – überaus erfolgreich und angesehen – ab 1926 als Mitglied des juristischen Prüfungsamtes zur ersten juristischen Staatsprüfung.¹⁶⁰ Aber dieser berufliche Erfolg konnte Palandt offenkundig nicht mit der Demokratie versöhnen und auch nicht seinen selbst begangenen Vertrauensbruch in den Augen der Führung des preußischen Justizministeriums heilen.

Otto Palandt kann den Eliten der Weimarer Republik zugerechnet werden, die 1932/33 nicht die Demokratie gegen ihre völkisch-nationalistischen Feinde verteidigten, sondern die in ihrer antidemokratischen Haltung die größte Schnittmenge mit Adolf

---

157 Vgl. BArch, R 3001/70243, Formular, o. D., ca. 1926.
158 Vgl. BArch, R 3001/70243, Vermerk des preußischen Justizministeriums, 24.8.1926.
159 Vgl. die Unterlagen in: StArchiv Hamburg, 221-11/X 871, Entnazifizierungsakte Palandt, Otto, sowie die Angaben in: StA Hildesheim, WB 19910, Familienerinnerungen, verfasst von Otto Palandt 1945.
160 Zur Tätigkeit Palandts in Schlichtungssachen u. der Prüfungskommission in Kassel vgl. die Unterlagen in: BArch, R 3001/70243, BArch, R 3001/70244 u. GStA PK, I. HA, Rep. 84 a, Nr. 11998.

Hitler und der NSDAP-Führung fanden.[161] Der Ausgang des Experimentes „Demokratie" schien für Palandt bereits 1919/20 nur insofern offen gewesen zu sein, als zwar der konkrete Zeitpunkt des Abbruches unbekannt blieb, das Ende als solches aber definitiv innerhalb einer sehr kurzen Zeitspanne eintreten musste. Zwar hatte das Interim „Weimar" viel länger überdauert, als Palandt es mutmaßlich erwartet hatte. Aber spät bestätigt wurde seine nach Ende des Ersten Weltkrieges herausgebildete Deutung allemal, wonach die Republik nur ein Übergang hin zu einer anderen Staatsform und kein auf Beständigkeit angelegter Entwurf einer erstrebens- und unterstützenswerten politischen Ordnung war.

Palandt war und blieb in diesem Sinne in den 1920er Jahren Antirepublikaner. Galt der „flagrante Verlust an bürgerlichem Rechtsstaatsbewusstsein" 1932 als einer der wichtigsten Ursachen für das Scheitern der Weimarer Republik,[162] kann Palandts Wahl illegaler Mittel im Fall in der Kries-Noten-Frage durchaus auch als eine bereits 1919 zu konstatierende Abstinenz verstanden werden: Die Weimarer Rechtsordnung galt als wenig seriös und allgemein korrumpiert. Und wollte man etwas erreichen, hatte man sich anzupassen.

Wie stark das Recht nur Staffage zu sein und als Machtinstrument der Herrschenden ungerecht benutzt zu werden schien, bewies aus Palandts Perspektive gerade die Abweisung der Forderung nach Umtausch der Kries-Noten und auch der Umgang mit seiner Person. Eigentlich hätte er viel rigoroser disziplinarisch belangt werden müssen. Zu groß war aber offenkundig die Furcht aufseiten der Ministerien, dass das weitere Vorgehen gegen ihn einen Verrat von tatsächlich unerwünschten Details provozieren könne, was politisch unterbunden werden musste. Also wurde er als Beamter zwar behalten, aber kaltgestellt; und die vermeintlich legitimen Rechte der Inhaber der Kries-Noten juristisch verklausuliert abgewiesen.

Für Palandt schien damit das Auftreten des Staates in der Kries-Noten-Affäre zu belegen, dass die Kategorie Recht einer politisch motivierten Variabilität unterlag. Bereits nach 1901 war sein Rechtsdenken geprägt worden von der Erkenntnis, dass der Wortlaut des Paragrafen hinter gesellschaftliche und vor allem auch berufsständische Konventionen zurücktrat. Auch in der Weimarer Republik nahm Palandt Recht als politisch instrumentalisiert wahr. Eine – wie er es gegenüber dem Reichsfinanzministerium im Juli 1920 erklärt hatte – „klar statuierte Einlösungspflicht des Reiches" war in der Kries-Noten-Frage daher abgewiesen worden, weil es das Staatswohl so gebot.[163]

Palandt hatte Recht und Rechtspraxis im Kaiserreich und in der Weimarer Republik erlebt. In beiden Fällen war er aus seiner Sicht in illegitimer Weise persönlich benachteiligt und auch betrogen worden. Seine Erkenntnis lautete ausgehend hiervon

---

161 Zur Beschreibung vgl. u. a. Wirsching, Schicksalsjahr; ders., Jahr.
162 Vgl. Wirsching, Schicksalsjahr, S. 11.
163 Vgl. BArch, R 3001/70243, Abschrift eines Schreiben Otto Palandts an das Reichsfinanzministerium, 16.7.1920.

1932/33: Recht begründet nicht aus sich selbst heraus eine sakrosankte Kategorie der Begrenzung von Macht, sondern wird machtpolitisch instrumentalisiert.

Otto Palandts biografische Sozialisation und politische Prägung, nach der weder Monarchie noch Republik tragfähige Konzepte für eine gute politische Ordnung und die beste Anwendungspraxis rechtlicher Normen garantierten, machten ihn 1932/33 durchaus affin für ein autoritäres und „revolutionäres" Herrschaftsversprechen des Nationalsozialismus. Auf einen bereits fertigen Resonanzboden trafen bei Palandt in diesem Sinne vermutlich auch Absichten, eine als überkommen und antiquiert wahrgenommene Rechtsordnung umfassend umzubauen und zu erneuern, wie es die NSDAP seit den 1920er Jahren proklamierte, indem sie erklärte, das degenerierte Recht der „Systemzeit", das nur einer elitären Kaste diene, ultimativ „überwinden" zu wollen.[164]

Mit anderen Worten: Otto Palandt zählte nicht zu den Verfechtern des Rechtsstaates von Weimar. Ohne selbst der NSDAP vor 1933 angehört oder sich als völkisch-nationalistischer und antisemitischer Propagandist betätigt zu haben, war es gerade diese antidemokratische, antirechtsstaatliche und antirepublikanische Haltung, die Palandt affin für die Proklamationen der Nationalsozialisten machte. Zugleich konnte sie im Umkehrschluss als Ämterqualifikation gelten, denn sie ließ Otto Palandt in den Augen der NSDAP loyal und vertrauenswürdig erscheinen.

Besonders Letzteres scheint wichtig, um zu erklären, warum Palandt unmittelbar nach Regierungsantritt Adolf Hitlers und der NSDAP im Reich im Januar 1933 aus seiner beruflichen Sackgasse herausmanövriert und in ein verantwortungsvolles Amt befördert wurde. Wie bereits der zitierte Vermerk des preußischen Justizministeriums aus dem Jahr 1926 betonte, war Palandts „Verhalten" in der Kries-Noten-Affäre nicht nur „in mehreren anderen Ministerien", sondern auch sonst öffentlich „allgemein bekannt geworden".[165] Palandt hatte also zeitgenössisch bekanntermaßen ohne Skrupel und Rücksicht auf seinen Eid den republikanischen Staat und seine Institutionen bedroht und erpresst. Diese Bekanntheit einer erwiesen fundamentalen Illoyalität gegenüber der Republik in der Kries-Noten-Affäre erlangte nach dem 30. Januar 1933 den Charakter einer von Palandt sich selbst ausgestellten Referenz.

4 1933–1945: Chancen und Engagement

„Justizminister wuenscht mich Dienstag zu sprechen Palandt", mit dieser knappen Mitteilung informierte Otto Palandt am 28. März 1933 den Oberlandesgerichtspräsidenten in Kassel über seinen Termin bei dem erst wenige Tage zuvor neu ins Amt des Justizministers Preußens gelangten Nationalsozialisten Hanns Kerrl.[166]

---

164 Vgl. u. a. Krohn, Justiz.
165 Vgl. BArch, R 3001/70243, Vermerk des preußischen Justizministeriums, 24.8.1926.
166 Vgl. BArch, R 3001/70244, Telegramm Otto Palandts an den Oberlandesgerichtspräsidenten in Kassel, 28.3.1933.

Abb. 16: Der preußische Justizminister Hanns Kerrl (Bildmitte in Uniform) beim Besuch des nach ihm benannten Ausbildungslagers für Referendare in Jüterbog bei Berlin, 1933

Bei dem Gespräch mit Kerrl ging es mit hoher Wahrscheinlichkeit um Palandts Wechsel in das preußische Juristische Landesprüfungsamt, der wenige Wochen später feststand und zum 1. Juni 1933 erfolgte.[167] Palandt war zu diesem Zeitpunkt Mitglied der NSDAP. Er hatte seine Aufnahme in die Partei Hitlers an seinem 56. Geburtstag, dem 1. Mai 1933, beantragt.[168] Rund zwei Wochen später bewarb sich Palandt zudem erfolgreich um die Mitgliedschaft im „Nationalsozialistischen Rechtswahrerbund".[169]

Dass Otto Palandt im Frühjahr 1933 vom Oberlandesgerichtsrat zum Vizepräsidenten des preußischen Juristischen Landesprüfungsamtes befördert wurde, erklärt die Forschung bislang mit der Fürsprache des NS-Juristen Roland Freisler, der 1933 Leiter der Personalabteilung im preußischen Justizministerium geworden war. Freisler, der in den 1920er Jahren in Kassel als Rechtsanwalt tätig gewesen war, soll Palandt während dieser Zeit kennengelernt haben. Ganz besonders aufgefallen seien Freisler vorgeblich Palandts Fähigkeiten in der Arbeit mit den Referendaren und seine Mitglied-

---

167 Vgl. Justiz-Ministerial-Blatt für die preußische Gesetzgebung und Rechtspflege, 1933, Nr. 21, Personalnachrichten, S. 141.
168 Vgl. BArch, R 9361-IX KARTEI / 31610320.
169 Vgl. BArch, R 3001/70242, Formular, o. D., ca. 1938.

schaft im juristischen Prüfungsamt des Kasseler Oberlandesgerichtes.[170] Diese Überlegungen konnten bislang jedoch weder durch biografische Forschungen über Roland Freisler oder Otto Palandt noch durch Quellen belegt werden.[171] Die relevanten Kasseler Aktenbestände, die über eine Verbindung zwischen Palandt und Freisler Auskunft geben könnten, wurden kriegsbedingt vernichtet.[172]

Nichtsdestotrotz ist es unstrittig, dass Otto Palandt der NSDAP-Führung im Frühjahr 1933 als so vertrauensvoll und zuverlässig galt, dass er im Sinne des Regimes aufsteigen und einen herausgehobenen Posten im neuen nationalsozialistischen Staat erhalten konnte. Wie groß das Vertrauen der Nationalsozialisten in die Person Palandts war, lässt sich vor allem ex negativo daran ermessen, wie rigoros der nationalsozialistische Staat zeitgleich gemäß dem im April 1933 verkündeten „Gesetz zur Wiederherstellung des Berufsbeamtentums" gegen als politisch unzuverlässig geltende und missliebige Personen im Staatsdienst vorging, allen voran jüdische Beamte, Sozialdemokraten oder Angehörige weiterer demokratischer Parteien der Weimarer Republik.[173]

Konnte bislang weder nachgewiesen werden, dass Otto Palandt sich im Frühjahr 1933 selbst um einen Wechsel nach Berlin bemüht hat oder Roland Freisler tatsächlich bekannt war, erscheint eine dritte Möglichkeit als Erklärung für Palandts Dienstantritt im preußischen Juristischen Landesprüfungsamt hingegen plausibel: die Involvierung Wilhelm Schwisters, des seit 1927 amtierenden Präsidenten dieser Behörde.[174]

Im Gegensatz zu Freisler steht die Bekanntschaft zwischen Schwister und Palandt fest, denn Schwister koordinierte die internen Ermittlungen des preußischen Justizministeriums gegen Otto Palandt in der Kries-Noten-Affäre in den 1920er Jahren.[175] Gemäß einem Vermerk des Ministeriums nahm Schwister dabei zugunsten Palandts Einfluss, und zwar insofern, als er Palandt 1924 zu einer wichtigen Erklärung bewegen konnte. Mit ihr versicherte Otto Palandt – entgegen seinen früheren Ausführungen – nie selbst Kries-Noten besessen und folglich auch niemals private Interessen in der Kries-Noten-Frage verfolgt zu haben. Zudem sei es auch niemals seine Intention als Justizbeamter und Richter gewesen, absichtsvoll dem Reich oder Preußen zu schaden.[176]

Wie Schwister in einer Sitzung mit dem Reichsfinanzministerium im Februar 1924 zugunsten Palandts darüber hinaus ergänzte, sei es zwar zugegebenermaßen „zu missbilligen", dass Palandt in mehreren Briefen zuvor „den Anschein erweckt" habe, dass er „eigene Ansprüche verfolge, die Ansprüche der Kriesnoteninhaber gegen das Reich

---

170 Vgl. Barnert, Station (2007), S. 59.
171 Vgl. u. a. Clausen, Roland Freisler; Wrobel, Otto Palandt; ders., Otto Palandt zum Gedächtnis.
172 Vgl. die Informationen des Hessischen Staatsarchives Marburg zum Bestand 263, online: https://arcinsys.hessen.de/arcinsys/detailAction.action?detailid=b722 (12.12.2022).
173 Zum Gesetz vgl. RGBl. I, 1933, Nr. 34, Gesetz zur Wiederherstellung des Berufsbeamtentums, 7.4.1933, S. 175–177. Zum historischen Kontext vgl. u. a. Mommsen, Beamtentum.
174 Zur Person vgl. die Unterlagen in: BArch, R 3001/76094.
175 Vgl. BArch, R 3001/70243, Vermerk des preußischen Justizministeriums, 9.2.1924.
176 Vgl. ebenda.

für begründet halte und in diesem Zusammengang den Verdacht wachgerufen habe, als wolle er seine Ansprüche unter Preisgabe geheimzuhaltenden Materials erzwingen".[177] Nachdem Palandt aber nun, so Schwister weiter, mit seiner Erklärung klargestellt habe, dass es auf einem großen Missverständnis beruhe, zu unterstellen, er habe Dienstgeheimnisse zum privaten Vorteil verraten wollen und jemals Kries-Noten besessen, sei die Angelegenheit an ein Ende gelangt.[178]

Der Kontext des zitierten Vermerkes lässt darauf schließen, dass auch die unter Schwisters Vermittlung zustande gekommene Erklärung Palandts Einfluss darauf hatte, dass die Spitze des preußischen Justizministeriums kein Verfahren in Gang setzte, das Palandt disziplinarisch härter bestrafte, als es letztlich mit der erfolgten „Missbilligung" formal der Fall war.[179]

Am 27. März 1933 – also einen Tag vor Otto Palandts Telegramm an den Oberlandesgerichtspräsidenten in Kassel, mit dem er anzeigte, der neue Justizminister erwarte ihn dringend in Berlin – hatte Hanns Kerrl eine Unterredung mit Wilhelm Schwister. Darin ging es um die Versetzung Schwisters. Nach sieben Dienstjahren an der Spitze des preußischen Juristischen Landesprüfungsamtes war der Wechsel Schwisters auf die Stelle eines Oberlandesgerichtspräsidenten vorgesehen.[180] Regulär ausscheiden sollte zudem Schwisters Vizepräsident Paul Sattelmacher, der im Frühjahr 1933 neuer Oberlandesgerichtspräsident in Naumburg wurde.[181]

Das heißt: Mit Amtsantritt Hanns Kerrls als Justizminister Preußens im März 1933 stand fest, dass die Spitze des preußischen Juristischen Landesprüfungsamtes neu zu besetzen war. Die zeitliche Nähe zwischen Schwisters Termin mit Kerrl und der Einladung Palandts nach Berlin zum Gespräch mit dem Minister legt es nahe, dass Schwister Palandt als Nachfolgekandidaten vorgeschlagen haben könnte. Immerhin wusste er, dass Palandt kein Verfechter der Weimarer Demokratie gewesen war und aufgrund seiner fachlichen Leistungen und erworbenen Verdienste in der Referendarausbildung in Kassel für eine Leitungsfunktion im Juristischen Landesprüfungsamt Preußens berufen gewesen wäre.

Schwister, 1878 geboren, war nur ein Jahr jünger als Palandt, aber bereits seit 1927 Präsident des preußischen Landesjustizprüfungsamtes, also in einer Position tätig, die einem Oberlandesgerichtspräsidenten glich.[182] Palandt hingegen firmierte noch immer unter dem Titel eines Oberlandesgerichtsrates, den er seit Mai 1916 führte. Da ungenügende fachliche Leistung im Falle Palandts nicht als Erklärung für diesen ungewöhn-

---

177 Vgl. ebenda.
178 Vgl. ebenda.
179 Vgl. ebenda.
180 Vgl. BArch, R 3001/76094, Schreiben Wilhelm Schwisters an den preußischen Justizminister, 27.3.1933.
181 Vgl. die Unterlagen in: BArch, R 3001/73487.
182 Zum Alter Schwisters vgl. die Unterlagen in: BArch, R 3001/76094.

lich niedrigen Rang im Alter von weit über 50 Jahren herangezogen werden konnte, wäre es für Schwister unter den Bedingungen der neuen Zeit des Nationalsozialismus umso leichter möglich gewesen, ihn mit einer Diskriminierung durch die Weimarer Demokratie zu erklären – eben weil Palandt kein Demokrat gewesen war. Schwister hätte gegenüber Kerrl folglich problemlos für Palandt werben können, indem er den republikanischen Staat für Palandts inadäquates berufliches Fortkommen verantwortlich machte. Immerhin kann es als gesichert gelten, dass Schwister die Vorgänge um Palandt und die Kries-Noten-Affäre im Detail kannte, die Otto Palandt nach der „Machtergreifung" der Nationalsozialisten als politisch ausgesprochen loyal erscheinen ließen.

Im Nachgang der separaten Gespräche zwischen Kerrl und Schwister bzw. Kerrl und Palandt setzten im April 1933 im preußischen Justizministerium intensive personalpolitische Planungen hinsichtlich der Neubesetzung der Stellen des Präsidenten und des Vizepräsidenten des preußischen Juristischen Landesprüfungsamtes ein. Im Mai 1933 stand schließlich fest, dass Schwister auf Bitten Kerrls vorerst noch nicht versetzt wurde.[183] Otto Palandt sollte an seiner Seite hingegen neuer Vizepräsident des preußischen Juristischen Landesprüfungsamtes werden und die Nachfolge von Paul Sattelmacher antreten, der das Amt des Vizepräsidenten seit 1927 bekleidet hatte und am 1. Mai 1902 geboren worden war – also exakt 25 Jahre jünger war als Otto Palandt.[184] Dieser große Altersunterschied zwischen Vorgänger und Nachfolger im Amt könnte die These stützen, dass Palandts Personalie nur eine taktische Lösung war, weil er noch nicht Präsident werden sollte.

Weshalb Kerrl nicht auf die von Schwister im März 1933 erbetene Versetzung unmittelbar eingegangen ist und Palandt „nur" zum Vizepräsidenten ernannte, ist ausgehend von den Akten nicht zweifelsfrei festzustellen. Möglich scheint aber, so lässt es zumindest der Wortlaut des „Preußischen Pressedienstes" erkennen, mit dem der Verbleib Schwisters an der Spitze des Juristischen Landesprüfungsamtes Ende Mai 1933 offiziell bekanntgegeben wurde, dass Kerrl große Unruhe aufgrund einer gleichzeitigen Neubesetzung der Posten des Präsidenten und des Vizepräsidenten des Juristischen Landesprüfungsamtes vermeiden wollte.[185] Immerhin hatte in Preußen im Frühjahr 1933 ein prestigeträchtiges und politisch überaus wichtiges Projekt begonnen: der Umbau der Ausbildung und Prüfung der juristischen Referendare im Sinne der nationalsozialistischen Ideologie.

Es werde, so die Meldung des „Preußischen Pressedienstes" zum Verbleib Schwisters im Amt Ende Mai 1933, „in den nächsten Wochen" zu wichtigen „Neuregelungen der Ausbildung der Referendare" kommen, wobei die NS-weltanschauliche Qualifizierung des juristischen Nachwuchses „im Vordergrund der Reformmaßnahmen" ste-

---

[183] Vgl. die Unterlagen in: BArch, R 3001/76094.
[184] Zu den Angaben vgl. die Unterlagen in: R 3001/73487.
[185] Vgl. die zeitgenössische Presseberichterstattung in: BArch, R 3001/76094.

he.[186] Glücklicherweise „gewährleiste" Schwisters Person hierbei, so hieß es weiter, dass „das Juristische Landesprüfungsamt seiner hohen und verantwortungsvollen Aufgabe" innerhalb des anstehenden Reformprozesses „in vollstem Umfange nachkommen" könne.[187]

Die angestrebten „Reformen", die im Frühjahr 1933 auf eine Überwindung der klassischen Funktionen von Recht und Rechtsstaatlichkeit abzielten, sollten zwar vom Staatsapparat um- und durchgesetzt werden. Politisch überwacht, angeleitet und kontrolliert wurden sie jedoch von der NSDAP. Insofern kann Hanns Kerrls Entscheidung zugunsten eines längeren Verbleibs Wilhelm Schwisters im Präsidentenamt als politisches Kalkül begriffen werden: Der Nationalsozialist Kerrl stand in seiner Funktion als Minister unter großem Erfolgsdruck, weil der Parteiapparat – konkret in Person von Hans Frank, dem machtpolitischen Antagonisten Kerrls – notorisch darauf drängte, die Aufgaben der staatlichen Justizverwaltung zu übernehmen.[188]

In diesem Sinne offenbarte sich die anfänglich spürbare Rivalität zwischen Partei- und Staatsappart auch in der Frage der Neuausrichtung der juristischen Ausbildung 1933.[189] Misserfolge und Verzögerungen hätten dem neuen preußischen Justizminister Hanns Kerrl politisch geschadet. Umso wichtiger schien es im Frühjahr 1933, den erfahrenen und allseits bekannten langjährigen Präsidenten Wilhelm Schwister zunächst noch im Amt zu belassen. Dies versprach vor allem auch deshalb einen Vorteil, weil Schwister symbolisch Kontinuität verkörperte. Als Galionsfigur konnte er helfen, mögliche Bedenken innerhalb der juristischen Zunft gegenüber dem neuen weltanschaulichen Primat der NSDAP zu zerstreuen.

Die Mitteilung des Preußischen Pressedienstes, wonach Schwister auf Wunsch Kerrls doch länger im Amt verblieb, ließ jedoch nicht den geringsten Zweifel, dass der Machtantritt der NSDAP im Reich kein Regierungswechsel wie in der Demokratie war, sondern eine ideologisch begründete tiefgreifende und radikale Zäsur. Es war in diesem Sinne auch obligatorisch geworden, dass die juristischen Referendare Preußens – so die Meldung – ihre politisch korrekte nationalsozialistische Gesinnung nachzuweisen hatten. Es gelte nun „die Prüfung ihrer Persönlichkeit außerhalb der eigentlichen Fachprüfung".[190]

Dieser Gesinnungstest hatte auch für die zuletzt geprüften Kandidaten Bedeutung. In Preußen war unmittelbar nach dem 30. Januar 1933 die rückwirkende „Nachprüfung" von bereits staatsexaminierten Referendaren initiiert worden, um deren unabdingbare politische Zuverlässigkeit im Sinne des nationalsozialistischen Verständnis-

---

186 Vgl. BArch, R 3001/76094, Meldung des amtlichen Preußischen Pressedienstes, 30.5.1933.
187 Vgl. ebenda.
188 Zur Person Franks vgl. u. a. Schenk, Hans Frank; Schudnagies, Hans Frank.
189 Zum Dualismus im Allgemeinen vgl. Diehl-Thiele, Partei; Hachtmann, Effizienz; Kuller, Verwaltung; Seibel/Reichardt, Staat.
190 Vgl. Schwister, Umgestaltung, S. 1141. Zur „Nachprüfung" vgl. BArch, R 3001/76094, Meldung des amtlichen Preußischen Pressedienstes, 30.5.1933.

ses ex post zu eruieren und dem neuen nationalsozialistischen Justizminister „ein Bild von der Volksverbundenheit" dieser angehenden Richter und Staatsanwälte „zu vermitteln".[191]

Zudem hatten die preußischen juristischen „Reformpläne" im April 1933 zur Folge, dass Referendare, die der NSDAP, SS, SA, der Hitlerjugend oder dem Stahlhelm angehörten und die aufgrund ihres „vaterländischen Dienstes" 1932/33 – also ihrer Teilnahme am „Kampf" der NSDAP um die Eroberung der politischen Macht im Reich – einen „Zeitverlust von mindestens drei Monaten in ihrem juristischen Ausbildungsgange" erlitten hatten, erleichterte Bedingungen in den Staatsprüfungen erhielten.[192]

Abb. 17: Juristische Referendare beim „gemeinschaftlichen Reinigen" nach dem Sport im „Gemeinschaftslager Hanns Kerrl" in Jüterbog, August 1933

Wenig später wurde schließlich beschlossen, dass preußische Referendare erst dann die zweite Staatsprüfung absolvieren konnten, wenn sie ihre nationalsozialistische Haltung in einem „Gemeinschaftslager" unter Beweis gestellt hatten: „Der nationalsozialistische Staat muß bei der Auslese der künftigen Richter und Staatsanwälte erhöhte Anforderungen stellen. Ihm kann nicht genügen, daß der künftige Richter und Staatsanwalt eine gute fachwissenschaftliche Vorbildung und praktische Einarbeitung sowie intellektuelle Eignung in der großen juristischen Staatsprüfung nachweist. Der nationalsozialistische

---

191 Vgl. BArch, R 3001/76094, Meldung des amtlichen Preußischen Pressedienstes, 30.5.1933.
192 Vgl. Justiz-Ministerial-Blatt für die preußische Gesetzgebung und Rechtspflege, 1933, Nr. 15, Abgekürzte juristische Prüfungen, S. 112 f.; Justiz-Ministerial-Blatt für die preußische Gesetzgebung und Rechtspflege, 1933, Nr. 16, Abgekürzte juristische Prüfungen, S. 117.

Staat muß vor allen Dingen wissen, daß derjenige, den er als Richter oder Staatsanwalt mit der Wahrnehmung wichtigster Hoheitsaufgaben des Staates zu betrauen gedenkt, ein Charakter, ein deutscher Mann ist. Hierüber kann man sich in einer Prüfung, wie sie bisher stattfand, kein Bild machen. Der Charakter des Mannes zeigt sich im Zusammenleben mit anderen. Nur durch ein solches Zusammenleben wird offenbar, ob der Betreffende als Richter oder Staatsanwalt brauchbar sein wird." Mit diesen Worten begründete die NSDAP-geführte preußische Regierung im Sommer 1933 die Einführung von „Gemeinschaftslagern" während der Referendarausbildung.[193]

Das heißt: Ab dem 1. Juni 1933 musste jeder preußische Rechtsreferendar unmittelbar vor dem mündlichen Teil der zweiten juristischen Staatsprüfung sechs Wochen an einem nationalsozialistischen „Gemeinschaftslager" unter Leitung der SA teilnehmen, wobei dort die körperliche Betätigung und die weltanschauliche Schulung im Mittelpunkt standen. Am Ende hatte „der Führer des Gemeinschaftslagers" eine „Äußerung" über den Referendar abzugeben, die sowohl Eingang in die Personal- als auch die Prüfungsakte fand.[194] Folglich konnte ein Referendar in Preußen erst dann davon ausgehen, die zweite juristische Staatsprüfung zu bestehen, wenn er sich als „gemeinschaftsfähig" im Sinne der NSDAP erwiesen und das „Gemeinschaftslager unter vollster Durchführung des Führergedankens" erfolgreich bestanden hatte.[195]

Als Otto Palandt am 1. Juni 1933 seinen Dienst als neuer Vizepräsident des preußischen Juristischen Landesprüfungsamtes antrat, wusste er mithin, welche konkreten Folgen die politische Ideologisierung des Rechts im Sinne der NSDAP hatte und haben sollte. Denn bei allen nach dem 30. Januar 1933 initiierten „Reformen" des preußischen Prüfungs- und Ausbildungswesens ging es völlig unverstellt um eine Beseitigung der Unabhängigkeit der Justiz, die Abschaffung von Rechtsstaatlichkeit sowie die Einführung einer nationalsozialistischen Gesinnungsjustiz. Sie erhob es zur Pflicht, als Richter, Staatsanwalt, Rechtswalt oder Notar den politischen Überzeugungen der NSDAP Geltung zu verschaffen. Die im Frühjahr 1933 eingeleiteten justizpolitischen Reformen Preußens zielten auf ein Loyalitätsbekenntnis zugunsten einer erklärtermaßen rassistischen, antisemitischen und zutiefst illiberalen Ideologie ab, deren Kernbestandteile die Idee vom Überlebenskampf der Völker und „arischen" Suprematie der Deutschen waren.[196] Nicht mehr und nicht weniger hatte auch im Frühjahr 1933 Wilhelm Schwister in der „Deutschen Juristen-Zeitung" öffentlich erklärt.[197]

Otto Palandt hat sich als Vizepräsident des preußischen Juristischen Landesprüfungsamtes der dogmatischen politischen Instrumentalisierung von Recht im Sinne der

---

193 Vgl. Justiz-Ministerial-Blatt für die preußische Gesetzgebung und Rechtspflege, 1933, Nr. 32, Gemeinschaftsleben der zur großen Staatsprüfung zugelassenen Referendare, S. 210.
194 Vgl. ebenda.
195 Vgl. ebenda.
196 Zur NS-Ideologie vgl. u. a. Herbert, Traditionen; ders., Rassismus; ders., Reich.
197 Vgl. Schwister, Umgestaltung.

NS-Ideologie nicht widersetzt. Er hat sich ihr auch nicht entgegengestellt. Im Gegenteil: Palandts Agieren war von Beginn an von einer Überzeugung geprägt: Recht und Justiz hatten sich dem politischen Primat der NSDAP bedingungslos unterzuordnen. Die ideologischen Prämissen des Nationalsozialismus sollten Maßstab sowohl der Ausbildung und Prüfung der Referendare als auch der neuen Rechtsordnung insgesamt sein.

Diese Haltung Palandts zeigte sich bereits an seiner Bilanz, die er im November 1933 in der Zeitschrift „Deutsche Justiz" zog. Palandt evaluierte darin die Wirkung der seit Frühjahr 1933 begonnenen preußischen „Reformmaßnahmen". Thematisiert wurden also die Einführung umfassender politischer Gesinnungsprüfungen, von NS-weltanschaulichen Schulungen und einer obligatorischen Absolvierung eines mehrwöchigen paramilitärischen nationalsozialistischen Gemeinschaftslagers vor dem zweiten juristischen Staatsexamen.

Zu Beginn seines Textes wandte sich Palandt zunächst an die, die die „Reformen" als ein „kühnes Wagnis, wenn nicht gar für ein frevelhaftes Beginnen" erachtet hatten. Ihnen sei zu entgegnen: Der Nationalsozialismus habe recht behalten. Nachdem die Ausbildungs- und Prüfungsordnungen an den ideologischen Dogmen der NS-Weltanschauung ausgerichtet worden seien, hätten die Referendare Preußens im Schnitt nicht nur besser als die zuletzt von der Republik staatsexaminierten Juristen abgeschnitten, sondern sie böten auch „ein hervorragendes Beispiel von Volksverbundenheit und Gemeinschaftssinn".[198]

Geradezu segensreich hatte sich nach Darstellung Palandts die nationalsozialistische Ideologisierung des Rechts ausgewirkt. Dass sich jeder Referendar vor Zulassung zur zweiten juristischen Staatsprüfung in einem „Gemeinschaftslager" unter Leitung der SA sechs Wochen zu bewähren hatte, war nach Aussage des Vizepräsidenten des preußischen Juristischen Landesprüfungsamtes von wesentlicher Bedeutung für die charakterliche Festigung und fachliche Weiterentwicklung der künftigen Richter und Staatsanwälte Preußens: „So betreten denn auch heute die Referendare wettergebräunt, hellen Auges, in aufrechter Haltung, zuversichtlich und voller Vertrauen zu jedem der Prüfer den Prüfungssaal, der in der Zeit vor dem 3. August d. J. manch hohläugigen, blaßwangigen Prüfling gesehen hat."[199]

Allein ausgehend von seinen in den „Familienerinnerungen" im Sommer 1945 geschilderten Überzeugungen zur Bedeutung von körperlicher Ertüchtigung für die Aneignung von Wissen und die Pädagogik im Allgemeinen,[200] ist anzunehmen, dass Palandt die 1933 von der nationalsozialistischen Führung in Preußen neu eingeführte Pflicht zum paramilitärischen Training der Referendare grundsätzlich begrüßt hat. Seine romantisierende Darstellung der „wettergebräunten Prüflinge" steht aber für weit mehr. Denn Palandt negierte damit im November 1933 den fundamental rassistisch-antisemitischen Charakter der SA. Immerhin war die „Sturmabteilung" Hitlers,

---

198 Vgl. Palandt, Monate, S. 640.
199 Vgl. ebenda.
200 Vgl. StA Hildesheim, WB 19910, Familienerinnerungen, verfasst von Otto Palandt 1945, S. 27–30.

nicht das preußische Justizministerium oder das preußische Juristische Landesprüfungsamt für die sechswöchige „Ertüchtigung" der Referendare Preußens in „Gemeinschaftslagern" zuständig.

Abb. 18: Juristische Referendare treten beim Besuch des preußischen Justizministers Kerrl zum Appell an, „Gemeinschaftslager Hanns Kerrl" in Jüterbog, August 1933

Auch nach der „Machtergreifung" Hitlers blieb die SA der berüchtigtste, brutalste und gefährlichste paramilitärische Straßenkampfverband der NSDAP. Vor allem jüdische Bürgerinnen und Bürger, aber auch alle anderen als politisch oppositionell geltenden Personen, waren ihren Angriffen vor 1933 ausgesetzt gewesen und blieben es danach.[201] Die menschenverachtende Gewalt der SA, ihre fanatische Gläubigkeit an die nationalsozialistische Weltanschauung und ihre den Weimarer Rechtsstaat stets verhöhnende Art, blendete Palandts Artikel im November 1933 vollständig aus. Auch problematisierte er in keiner Weise die parteipolitische Usurpation von originär staatlichen Aufgaben seitens der NSDAP. Palandt wies deren Anspruch, eine entscheidende Mitsprache im Prozess der Prüfung von juristischen Referendaren ausüben zu müssen, in keiner Weise zurück.

Palandts adjektivische Wortwahl arbeitete vor allem aber auch eine Dichotomie heraus, die wiederum eine Überzeugung hinsichtlich der Rechtmäßigkeit der nationalsozialistischen „Rechtsrevolution" ausdrückte: Während preußische Referendare in der alten Zeit vor Antritt Hitlers im Reich „hohläugig", „blaßwangig", ängstlich, im gebückten Gang und ohne Zuversicht vor die Prüfer getreten waren, war es das Ver-

---

[201] Zur SA vgl. u. a. Siemens, Sturmabteilung.

dienst der NSDAP und ihrer Ideologie, dass nun „helläugige", „wettergebräunte", aufrecht gehende und zuversichtlich und vertrauensvoll in die Zukunft blickende Persönlichkeiten geprüft werden konnten.

Laut Otto Palandts Argumentationslogik bewies damit das Auftreten der Referendare in der zweiten juristischen Staatsprüfung, wie richtig und notwendig der Einfluss der NSDAP auf den Justizbereich war. Die seit Frühjahr 1933 in Preußen erfolgreiche angewandte Therapie hatte die von der Demokratie krank gewordenen, blassen und seelisch am Boden liegenden preußischen Referendare in kürzester Zeit kuriert. Das Patentrezept dieses Erfolges bestand in einer sechs Wochen dauernden Indoktrination in einem Lager bei gleichzeitiger paramilitärischer Ertüchtigung unter Leitung der SA. Überflüssig zu betonen, dass es die nationalsozialistische Weltanschauung eklatant verharmloste, wenn ihr Wesenskern damit beschrieben wurde, dass Menschen an frischer Luft Sport treiben sollten.

Otto Palandt bagatellisierte mit seinem öffentlich in einer rechtswissenschaftlichen Fachzeitschrift präsentierten Evaluationsbericht, der die körperliche wie seelische Ertüchtigung von juristischen Referendaren durch den Nationalsozialismus anpries und legitimierte indirekt den rassistischen und aggressiv-brutalen Wesenskern dieser Weltanschauungsideologie. Er war nach den Straßenschlachten der Weimarer Republik und nationalsozialistischen Machteroberung im Reich 1932/33 zeitgenössisch alles andere als unbekannt.

Palandts Text war seinerzeit aber keine plumpe nationalsozialistische Propaganda. Er besaß vielmehr eine wichtige politische Bedeutung. Die von Palandt vorgelegte Evaluation diente als ein Leistungsnachweis. Sie sollte die zeitgleich stattfindenden Debatten darüber, wie der juristische Ausbildungs- und Prüfungsgang reichsweit am besten neu organisiert werden konnte, zugunsten Preußens beeinflussen. Inmitten eines Wettstreits zwischen Landes- und Reichsinstanzen und diversen Parteidienststellen der NSDAP um die vom „Führer" proklamierte Neuausrichtung der Justiz, zeigte Preußen, dass man dort die beste Lösung gefunden hatte: Unter Ägide der SA war neben der rassistisch-völkischen Hebung des Staatsbewusstseins der Referendare vor allem deren körperliche Erziehung in „Gemeinschaftslagern" sicherzustellen.

Wie überzeugt Palandt von der positiven Wirkung dieser Maßnahmen war, lässt sich auch daran ablesen, wie penibel er als Vizepräsident des Juristischen Landesprüfungsamtes darauf achtete, dass die Zeugnisse über die nationalsozialistische „Gemeinschaftsdienstzeit" der Referendare auch wie vorgesehen Eingang in die Personal- und Prüfungsakten der Referendare fanden. Damit konnten und sollten sie politische Wirkung hinsichtlich der Beurteilung des Charakters der Personen entfalten.[202]

---

202 Vgl. u. a. die Unterlagen in: GStA PK, I. HA, Rep. 84 b, Nr. 75; GStA PK, I. HA, Rep. 84 b, Nr. 80. Vgl. dazu auch Palandts spätere Erlasse als Präsident des Reichsjustizprüfungsamtes in: BArch, R 3012/28, Schreiben Otto Palandts an die Oberlandesgerichtspräsidenten, Landesprüfungsstellen und den Kommandanten des Gemeinschaftslagers „Hanns Kerrl", 6.9.1935.

Die NS-Weltanschauung war nach Palandt selbstverständlicher Teil des juristischen Alltags geworden. Es war daher auch Vizepräsident Palandt, der Anfang November 1933 die preußischen Oberlandesgerichts- und Landgerichts- sowie den Kammergerichtspräsidenten darüber aufklärte, dass „mit Rücksicht auf die überragende Bedeutung der Reichsparteitage der NSDAP" allen Beamten eine „Beurlaubung für die Teilnahme an diesen Veranstaltungen bis zur Dauer von einer Woche im Jahr auf den Vorbereitungsdienst angerechnet" werden musste.[203] Als Palandt diesen Brief im November 1933 versandte, hielt sein Minister Hanns Kerrl in einem Vermerk fest, Otto Palandt gelte als überaus vertrauenswürdig und bewährt. Er habe, so Kerrl weiter, „seiner Persönlichkeit, seinen Leistungen, seiner Einstellung zum nationalsozialistischen Staate und seinem gesamten Verhalten" nach hervorragende Arbeit als Vizepräsident des preußischen Juristischen Landesprüfungsamtes geleistet. Daher solle Palandt, so Kerrl, auch Präsident der Behörde werden, wenn Willhelm Schwister zum 1. Dezember 1933 als Oberlandesgerichtspräsident nach Düsseldorf versetzt worden sei.[204]

Wie von Kerrl vorgeschlagen, trat Palandt Anfang Dezember 1933 die Nachfolge Schwisters an und erreichte damit die höchste dienstliche Position seiner Karriere als preußischer Justizbeamter. Die Beförderung Palandts war insofern folgerichtig, als er mit seinem Agieren als Vizepräsident des preußischen Juristischen Landesprüfungsamtes niemals zu verstehen gegeben hatte, in Opposition zum NS-Regime zu stehen und die ideologisch begründeten und geforderten Tabubrüche in Bezug auf die deutsche Rechtsordnung und -praxis abzulehnen oder auch nur skeptisch zu betrachten.

Anfang des Jahres 1934 hatten sich die Bestrebungen verdichtet, eine Prüfungsordnung herauszugeben, die reichsweit einheitliche Standards des juristischen Ausbildungs- und Prüfungswesens ermöglichte. Eine solche Überlegung war Mitte der 1930er Jahre keineswegs neu und ging auch nicht auf die Nationalsozialisten zurück. Ähnlich wie im Falle der ärztlichen Staatsprüfungen, wo seit dem 19. Jahrhundert einheitliche Prüfungskriterien angestrebt worden waren,[205] existierten mit Blick auf die Rechtswissenschaft vor 1933 vielfältige Reformüberlegungen. Aber erst mit dem Nationalsozialismus und vor allem der Abschaffung eines gewaltenteilig und föderal organisierten Staatsaufbaues waren die strukturellen Bedingungen geschaffen worden, die Reichsstellen zum zentralen Akteur für das juristische Ausbildungs- und Prüfungswesen erhoben, die zugleich auch den ideologischen Prämissen der NSDAP unmittelbare und universelle Geltung verschafften.[206]

---

[203] Vgl. BArch, R 3012/28, Schreiben Otto Palandts an die preußischen Oberlandesgerichts- und Landgerichts- sowie Kammergerichtspräsidenten, 6.11.1933.
[204] Vgl. BArch, R 3001/70243, Vermerk, 6.11.1933. Zur Versetzung Schwisters vgl. die Unterlagen in: BArch, R 3001/76094.
[205] Vgl. u. a. Hüntelmann, Gesundheitspolitik.
[206] Zu den Reformüberlegungen vgl. u. a. Wilhelm, Kaiserreich, insbes. S. 604–618; Preußisches Justizministerium, Ausbildung.

Nach Beseitigung des föderalen Staatsaufbaues und „Verreichlichung" der Justiz konnte als neue Behörde auch ein „Reichsjustizprüfungsamt" entstehen, das unter anderen die zweite juristische Staatsprüfung gemäß einheitlicher Standards reichsweit durchzuführen hatte.[207] Otto Palandt übernahm 1934 die Leitung dieses Reichsjustizprüfungsamtes und unter seiner Ägide als Präsident dieser neuen Behörde wurde die politische Weltanschauung des Nationalsozialismus ab 1934 endgültig reichsweit zu einem relevanten Gegenstand innerhalb der juristischen Staatsprüfungen. All dies geschah in völliger Abkehr von hergebrachten Traditionen, die seit jeher allein das Fachwissen und die fachliche Befähigung einer Person zum Juristen in den Mittelpunkt der Staatsexamina gerückt hatten.

Die Ende Juli 1934 im Reichsgesetzblatt veröffentlichte und ab Herbst 1934 gültige „reformierte" Justizausbildungsordnung sah hinsichtlich der ersten und zweiten Staatsprüfung eine völlige Politisierung im Sinne des NS-Regimes vor. Ein Vorgang, den Palandt als Präsident des Reichsjustizprüfungsamtes ganz unmittelbar mitzuverantworten und gegen den er zu keinem Zeitpunkt opponiert hatte.[208] Ganz im Gegenteil: Mit Verabschiedung der neuen Ausbildungsordnung hatten sich die „preußischen Erfahrungen" durchgesetzt, die Palandt in seiner Evaluation im November 1933 noch als große Vorzüge und allgemein zu adaptierende Muster präsentiert hatte.

Allen voran traf dies auf das in Jüterbog bei Berlin eingerichtete „Gemeinschaftslager Hanns Kerrl" zu, das eine in Preußen begründete Tradition nunmehr zum obligatorischen Bestandteil der Referendarausbildung im gesamten Reich erklärte: Alle deutschen Referendare hatten vor dem mündlichen Teil der Staatsprüfung dieses Lager der NSDAP zu absolvieren und sich sechs Wochen körperlich und weltanschaulich ertüchtigen zu lassen.[209] Die Zeugnisse waren anschließend – wie Palandt in einem Schreiben an alle Oberlandesgerichtspräsidenten im September 1935 ausdrücklich betonte und es zuvor in Preußen bereits Praxis gewesen war – zu den Prüfungs- und Personalakten zu nehmen. Diese nationalsozialistischen Gesinnungsatteste wurden die eigentliche Grundlage einer charakterlichen Beurteilung der Referendare im Kontext der zweiten Staatsprüfung.[210]

Die signifikante NS-ideologische Dynamik innerhalb des Lagers „Hanns Kerrl" und auch der veritable Konformitätsdruck, den sich diejenigen ausgesetzt sahen, die von den Dogmen der NS-Weltanschauung nicht überzeugt waren, lässt ein organisatorisches Detail erahnen. So war es Angehörigen der SS und der SA im Lager erlaubt, ihre Uniform zu tragen – während alle anderen Referendare zivil in Sportkleidung erscheinen mussten.[211]

---

207 Vgl. u. a. Würfel, Reichsjustizprüfungsamt.
208 Zur Ordnung vgl. RGBl. I, 1934, Nr. 86, Justizausbildungsordnung, 22.7.1934, S. 727–736.
209 Zum Lager vgl. Schmerbach, „Gemeinschaftslager Hanns Kerrl".
210 Vgl. BArch, R 3012/28, Schreiben Otto Palandts an die Oberlandesgerichtspräsidenten, Landesprüfungsstellen und den Kommandanten des Gemeinschaftslagers „Hanns Kerrl", 6.9.1935.
211 Vgl. die Unterlagen in: BArch, R 3012/8.

Die NS-ideologische Politisierung der neuen juristischen Ausbildungsordnung zeigte sich 1934 aber etwa auch daran, dass sich gemäß Paragraf 2 nur diejenigen zur ersten Staatsprüfung anmelden durften, die nachweisen konnten, „mit Volksgenossen aller Stände und Berufe in enger Gemeinschaft gelebt, die körperliche Arbeit kennen und achten gelernt, Selbstzucht und Einordnung geübt und sich körperlich gestählt [zu haben], wie es einen jungen deutschen Manne zukommt"; darüber hinaus war glaubhaft zu belegen, wie ein Prüfungskandidat „nach Ableistung des Arbeitsdienstes seine körperliche Ausbildung und die Verbundenheit mit anderen Volksgruppen gepflegt hat; denn nur, wer gehorchen gelernt hat, kann einst auch befehlen, und nur in der Gemeinschaft wird der Charakter gebildet".[212]

Laut Paragraf 4 war es vor Anmeldung zum ersten juristischen Staatsexamen außerdem unerlässlich, sich einen „Überblick über das gesamte Geistesleben der Nation" verschafft zu haben, „wie man es von einem gebildeten deutschen Manne erwarten muß. Dazu gehört die Kenntnis der deutschen Geschichte und der Geschichte der Völker, die die kulturelle Entwicklung des deutschen Volkes fördernd beinflußt haben, wie vor allem der Griechen und Römer. Dazu gehört weiter die ernsthafte Beschäftigung mit dem Nationalsozialismus und seinen weltanschaulichen Grundlagen, mit dem Gedanken der Verbindung von Blut und Boden, von Rasse und Volkstum, mit dem deutschen Gemeinschaftsleben und mit den großen Männern des deutschen Volkes."[213] Dieses erworbene Wissen wurde im Sinne des Paragrafen 13 in Form einer „geschichtlichen Aufgabe" im ersten Staatsexamen geprüft.[214]

Grundsätzlich war es das Ziel der ersten juristischen Staatsprüfung in Deutschland ab 1934, dass der „Prüfling" imstande war aufzuzeigen, „den Sinn" und „die Aufgabe" der „Rechtswissenschaft, Rechtspflege und Rechtsgestaltung" begriffen zu haben und sich „dadurch der Verantwortung seines künftigen Berufes bewußt" zu sein. „Sinn" und „Aufgabe" des juristischen Berufes waren es wiederum, dem „Leben des Volkes" zu dienen.[215] Im Mittelpunkt der zweiten Staatsprüfung stand gemäß der neuen Justizausbildungsordnung ab 1934, ausgehend von „charakterlichen und sonstigen persönlichen Eigenschaften" die „Fähigkeit" des Referendars zum Richteramt festzustellen.[216]

Diese Formulierungen und Bestimmungen hatte Otto Palandt als Präsident des Reichsjustizprüfungsamtes zu verantworten, denn seine Behörde war federführend für die Ausarbeitung der neuen Prüfungsordnung zuständig und es existieren keinerlei Quellenbelege, die aufzeigen, dass Palandt die politische Vereinnahmung des Prüfungswesens durch die NSDAP abgewehrt oder auch nur hinterfragt hätte.[217] Auch die von Otto

---
212 Vgl. RGBl. I, 1934, Nr. 86, § 2 Justizausbildungsordnung, 22.7.1934, S. 727.
213 Vgl. ebenda, § 4, S. 728.
214 Vgl. ebenda, § 13, S. 730.
215 Vgl. ebenda, § 4, S. 728.
216 Vgl. ebenda, § 39, S. 734.
217 Vgl. dazu auch Palandt, Staatsprüfung; ders., Ergebnisse.

Palandt zur Umsetzung der neuen Justizausbildungsordnung erteilten Anordnungen lassen in keiner Weise darauf schließen, dass er eine nationalsozialistische Suprematie skeptisch betrachtete oder unterminieren bzw. verhindern wollte.[218]

Ferner belegt die von Otto Palandt „im amtlichen Auftrag" mit ausgearbeitete und 1934 erschienene Kommentierung der neuen „Justizausbildungsordnung des Reiches nebst Durchführungsbestimmungen", dass er sich in keiner Weise gegen die nationalsozialistische Ideologie wendete. Die Kommentierung stellte lapidar fest: Rechtsgrundsätze – vor allem die Weimarer Reichsverfassung – seien von der „nationalen Revolution" des Nationalsozialismus „überholt" und abgelöst worden.[219] Es galt auch als indiskutabel, infrage zu stellen, dass die „Gründe, die den Bewerber als unwürdig" für den juristischen Vorbereitungsdienst in den Augen des Präsidenten des Reichsjustizprüfungsamtes „erscheinen" ließen, zwar „mannigfacher Art" sein konnten, aber ein einziger Gesichtspunkt alles überrage: „Die Ablehnung des nationalsozialistischen Staates" seitens einer Person müsse konsequent „auch zur Ablehnung der Aufnahme" des juristischen Vorbereitungsdienstes führen.[220]

Das klar formulierte Bekenntnis zum Nationalsozialismus in Bezug auf die juristische Ausbildung im Allgemeinen und die zweite Staatsexamensprüfung im Besonderen leitete die Argumentationsstruktur der von Palandt maßgeblich zu verantwortenden Kommentierung. Der Text stellte in einem Satz radikale Tabubrüche neben alte Gewissheiten. Gerade die Verschmelzung von zur Normalität deklarierten radikalen nationalsozialistischen Rechtszäsuren mit traditionell Bekanntem und Gewohntem prägte die Logik dieses Kommentars und verlieh der nationalsozialistischen Doktrin damit Legitimität.

Auch Otto Palandts konkretes Amtshandeln lässt eine Verinnerlichung der nationalsozialistischen Ideologie erkennen, die in der Praxis Geltung erlangen sollte. Palandt identifizierte sich mit deren Leitgedanken und drang darauf, die nationalsozialistische Politisierung und „Erneuerung" des Rechts ernst zu nehmen und vollständig umzusetzen. Diese wird zunächst an Details deutlich. So griff Palandt als Präsident des Reichsjustizprüfungsamtes auch in eigentlich nachgeordnete administrative Belange ein, die jedoch im Sinne des NS-Regimes von großer politischer Bedeutung waren und mutmaßlich deshalb auch von ihm persönlich erledigt wurden. Etwa setzte sich Palandt 1935 gegenüber einem Oberlandesgerichtspräsidenten persönlich dafür ein, dass ein „bewährter" nationalsozialistischer Referendar, der vor 1933 bereits Mitglied der NSDAP und Angehöriger der SS war, aufgrund seiner politischen Vita von den obligatorisch zu entrichtenden Kosten des „Gemeinschaftslagers Hanns Kerrl" befreit wurde.[221]

---

218 Vgl. die Unterlagen in: BArch, R 3012/27; BArch, R 3012/28; BArch, R 3012/29.
219 Vgl. Palandt/Richter, Justizausbildungsordnung, S. 148.
220 Vgl. ebenda.
221 Vgl. GStA PK, I. HA, Rep. 84 b, Nr. 88, Schreiben Otto Palandts an den Oberlandesgerichtspräsidenten in Kiel, 9.4.1935.

In einem ähnlichen Fall von „Solidarität" forderte Palandt die Oberlandesgerichtspräsidenten im Dezember 1935 dazu auf, „bedürftige Studenten die aus Österreich geflüchtet" waren, beim Abschluss ihrer rechtswissenschaftlichen Ausbildung maximal zu unterstützen. Was auf den ersten Blick unpolitisch erscheint, war bei genauer Betrachtung ein geforderter Akt besonderer nationalsozialistischer Kameradschaft. Denn Palandt bezog sich auf Personen, die aufgrund ihrer rechtsextremistischen Gesinnung bzw. einer strafrechtlichen Verurteilung in Österreich jenseits der Grenze im „Dritten Reich" Schutz suchten.[222] Auch schaltete sich Präsident Palandt persönlich ein, wenn Referendare dem „Gemeinschaftslager Hanns Kerrl" eigenmächig fernblieben, um sicherzustellen, dass dieses Fehlen sanktioniert wurde.[223]

Wie stark Palandt als Präsident des Reichsjustizprüfungsamtes dafür eintrat, der nationalsozialistischen „Rechtsrevolution" Geltung zu verschaffen, belegt des Weiteren seine inhaltliche Kritik an der Prüfungspraxis des ersten bzw. auch zweiten juristischen Staatsexamens in Hamburg 1935. Palandt hatte an den mündlichen Prüfungen im Hintergrund als Beobachter teilgenommen. Im Anschluss verfasste er ein über zwölfseitiges Schreiben an den Hamburger Oberlandesgerichtspräsidenten und rügte darin die aus seiner Sicht gravierendsten Mängel.

Neben einer zu starken Fixierung auf das See- und Handelsrecht, was gleichzeitig dazu geführt habe, so Palandt, dass die neuen Rechtsgebiete, allen voran das nationalsozialistische „Erbhofrecht",[224] vernachlässigt worden seien, sei ihm in allen Prüfungen die fehlende Rückbindung an den Nationalsozialismus als ganz besonders schwerwiegendes Defizit aufgefallen. Sowohl in der ersten als auch der zweiten Staatsprüfung seien keine Fragen zur „Rechtspolitik" und „nationalsozialistischen Rechtserneuerung und Rechtsphilosophie" gestellt worden.[225] Daher sei es nicht nur versäumt worden, bei den Prüfungskandidaten „namentlich die Einstellung gegenüber dem neuen Staat" festzustellen, sondern „die Gedanken des neuen Staates auf dem Gebiet der Rechtserneuerung" seien gänzlich „nicht zur Sprache gekommen".[226]

Palandts nachdrücklich vorgetragene Einwände zeigen, dass der Präsident des Reichsjustizprüfungsamtes akribisch darauf Wert legte, zuvörderst die politische Haltung der im zweiten Staatsexamen geprüften Personen zu ergründen und sie hinsichtlich ihrer nationalsozialistischen Überzeugung zu überprüfen. Zudem stand für Palandt völlig außer Frage, dass die nationalsozialistische „Rechtserneuerung" unumschränkt richtig und notwendig war und vorbehaltlos in der Praxis durchgesetzt werden musste.

---

222 Vgl. BArch, R 3012/28, Schreiben Otto Palandts an die Oberlandesgerichtspräsidenten, 7.12.1935.
223 Vgl. die Unterlagen in: HStA Dresden, 11018/1447.
224 Vgl. StArchiv Hamburg, 213-1, 1923, Schreiben Otto Palandts an den Oberlandesgerichtspräsidenten in Hamburg, 18.3.1935.
225 Vgl. ebenda.
226 Vgl. ebenda.

Abb. 19: Der italienische Justizminister Arrigo Solmi (stehend) spricht während der Tagung deutscher und italienischer Juristen im März 1939 in Wien. Erste Reihe, 4. v. l.: Otto Palandt (vorgebeugt und zur Seite blickend). Erste Reihe, 4. v. r.: Reichsminister Hans Frank

Auch vor diesem Hintergrund kann Interpretationen der historischen Forschung, wonach Palandts Tätigkeit an der Spitze des Reichsjustizprüfungsamtes während des „Dritten Reiches" als ein „geschmeidiger Kniefall" vor dem NS-Staat zu betrachten sei und sein Agieren an der Spitze des Amtes als „behäbig" und „blaß" charakterisiert werden könne, nicht zugestimmt werden.[227]

Ohne persönliche Nachteile befürchten zu müssen, hätte Otto Palandt 1933 alle Offerten des neuen nationalsozialistischen preußischen Justizministers Hanns Kerrl ausschlagen und in Kassel bleiben können. Er wurde von niemanden seitens des NS-Regimes genötigt, bedrängt oder gezwungen, sich an einer herausgehobenen Position als Beamter dem neuen deutschen Staat zur Verfügung zu stellen – der von Beginn an nicht den geringsten Zweifel daran gelassen hatte, dass nunmehr eine radikale und tiefgreifende Abkehr von traditionellen rechtsstaatlichen Prinzipien erfolgen würde.

Palandt entschied sich im März 1933 jedoch bewusst dafür, als Richter und Jurist in einer neuen leitenden Funktion dabei mitzuhelfen, eine Weltanschauung in der Praxis zu implementieren, die eine Umwertung aller hergebrachten elementaren Rechtstraditionen zum Ziel hatte. Soweit die Quellen dies belegen können, unterstützte Otto Palandt die nationalsozialistische Politik eines „revolutionierten" Rechts völlig vorbehaltlos. Dies gilt sowohl für seine Ämter als Vize- und als Präsident des preußischen

---

[227] Zu den Interpretationen vgl. Barnert, Station (2007), S. 60; Würfel, Reichsjustizprüfungsamt, S. 185.

Juristischen Landesprüfungsamtes als auch hinsichtlich seiner Funktion als Präsident des Reichsjustizprüfungsamtes. Gerade Palandts fleißiges, fachlich versiertes und umtriebiges Engagement nach 1933 zugunsten einer von der NSDAP gewollten und geforderten „Rechtserneuerung" kann als Ausweis einer Ämtermotivation gelten, die mit Opportunismus gar nichts zu tun hatte.

Dass Palandt die nationalsozialistische Lehre verinnerlicht hatte und dabei mithalf, sie zu implementieren, zeigt eine seiner Weisungen im Sommer 1935 ganz anschaulich: Palandt instruierte damit die Oberlandesgerichtspräsidenten sowie reichsweit fünf Prüfungsstellen des Reichsjustizprüfungsamtes über den korrekten Umgang mit Danziger Referendaren „arischer Abstammung" und deren Teilnahme am „Gemeinschaftslager Hanns Kerrl".[228] Noch vor Verabschiedung der „Nürnberger Rassegesetze" hatte Palandt mit seiner Weisung dem nationalsozialistischen Topos vom „Arier" innerhalb der Justizausbildung politisch Geltung verschafft und damit aus eigenem Antrieb heraus einer zutiefst antisemitischen, pseudowissenschaftlichen und rassistisch-biologistischen Idee Macht verliehen. Zu schlussfolgern bliebe zudem, dass das nationalsozialistische Vorgehen gegen die Danziger Referendare, die keiner „arischen Abstammung" waren, vom Präsidenten des Reichsjustizprüfungsamtes für genauso legitim erachtet wurde wie der Umgang mit den „Ariern".

Dass Palandt Ende der 1930er Jahre angeboten wurde, Herausgeber eines neuen Kommentars zum Bürgerlichen Gesetzbuch zu werden, muss auch vor diesem Hintergrund als Würdigung, Auszeichnung und Anerkennung seiner Leistungen im Sinne des NS-Regimes gelten. Umso mehr, als dieser neue Kommentar von Beginn an als ein juristisches Standardwerk konzipiert worden war, das nicht nur für alle Richter, Staatsanwälte, Notare und Rechtsanwälte ein unverzichtbares Nachschlagewerk werden sollte, sondern sich auch an Studierende der Rechtswissenschaft wandte, die es in den Staatsexamina als Hilfsmittel verwenden konnten.[229] Das totalitäre NS-Regime überließ eine Entscheidung über die Namensgebung bzw. Herausgeberschaft eines solchen Buches nicht autonomen Dynamiken innerhalb eines Verlages, sondern legte sie – indirekt wie direkt – in die Hände der NSDAP. So wie es auch die Partei Hitlers war, die durch umfangreiche presserechtliche Repressionsmaßnahmen seit 1933 sichergestellt hatte, dass Publikationen nie den Interessen und Intentionen der „nationalsozialistischen Bewegung" widersprachen oder schadeten.[230]

---

228 Vgl. HStA Dresden, 11018/1447, Schreiben Otto Palandts an die Oberlandesgerichtspräsidenten und Prüfungsstellen des Reichsjustizprüfungsamtes, 26.8.1935.
229 Vgl. dazu u. a. auch die Darstellung in: Beck, Festschrift.
230 Vgl. u. a. Friedländer, Bertelsmann; Frei/Schmitz, Journalismus; Storek, Öffentlichkeit; Saur, Verlage. Heinrichs, Bernhard Danckelmann, S. 232, erklärt dagegen, die Entscheidung zugunsten Palandts sei allein vonseiten des Verlages getroffen worden.

Abb. 20: Zwei Personen stehen in Berlin vor einem Haus, an dem die Namensschilder jüdischer Rechtsanwälte mit dem Wort „Jude!" überklebt wurden, 1938

Palandts Bedeutung und Rolle hinsichtlich des BGB-Kurzkommentars kann dabei grundsätzlich nicht dadurch relativiert werden, indem auf das lediglich von ihm verfasste Vorwort und die Einleitung verwiesen wird.[231] Die Herausgeberschaft bedeutete zwingend, dass er inhaltlich für den Gesamttext verantwortlich war und auch selbst in keiner Weise signalisierte, angebotene inhaltliche Interpretation der Beitragenden abzulehnen oder kritisch zu betrachten. Insgesamt destillierte der von Palandt 1939 herausgegebene Kurzkommentar zum BGB – wie alle nachfolgenden Auflagen vor 1945 – die Quintessenz des aggressiven Rechtsverständnisses des Nationalsozialismus und übertrug es auf das im 19. Jahrhundert formulierte bürgerliche deutsche Recht.[232]

Palandts Herausgeberschaft war ein bedeutsamer Beitrag zur Durchsetzung der NS-ideologischen „Rechtserneuerung". Seine Einleitung und sein Vorwort ließen nicht die geringste Distanz zwischen seinen und den Rechtsvorstellungen des Nationalsozialismus erkennen.[233] Er verlieh nicht zuletzt aufgrund seines Amtes und seiner Stellung als Präsident des Reichsjustizprüfungsamtes den nationalsozialistischen Rechtsprämissen Legitimität.

Herauslesen lässt sich dies auch an dem Satz seiner Einleitung zum BGB-Kurzkommentar 1939: „Schon zeitlich vorher, nämlich am 5.11.1937 (RGBl. I S. 1161) hatte das Gesetz über die erbrechtlichen Beschränkungen wegen gemeinschaftswidrigen Verhaltens den Ausschluß ausgebürgerter Personen vom Erwerb von Todes wegen und vom Erwerb durch Schenkung sowie das Recht eines Erblassers deutscher Staatsangehörigkeit und deutschen oder artverwandten Blutes einem Abkömmling den Pflichtteil zu entziehen für den Fall angeordnet, daß der Abkömmling als Staatsangehöriger deut-

---

231 Vgl. u. a. Wrobel, Otto Palandt zum Gedächtnis, S. 1, 8 f.
232 Vgl. ebenda. Zum Palandt'schen Kommentar vgl. Palandt, Gesetzbuch. Zur nationalsozialistischen „Umdeutung" des BGB vgl. Haferkamp, Wege, S. 211–266.
233 Vgl. Palandt, Gesetzbuch.

schen oder artverwandten Blutes nach dem 16.9.1935 die Ehe mit einem Juden oder einem jüdischen Mischling ohne die erforderliche Genehmigung eingegangen war."[234]

Was Palandt hier formalistisch-spröde im Duktus des „Dritten Reiches" referierte und unwidersprochen für rechtmäßig erklärte, war der Umstand einer gravierenden materiellen Schädigung von Personen aufgrund einer antisemitisch-rassistischen Diskriminierung. Palandts juristisch-neutrale Sprache rückte den präzedenzlosen Rechtsbruch, der mit dem Beschriebenen einherging, völlig in den Hintergrund und machte den Vorgang handhabbar. Sein Satz reduzierte und versimpelte die antisemitische wie rassistische Dimension und ließ das beschriebene Vorgehen normal erscheinen. Palandt erläuterte Anwälten, Richtern, Staatsanwälten, Notaren und Studenten der Rechtswissenschaft einen offenkundig ganz alltäglichen Sachverhalt, der nichtsdestotrotz in seiner inhaltlichen Stoßrichtung völlig außeralltäglich war. Zum juristischen Normalfall in Deutschland wurde das von Palandt Beschriebene nicht allein durch die Rechtsprechung in der Praxis, sondern eben auch durch seine erläuternden Hinweise, die der Praxis Handlungskoordinaten vermitteln sollten.

Auch im Nachgang der von Otto Palandt selbst beantragten Versetzung in den Ruhestand zum 1. Februar 1943, blieb er freiwillig darauf bedacht, dem nationalsozialistischen Staat und dem „Führer" unumschränkt zu dienen.[235] Entgegen seiner in den „Familienerinnerungen" 1945 geschilderten Darstellung, er sei vom Reichsjustizminister gebeten worden, auch nach seiner Ruhestandsversetzung als Richter zu arbeiten, trifft dies ausweislich der Akten nicht zu.[236] Palandt selbst hatte sich bereits am 5. Februar 1943 an Reichsjustizminister Otto Thierack gewandt und seine Bereitschaft erklärt, angesichts der nun jeden betreffenden notwendigen Anstrengungen, alle ihm „übertragene Aufgaben auf richterlichem Gebiet" anzunehmen und für eine weitere Tätigkeit als Richter zur Verfügung zu stehen.[237]

Den historischen Kontext, auf den sich Otto Palandt bezog und der sein Engagement motivierte, war die am 2. Februar 1943 erfolgte Niederlage der 6. deutschen Armee in Stalingrad. Sie hatte zur Folge, dass das NS-Regime wenige Wochen später den „totalen Krieg" ausrief und damit die absolute Mobilisierung aller Ressourcen und die völlige Unterordnung aller gesellschaftlichen und politischen Belange unter die Erfordernisse der Kriegführung proklamierte.[238] Palandt fühlte sich noch vor dieser nationalsozialistischen Erklärung verpflichtet, sich angesichts einer gravierenden deutschen Niederlage im Krieg freiwillig weiter im nationalsozialistischen Staatsdienst zu

---

234 Vgl. ebenda, S. XXXIX f.
235 Zur Ruhestandsversetzung vgl. BArch, R 3001/70242, Schreiben Adolf Hitlers an Otto Palandt, o. D., ca. Oktober 1942; BArch, R 3001/70242, Schreiben des Reichsjustizministers an Otto Palandt, 21.1.1943.
236 Vgl. StA Hildesheim, WB 19910, Familienerinnerungen, verfasst von Otto Palandt 1945, S. 2.
237 Vgl. BArch, R 3001/70242, Schreiben Otto Palandts an den Reichsjustizminister, 5.2.1943.
238 Zur Bedeutung der Niederlage in Stalingrad vgl. u. a. Hartmann, Unternehmen, S. 98–100. Zum „totalen Krieg" vgl. u. a. Longerich, Sportpalast-Rede.

engagieren. Mit anderen Worten: Stalingrad führte nicht zu einem Prozess wachsender Distanzierung gegenüber der nationalsozialistischen Agenda, sondern motivierte sein wachsendes Bedürfnis, sich dem Regime weiterhin zur Verfügung zu stellen. Otto Palandt wollte konkret als Richter arbeiten, um personalpolitische Lücken zu schließen, die angesichts der verschärften Einziehungspraxis der Wehrmacht immer größer wurden.[239]

Reichsjustizminister Thierack begrüßte Palandts Initiative „sich der Justiz als Richter wieder zur Verfügung" stellen zu wollen und betraute umgehend seinen Staatssekretär Curt Rothenberger mit der Angelegenheit.[240] Rothenbergers Vorschlag, Palandt als „Senatspräsident beim Kammergericht" in Berlin einzusetzen, wurde von der Abteilungsebene des Reichsjustizministeriums abgelehnt, „vielleicht aber", so hieß es, sei es möglich, Palandt als Landgerichtsdirektor oder „in einer geeigneten Stellung" bei einem Amtsgericht zu verwenden, so der Vermerk des Reichsjustizministeriums Ende Februar 1943.[241]

Abb. 21: Reichsjustizminister Otto Thierack (rechts) bei der Einführung des neuen Präsidenten des Volksgerichtshofes Roland Freisler, 1942

---

239 Vgl. BArch, R 3001/70242, Schreiben Otto Palandts an den Reichsjustizminister, 5.2.1943. Vgl. auch die Vermerke des Reichsjustizministeriums in: BArch, R 3001/70242.
240 Vgl. BArch, R 3001/70242, Schreiben des Reichsjustizministers an Otto Palandt, 9.2.1943.
241 Vgl. BArch, R 3001/70242, Vermerk des Reichsjustizministers an den Staatssekretär mit weiteren Ergänzungen, 10.2.1943.

Letztlich wurde Otto Palandt ab dem 1. März 1943 – genau vier Wochen nach seiner Ruhestandsversetzung – vom Berliner Kammergericht als „Widerrufsbeamter" beschäftigt, allerdings nicht als Senatspräsident, sondern als Hilfsrichter.[242] Auf eigenen Wunsch schied Palandt dort Ende Juli 1943 wieder aus.[243] Nachdem Palandt und seine Frau im November 1943 infolge alliierter Luftangriffe ihre Berliner Wohnung verloren hatten, zogen sie endgültig aus der Reichshauptstadt fort und lebten auf einem Bauernhof in Holle in der Nähe von Hildesheim, wo sie bereits seit Herbst 1943 gewohnt hatten.[244]

Wiederum anders als Palandt es in seinen „Familienerinnerungen" darstellt, war für ihn aber mit Ausscheiden als Widerrufsbeamter am 31. Juli 1943 sein Dienst als Jurist für das NS-Regime noch immer nicht beendet. Im Frühjahr 1944 wandte er sich mit der Bitte um Anstellung als Richter an einzelne Oberlandesgerichtspräsidenten.[245] Zudem erklärte er im März 1944 gegenüber dem Reichsjustizministerium: „Sodann mache ich mir ein Gewissen daraus, daß ich in diesen Zeiten, in denen jeder gesunde Mensch dringend gebraucht wird, nicht arbeite. Haben Sie keine Arbeit für mich? [...] Holle ist täglich 7 mal nach Hildesheim (Landgericht) und Goslar (Amtsgericht) mit der Bahn in 30 Minuten zu erreichen. Wenn da Not am Mann ist, könnte ich von hier aus hin; aber auch nach Celle (OLG) zur Unterweisung der Referendare."[246] Das Reichsjustizministerium begann hieraufhin 1944 mit der Suche nach einem Oberlandesgerichtsbezirk, der Palandt adäquat beschäftigen konnte; zunächst jedoch erfolglos.[247]

Daraufhin wandte sich Otto Palandt Anfang August 1944 mit dem folgenden Brief an Reichsjustizminister Otto Thierack: „Hochgeehrter Herr Minister! Die Ankündigung der Verwirklichung des totalen Krieges durch Minister Dr. Goebbels in seiner gestrigen Rede wird der Justizverwaltung wieder Kräfte entziehen. Es wird gewiss noch dieser oder jener Richter oder Staatsanwalt zu den Waffen einberufen werden. Das veranlasst mich, Ihnen meine Kräfte für irgend ein Amt zur Verfügung zu stellen. [...] Da Sie mich gut kennen und ich die Überzeugung habe, dass ich noch vollkommen arbeitsfähig bin, wende ich mich mit dieser Bitte gerade an Sie. Wenn es möglich wäre, dass ich hier in dem Jenaer Bezirk unter kommen könnte, würde ich das besonders begrüssen, denn ich habe hier mit meiner Frau eine ruhige, wenn auch recht einfache Unterkunft gefunden. Ich hoffe, dass es Ihnen gut geht und bin mit einem: Es lebe der Führer Ihr sehr ergebener Dr. Palandt".[248]

Otto Palandt, der im Sommer 1944 mit seiner Frau im thüringischen Oberhof wohnte, wurde im Anschluss – wiederum auf eigene Initiative und seinen ausdrückli-

---

242 Vgl. BArch, R 3001/70242, Vermerk des Kammergerichtspräsidenten, 10.3.1943.
243 Vgl. BArch, R 3001/70242, Schreiben Otto Palandts an den Reichsjustizminister, 30.7.1943.
244 Vgl. StA Hildesheim, WB 19910, Familienerinnerungen, verfasst von Otto Palandt 1945, S. 2.
245 BArch, R 3001/70243, Schreiben des OLG-Präsidenten von Garßen an das Reichsjustizministerium, 6.5.1944.
246 Vgl. BArch, R 3001/70243, Schreiben Otto Palandts an das Reichsjustizministerium, 5.3.1944.
247 Vgl. die Unterlagen in: BArch, R 3001/70243.
248 Vgl. BArch, R 3001/70243, Schreiben Otto Palandts an den Reichsjustizminister, o. D., ca. 2.8.1944.

chen Wunsch – dem Oberlandesgerichtsbezirk Jena „zur Weiterbeschäftigung zugewiesen" und war zunächst als „Vertreter" eines zur Wehrmacht einberufenen Rechtsanwalts- und Notars tätig.[249] Der Jenaer Oberlandesgerichtspräsident versicherte Otto Palandt Anfang August 1944, ihn rasch in eine Richterstelle in der Nähe von Oberhof verhelfen zu wollen.[250] Die weitere Mitarbeit Palandts scheiterte jedoch an der Suche nach einer „menschenwürdigen Unterkunft", wie er es gegenüber dem Oberlandesgerichtspräsidenten formulierte.[251] Nachdem Otto Palandt und seine Frau Mitte August 1944 ihr Oberhofer Zimmer hatten unvermittelt räumen müssen, forderte Palandt vom Oberlandesgerichtspräsidenten ihm innerhalb von einer Woche eine Dienstwohnung zur Verfügung zu stellen, was jedoch angesichts der Kriegslage unmöglich war.[252] Das Kriegsende erlebte Otto Palandt im Frühjahr 1945 im thüringischen Langensalza, wo auch seine im Mai und Juni verfassten „Familienerinnerungen" entstanden.[253]

Bis dato konnten keine Quellen ermittelt werden, die darauf schließen lassen würden, dass Otto Palandt sich vor dem 8. Mai 1945 in irgendeiner Weise vom Nationalsozialismus distanziert oder die deutsche Schuld am Zweiten Weltkrieg und seinen Verheerungen anerkannt hatte. Auch nach seiner Ruhestandsversetzung als Beamter 1943 zog sich Palandt nicht ins Private zurück, sondern wollte freiwillig weiterhin aktiv im Staatsdienst Richter bleiben. Er begründete dies in mehreren Schreiben ausdrücklich mit seinem inneren Bedürfnis, das „Dritte Reich" angesichts einer für Hitler immer prekärer werdenden militärischen Situation tatkräftig zu unterstützen.

Das heißt: Otto Palandt diente dem NS-Regime freiwillig bis zum Schluss und wollte als Richter den Forderungen der NSDAP unumschränkt Geltung verschaffen. Insofern sind seine Worte im Brief an Otto Thierack im August 1944 auch ernst zu nehmen und wortwörtlich zu verstehen: Der Satz „Ich hoffe, dass es Ihnen gut geht und bin mit einem: Es lebe der Führer Ihr sehr ergebener Dr. Palandt" ist nicht misszuverstehen.[254] Denn Otto Palandt selbst deklarierte den letzten Aspekt seiner Aussage demonstrativ und axiomatisch zu einer Wunschformel. Sie war Movens seines Agierens, aber vor allem auch Ausdruck einer aus seiner Sicht zeitgemäßen Charakter- und Haltungsfrage.

---

249 Vgl. BArch, R 3001/70243, Schreiben des Reichsjustizministeriums an den OLG-Präsidenten in Jena, 8.8.1944; BArch, R 3001/70243, Schreiben des OLG-Präsidenten in Jena an Otto Palandt, 1.8.1944.
250 Vgl. ebenda.
251 Zum Zitat vgl. BArch, R 3001/70243, Schreiben Otto Palandts an den OLG-Präsidenten in Jena, 14.8.1944.
252 Vgl. BArch, R 3001/70243, Schreiben des OLG-Präsidenten in Jena an Otto Palandt, 17.8.1944; BArch, R 3001/70243, Schreiben Otto Palandts an den OLG-Präsidenten in Jena, 14.8.1944.
253 Vgl. StA Hildesheim, WB 19910, Familienerinnerungen, verfasst von Otto Palandt 1945, S. 1.
254 Vgl. BArch, R 3001/70243, Schreiben Otto Palandts an den Reichsjustizminister, o. D., ca. 2.8.1944.

5 1945–1951: Nach dem „Zusammenbruch"

Am 1. Juli 1945 gab die amerikanische Armee absprachegemäß ihre Verantwortung über die besetzten Teile des vormaligen nationalsozialistischen „Gaues Thüringen" an die Sowjetische Militäradministration in Deutschland (SMAD) ab. Im Gegenzug wurde unter andern im vormals sowjetisch besetzten Berlin ein Vier-Mächte-Status implementiert. Wie in den anderen Teilen der Sowjetischen Besatzungszone Deutschlands (SBZ) installierte die Rote Armee ab Juli 1945 auch in Thüringen ein umfassendes militärisches Besatzungsregime und baute zugleich eine unter Kontrolle deutscher Kommunisten stehende Zivilverwaltung auf.[255]

Für Otto Palandt hatte der Wechsel der Besatzungsmächte ganz pragmatische Konsequenzen. So änderte sich 1945/46 seine Anschrift in Langensalza, das auf halber Strecke zwischen Erfurt und Mühlhausen lag, von „Hindenburgplatz" in „Liebknechtplatz", benannt nach dem Linkssozialisten, Spartakisten und Mitbegründer der Kommunistischen Partei Deutschlands (KPD) Karl Liebknecht.[256] Der Namenswechsel stand paradigmatisch für die tiefgreifenden ideologischen Veränderungen, die in der SBZ unter Kontrolle des Kreml ab Sommer 1945 vollzogen worden waren: Der „antifaschistische Neubeginn" zielte auf die autoritär-diktatorische Machtsicherung zugunsten eines sowjet-kommunistischen Modells ab, das mithilfe bewährter „Moskau-Kader" erreicht werden sollte. Insofern war im Falle der SBZ auch die von allen vier alliierten Siegermächten auf der Potsdamer Konferenz im Sommer 1945 beschlossene „Entnazifizierung" kein bloßer Elitenaustausch, sondern eine politische Säuberung zum Zweck der kommunistischen Diktaturdurchsetzung.[257]

Wie stark die „Entnazifizierungspraxis" im östlichen Teil Deutschlands von einem machtpolitischen Taktieren lokaler Entscheidungsinstanzen abhängen konnte, verdeutlicht das Beispiel Palandts sehr anschaulich. Am 14. Januar 1946 wurde dem vormaligen preußischen Spitzenbeamten und langjährigen Präsidenten des Reichsjustizprüfungsamtes in Langensalza ein Papier ausgestellt. Der bemerkenswerte Wortlaut dieses Dokumentes lautete: „Herr Otto Palandt in Langensalza war als Beamter des Justizministeriums seit Mai 1933 Mitglied der NSDAP! Gegen seine Aufnahme als Mitglied einer demokratischen Partei (CDUD) bestehen keine Bedenken. ANTIFA! Gez. Die Ortsgruppe der KPD – Die Ortsgruppe der SPD – Die Christlich Demokratische Union Deutschlands – Die Demokratische Partei Deutschlands".[258]

---

[255] Vgl. u. a. Welsh, Thüringen. Zur SBZ vgl. Foitzik, Militäradministration; ders., Interessenpolitik; ders., Kommandanturen; Broszat/Weber, SBZ-Handbuch.
[256] Zur Adresse vgl. die Unterlagen in: StArchiv Hamburg, 221-11/X 871, Entnazifizierungsakte Palandt, Otto.
[257] Vgl. u. a. Welsh, Wandel; dies., Thüringen; dies., Säuberung; Henke/Woller, Säuberung; Erler, „Moskau-Kader"; Foitzik, Militäradministration; ders., Interessenpolitik.
[258] Vgl. StArchiv Hamburg, 221-11/X 871, Entnazifizierungsakte Palandt, Otto, Vermerk, 14.1.1946.

Abb. 22: Der Leiter der Propaganda- und Informationsabteilung der SMAD, Sergej Tulpanow, bei einer Rede in Ost-Berlin, 1948

Historisch ist dieser Text nicht deshalb einzigartig, weil die KPD in Langensalza Otto Palandt im Januar 1946 erlaubte, Mitglied einer „Blockpartei" zu werden, nämlich der Ost-CDU, die im Juni 1945 entstanden war und wie alle übrigen Teile des „antifaschistischen Parteienblocks" der SBZ, also aller Parteien außer der KPD und SPD, eine sowjetkommunistisch dirigierte Opposition darstellte.[259] Bemerkenswert ist diese Quelle vielmehr, weil Palandt von der kommunistischen Entnazifizierung in der SBZ ausgenommen wurde, obwohl man um seine Stellung vor 1945 sowie seine Mitgliedschaft in der NSDAP wusste. Erst 1948 kam es in seinem Fall in Hamburg, also der britischen Besatzungszone, zu einem Entnazifizierungsverfahren.[260]

Auch wenn Otto Palandt 1946 kein Amt mehr besaß und auch keine Funktion in einer der Zentralverwaltungen der SBZ anstrebte, ist das ihm gegenüber in Langensalza gezeigte Wohlwollen der lokalen KPD-Kader erklärungsbedürftig. Denn Otto Palandt blieb trotz seiner NS-Vita von kommunistischen „Entnazifizierungsmaßnahmen" unbehelligt, obwohl er seit Ende des Jahres 1945 als „Dozent in Philosophie" an der Volkshochschule von Langensalza arbeitete und sich damit gesellschaftlich in der sowjet-kommunistischen Bildungsarbeit engagierte.[261] Otto Palandt – dessen NS-Karriere

---
259 Vgl. u. a. Fischer/Agethen, CDU; Richter, Ost-CDU; Wentker, Schicksal; Triebel, Blockpartei.
260 Vgl. die Unterlagen in: StArchiv Hamburg, 221-11/X 871, Entnazifizierungsakte Palandt, Otto.
261 Vgl. StArchiv Hamburg, 221-11/X 871, Bescheinigung des Kreisbildungsamtes Langensalza, 25.6.1946.

der Kommunistischen Partei im Ort bekannt war – unterrichtete bis mindestens Sommer 1947 im Auftrag des Kreisbildungsamtes Langensalza als Lehrkraft „pro Trimester zehn Wochen den Kursus ‚Anleitung zum Philosophieren'" an der Volkshochschule in Langensalza.[262]

Palandts Fall zeigt, dass es keineswegs zutreffend ist, die Realität der „Entnazifizierung" in der SBZ als einen überall gleich ablaufenden schematischen Vorgang zu begreifen, der alle vormaligen hohen Beamten und Parteimitglieder der NSDAP hart bestrafte und ultimativ exkludierte – wie dies die historische Forschung auch beschrieben hat.[263] Nichtsdestotrotz ist der Umgang mit Palandt insofern exzeptionell, als die antifaschistische Praxis der „Entnazifizierung" im Bereich der Justiz, vor allem aber auch hinsichtlich der Lehrkräfte, sehr umfassend durchgeführt wurde. Insofern hätte auch Otto Palandt zumindest ein Entnazifizierungsverfahren durchlaufen müssen, um als Dozent an einer Volkshochschule arbeiten zu können.[264] Offenkundig galt er aber nach Dafürhalten von KPD und SPD in Langensalza deshalb als „entnazifiziert", weil er sich politisch in einer sogenannten Blockpartei für den „antifaschistischen Neubeginn" einsetzen wollte. Palandts Aufnahmegesuch in die Ost-CDU signalisierte, dass er nicht unmittelbar beabsichtigte, die SBZ zu verlassen. Auch befürchtete er anscheinend keine repressiven Maßnahmen seitens der sowjetisch-kommunistischen „Organe".

Auf Briefpapier und unter den gedruckten Kopfzeilen „Dr. jur. Otto Palandt, Präsident des Reichs-Justizprüfungsamtes a. D. Langensalza, Hindenburgplatz 1, Fernruf 312" schrieb Palandt Mitte Januar 1946 seinen „Politischen Lebensgang" nieder.[265] Er stellte sich mit diesem Dokument, gut eine Woche vor dem von der KPD später genehmigten Gesuch um Aufnahme in eine „Blockpartei", selbst einen „Persilschein" aus. So behauptete er etwa, er sei in der Weimarer Republik Demokrat gewesen und habe der Deutschen Demokratischen Partei nahegestanden. Mitglied einer Partei sei er aber deshalb nie geworden, weil dies mit seiner Einstellung zum Richteramt unvereinbar gewesen sei. In die NSDAP wiederum habe er auf „Drängen der hohen Stellungen im Ministerium und den ihm angegliederten Parteifunktionären" eintreten müssen, das genaue Datum wisse er nicht mehr.[266] Überdies behauptete Palandt, er habe im Nachgang der antisemitischen Novemberpogrome im November 1938 den damaligen Reichsjustizminister und Nationalsozialisten Franz Gürtner über seinen Entschluss informiert, aus Protest gegen die „Judenverfolgungen", so Palandt, aus der NSDAP auszu-

---

262 Vgl. StArchiv Hamburg, 221-11/X 871, Schreiben des Kreisbildungsamtes Langensalza an Otto Palandt, 21.8.1946.
263 Vgl. u. a. Kreller/Kuschel, Neubeginn; Kreller, Kontinuität.
264 Zur Entnazifizierungspraxis vgl. Welsh, Wandel; Weber, Justiz; Amos, Justizverwaltung; dies., Personalpolitik; Wentker, Justiz.
265 Vgl. StArchiv Hamburg, 221-11/X 871, Entnazifizierungsakte Palandt, Otto, Politischer Lebensgang, 11.1.1946.
266 Vgl. ebenda.

treten. Gürtner habe ihn jedoch vor diesem Schritt gewarnt, weil er ihn „sein Amt kosten" würde oder „gar schlimmeres" auf Palandt warte.[267]

Die Muster, die Otto Palandt in seinem „Politischen Lebensgang" 1946 strategisch und taktisch zu seiner „Entlastung" anwandte – allen voran das Narrativ von den „höheren Stellen", die eine Mitgliedschaft in der NSDAP nach 1933 erzwungen hätten –, sind von der historischen Forschung über die Entnazifizierungspraxis detailliert als zeitgenössisch übliche Elemente einer Selbstviktimisierung und Exkulpation beschrieben worden.[268] Besonders originell waren die Behauptungen Palandts insofern nicht, mit denen er sich als Weimarer Demokrat und ein „unpolitischer" und innerlich nicht vom Nationalsozialismus überzeugter NS-Beamter darstellte. Es war jedoch besonders zynisch, dass Palandt die Pogrome 1938 als Alibi missbrauchte, und zwar deshalb, weil seine 1939 übernommene Herausgeberschaft des neuen BGB-Kommentars das Gegenteil von einer angeblich kritischen Läuterung und Abkehr vom Nationalsozialismus im Nachgang der antisemitischen Exzesse 1938 demonstrierte.

Palandt hätte es problemlos – das heißt vor allem ohne Misstrauen gegenüber seiner politischen Zuverlässigkeit in den Augen des NS-Regimes zu provozieren – ablehnen können, Herausgeber des Kommentars zu werden. Die Absage wäre die ideale Chance gewesen, seiner vorgeblichen Entrüstung über die Pogrome wenige Monate zuvor Ausdruck zu verleihen – und zwar ganz für sich allein und privat, gleichsam vor seinem eigenen Gewissen. Er hätte den offiziellen Grund für die Absage allgemein halten können. Palandt entschied sich aber anders.

Er distanzierte sich nicht ganz persönlich von der antisemitischen nationalsozialistischen Gesetzgebung hinsichtlich des bürgerlichen Rechts, den „Arisierungen" oder den anderen antisemitisch-rassistisch legitimierten Rechtsumdeutungen. Eine Nonkonformität hinsichtlich dieser antisemitischen Politik und den Pogromen 1938 drückte Palandt gerade nicht dadurch aus, dass er eine an ihn herangetragene Heraus- und Namensgeberschaft des neuen Standardkommentars zum BGB annahm – obwohl er sie hätte auch problemlos ablehnen können. Als Herausgeber stand Palandt für die im Kommentar zu Grundfesten des Rechts deklarierten antisemitischen Prämissen ein bzw. hatte in seiner Einleitung deren Sinn und Zweck als völlig normal und rechtmäßig dargestellt.[269]

Die dem „Politischen Lebensgang" 1946 zugrundeliegende exkulpierende Agenda ist aber auch deshalb unschwer dekonstruierbar, weil Otto Palandt erklärte, er sei nach Ausscheiden als Präsident des Reichsjustizprüfungsamtes aus der NSDAP ausgetreten. Obwohl ihm die „radikalen Einstellungen" des damaligen Justizministers Otto

---

[267] Vgl. ebenda. Zu den Pogromen vgl. u. a. Steinweis, Kristallnacht.
[268] Vgl. u. a. Leßau, Entnazifizierungsgeschichten, sowie die Darstellung von „Entlastungsstrategien" in Bösch/Wirsching, Hüter.
[269] Vgl. Palandt, Gesetzbuch, S. XXXIX f.

Thierack „aus Artikeln" bekannt gewesen seien, habe er nun keine dienstlichen Sanktionen mehr gefürchtet.[270]

Beide Behauptungen Palandts, sowohl der Parteiaustritt als auch die vermeintliche Distanz zu Thierack, waren – ausweislich der Quellen – falsch. Denn dass Palandt die NSDAP verlassen hat, lässt sich nicht nur anhand keiner Akte verifizieren, sondern wird auch vom Umstand widerlegt, dass Otto Palandt zwischen 1943 und 1945 mehrfach freiwillig für das NS-Regime weitergearbeitet hatte. Thierack wiederum war Palandt keineswegs nur aus Artikeln bekannt und galt ihm als „radikal". Die in Palandts Personalakte überlieferte Korrespondenz zwischen beiden zeigt vielmehr, wie vertraut, respektvoll und freundschaftlich ihr Umgang 1943/44 tatsächlich war.[271]

Ganz gleich wie fadenscheinig die Selbstangaben Palandts im Jahr 1946 aus heutiger Sicht wirken, sie erreichten seinerzeit den angestrebten Zweck: Palandt galt in den Augen der KPD als „entnazifiziert" und als unverdächtiger und unpolitischer Justizexperte. Er hatte zudem auch nach Meinung der Sozialistischen Einheitspartei Deutschlands (SED) seine antifaschistische Überzeugung und seinen ehrlichen Willen, die Arbeit der „proletarischen Einheitsfront" zu unterstützen, hinreichend glaubhaft demonstriert, denn Palandt blieb in Langensalza auch vor Interventionen der SED verschont.[272] Die Partei war im April 1946 im Zuge der vom Kreml und der SMAD zwangsweise vorangetriebenen Zustimmung der SPD zur Vereinigung mit der KPD entstanden.[273]

Vor dem Hintergrund sowjetischer Provokationen war es 1947/48 zu einer Verschärfung des Ost-West-Konfliktes gekommen. Die vormalige Anti-Hitler-Koalition zerbrach endgültig. Mitten in Deutschland – und vor allem in der Stadt Berlin – verlief nun eine Demarkationslinie zwischen zwei sich feindselig gegenüberstehenden Blöcken: die drei West-Alliierten auf der einen und die Sowjetunion auf der anderen Seite.[274] In der SBZ war die Konfrontation zwischen Moskau und dem Westen mit einer immer unnachgiebiger werdenden Praxis der kommunistischen Diktaturdurchsetzung einhergegangen. Immer mehr Menschen waren daher aus der Ostzone in den Westen geflohen. Um die Folgen einer sowjetischen Obstruktion der gemeinsamen Deutschlandpolitik aller vier alliierten Mächte zumindest in den drei Westzonen zu minimieren, war dort im Sommer 1948 eine neue Währung eingeführt worden. Moskau provozierte daraufhin mit der „Berliner Blockade" eine militärische Eskalation und versuchte zugleich

---

270 Vgl. StArchiv Hamburg, 221-11/X 871, Entnazifizierungsakte Palandt, Otto, Politischer Lebensgang, 11.1.1946.
271 Vgl. die Unterlagen in: BArch, R 3001/70242 u. BArch, R 3001/70243.
272 Vgl. die Unterlagen in: StArchiv Hamburg, 221-11/X 871, Entnazifizierungsakte Palandt, Otto.
273 Vgl. u. a. Malycha/Winters, SED; Malycha, SED.
274 Vgl. u. a. Stöver, Krieg; Dülffer, Europa.

eine deutschlandpolitische Maximalforderung durchzusetzen: die Verdrängung der West-Alliierten aus Berlin.[275]

Wie der Kontext des in Hamburg zwischen Juni und Dezember 1948 durchlaufenen „Entnazifizierungsverfahrens" zeigt, war es deshalb angestrengt worden, weil Otto Palandt auch die für 1949 geplante siebte Auflage des BGB-Kurzkommentars herausgeben wollte, der damit zugleich sein zehnjähriges Bestehen feiern konnte.[276] In diesem Sinne müssen zwei Dinge unterschieden werden, wenn es gilt, Palandts Entnazifizierungsverfahren 1948 historisch zu verorten: einerseits der private Entschluss, die SBZ zu verlassen und in den Westen zu gehen; andererseits die Absicht, den „Palandt" als Standardwerk fortzuführen, was zwingend eine amtliche Entnazifizierung seines Namenspatrons voraussetzte.

Angesichts der 1947/48 immer weiter eskalierten Konfrontation zwischen der Sowjetunion und den Westmächten war es praktisch ausgeschlossen, dass Otto Palandt vonseiten des SED-Regimes nicht sanktioniert worden wäre, wenn er als Herausgeber einer Neuauflage zum BGB-Kommentar in einem Münchner Verlag fungiert und gleichzeitig als Mitglied der Ost-CDU in der SBZ gelebt hätte. Insofern ist davon auszugehen, dass der Entschluss Palandts, die Neuauflage des BGB-Kommentars herauszugeben, beides motivierte: den Weggang aus der SBZ und die Einleitung eines offiziellen Entnazifizierungsverfahrens vor einer Spruchkammer im Westen. Ziel dieses Verfahrens konnte es nur sein, rasch als „entlastet" eingestuft zu werden, um der Herausgeberschaft des BGB-Kommentars nachkommen zu können.

Diese Intention erklärt mit hoher Wahrscheinlichkeit auch die Wahl für Hamburg: Wie die historische Forschung zeigt, unterschied sich die Praxis der „Entnazifizierung" im Westen von Besatzungszone zu Besatzungszone signifikant. Während in der amerikanischen Zone, zu der auch München zählte, wo wiederum der Verlag des Palandt'schen BGB-Kommentars seinen Sitz hatte, die strengsten Maßstäbe bei der Bewertung von NS-Karrieren angewandt wurden, war dies (auch zeitgenössisch bekanntermaßen) in der britischen Zone, zu der Hamburg gehörte, anders. Diese markante Variabilität prägte das Verfahren der „Entnazifizierung" in den Westzonen, das grundsätzlich ein formularmäßig erfasster und standardisiert ablaufender Prozess war, der darauf abzielte, die NS-Karrieren aller vormaligen Beamten und Verwaltungseliten in Spruchkammerverfahren gemäß einheitlich anzuwendender Parameter und Kategorien zu bewerten.[277]

Beispielhaft lässt sich die unterschiedliche Handhabung hinsichtlich des „Belastungsbegriffes" seitens der drei West-Alliierten konkret am Fall eines hochrangigen Beamten des späteren Bundesinnenministeriums nachvollziehen. Die Person wurde zu-

---

275 Vgl. u. a. Harrington, Berlin; Wolff, Währungsreform; Stöver, Krieg.
276 Vgl. die Unterlagen in: StArchiv Hamburg, 221-11/X 871, Entnazifizierungsakte Palandt, Otto. Zum Kommentar von 1949 vgl. Palandt, Gesetzbuch (1949).
277 Vgl. Palm/Stange, Vergangenheiten; Stange, Bundesministerium. Vgl. auch Niethammer, Mitläuferfabrik.

nächst nach amerikanischem Urteil aufgrund der Tätigkeit als Blockleiter der NSDAP in Kategorie II (belastet) eingruppiert. Dies bedeutete unter anderem, dass ein Berufsverbot galt. Auf den Einspruch der Person hin und nach Verlagerung des Spruchkammerverfahrens in die britische Zone stand im Ergebnis für dasselbe „Belastungsmerkmal" zunächst die Entnazifizierungskategorie IV (Mitläufer) und letztlich Kategorie V (entlastet).[278]

Da es vordergründig in Palandts Entnazifizierungsverfahren nicht um eine Anstellung in Hamburg ging und da auch keine anderen konkreten privaten Gründe ermittelt werden konnten, die erklären, weshalb Palandt in der britischen Zone seine „Entnazifizierung" anstrebte, ist es plausibel anzunehmen, dass ein solches Verfahren in der härter sanktionierenden amerikanischen Besatzungszone vermieden werden sollte. Den für sein Spruchkammerverfahren zur Entnazifizierung erforderlichen Frageborgen hatte Otto Palandt am 27. Dezember 1947 bereits in Hamburg ausgefüllt, nachdem er dort ein Haus an der Außenalster bezogen hatte.[279] Die im Formular von ihm gemachten Angaben waren in mehrfacher Hinsicht falsch und unvollständig. So verzichtete er etwa darauf, tatsächlich wie gefordert „Veröffentlichungen aller Art und Reden" zwischen 1933 und 1945 wahrheitsgemäß anzuführen. Er beschränkte sich vielmehr auf insgesamt zwei Titel: den BGB-Kommentar und die Kommentierung der Justizausbildungsordnung von 1934.[280]

Wahrheitswidrig verschwieg Otto Palandt auch seine Dozenten- und Lehrtätigkeit im Rahmen des „Gemeinschaftslagers Hanns Kerrl". Zudem kaschierte er den entscheidenden Aspekt, der ihn 1933 in sein neues Amt als Vizepräsident des preußischen Juristischen Landesprüfungsamtes verholfen hatte – nämlich politische Loyalität im Sinne des Nationalsozialismus. Palandt charakterisierte den Vorgang vielmehr als eine reguläre „Beförderung auf Grund langjähriger Tätigkeit als Prüfer" in juristischen Staatsexamina. Auch verkürzte Palandt wahrheitswidrig die Dauer seiner Amtszeit als Präsident des Reichsjustizprüfungsamtes und erwähnte nicht, dass er nach seiner Pensionierung bis 1945 freiwillig weitergearbeitet hatte.[281]

Wie bereits in seinem 1946 in Langensalza verfassten „Politischen Lebensgang" behauptete Palandt auch im Entnazifizierungsverfahren 1948, dass er angeblich am 31. Dezember 1944 aus der NSDAP und bereits 1940 aus dem NS-Rechtswahrerbund ausgetreten sei. Trotz einer Vielzahl an erhaltenen nationalsozialistischen Orden- und Ehrenzeichen erklärte Palandt,[282] derartige Anerkennungen zwischen 1933 und 1945 nie erhalten zu haben. Im Gegensatz dazu konnte er sich korrekt daran erinnern, Ende des

---

278 Vgl. Palm/Stange, Vergangenheiten, S. 163.
279 Vgl. die Unterlagen in: StArchiv Hamburg, 221-11/X 871, Entnazifizierungsakte Palandt, Otto.
280 Vgl. StArchiv Hamburg, 221-11/X 871, Fragebogen, 27.12.1947.
281 Zu den Angaben vgl. ebenda.
282 Zu den Auszeichnungen vgl. die Unterlagen in: BArch, R 3001/70242 u. BArch, R 3001/70243. Zu den Angaben vgl. StArchiv Hamburg, 221-11/X 871, Entnazifizierungsakte Palandt, Otto, Fragebogen, 27.12.1947.

19. Jahrhunderts am Hildesheimer Gymnasium Hebräisch gelernt zu haben. In der Zeile des Fragebogens „Kenntnisse fremder Sprachen und Grad der Beherrschung" gab er an: „hebräisch, griechisch, lateinisch, englisch, französisch als Schriftsprache".[283]

Zweifellos war der Verweis auf das Hebräische in einem Fragebogen zur Entnazifizierung taktisch motiviert. Dies wird umso deutlicher, betrachtet man die Argumentationslogik der Verteidigungsstrategie des Juristen Otto Palandt in seinem Entnazifizierungsverfahren – und zwar ausgehend von den akquirierten Referenzpersonen. Sie versuchten Palandt ein tadelloses charakterliches Verhalten während des „Dritten Reiches" gerade dadurch zu attestieren, indem sie ihn zum projüdischen Widerständler stilisierten. Die Authentizität dieser Angaben von langjährigen Weggefährten bzw. ehemaligen Vorgesetzten muss – ganz unabhängig von allen hier bereits angeführten Quellenbelegen zum Handeln Palandts im „Dritten Reich", die das Gegenteil eines projüdischen Engagements erkennen lassen – allein deshalb als brüchig gelten, weil sie sich in Details widersprachen, falsche Zusammenhänge herstellten oder Behauptungen wider die historischen Tatsachen zugunsten Palandts markant überakzentuierten.[284]

Im Beisein seines Anwaltes beschrieb sich der Jurist und Richter a. D. Otto Palandt im Spruchkammerverfahren, das am 8. Juni 1948 in Hamburg stattfand, als nüchternen und unpolitischen Rechtsexperten: „Zu der Frage nach der Tendenz der abgenommenen Prüfungen im Justizprüfungsamt erklärte der Antragsteller, daß er die Prüfungen in durchaus sachlicher Form auf fachwissenschaftlicher Basis abgenommen habe; es seien zwar auch gesellschaftlich z. B. geschichtliche und sonstige allgemeine Bildungsfragen an die Prüfungskandidaten gestellt worden, um das Bildungsniveau festzustellen, es sei aber durch ihn – den Antragsteller – nicht nach nationalsozialistischen Grundsätzen geprüft worden."[285]

Im Ergebnis des Hamburger Spruchkammerverfahrens wurde Palandt im Sommer 1948 der Kategorie IV (Mitläufer) zugeordnet. Im Beschluss hieß es ausdrücklich, Palandt sei aufgrund seiner nominellen Mitgliedschaft in der NSDAP „äußerlich geringfügig" politisch belastet, wobei die Kammer zugunsten Palandts annahm, er sei 1944 aus der Partei ausgetreten. Zudem stellte das Entnazifizierungsverfahren offiziell fest, Palandt habe „dem Nationalsozialismus innerlich ablehnend" gegenübergestanden, ohne diesen Befund zu begründen bzw. ihn mit der Karriere Palandts zu kontrastieren.[286]

Otto Palandt akzeptierte diesen Beschluss nicht und drang auf eine vollständige „Entlastung" auf dem Wege der Berufung, denn mutmaßlich nur mit dem Ergebnis „Kategorie V (entlastet)" stand einer weiteren Herausgeberschaft des BGB-Kurzkommentars nichts im Wege. Ein anderes Motiv für Palandts Berufung ist nicht erkennbar,

---

283 Vgl. hierzu ebenda.
284 Vgl. u. a. StArchiv Hamburg, 221-11/X 871, Stellungnahme Konrad Hübners, 1.12.1947; StArchiv Hamburg, 221-11/X 871, Stellungnahme Franz Leonhard, 15.1.1948.
285 Vgl. StArchiv Hamburg, 221-11/X 871, Protokoll, 8.6.1948. Zum Agieren Palandts nach 1933 vgl. die Darstellung in Kap. I.4.
286 Vgl. StArchiv Hamburg, 221-11/X 871, Entnazifizierungsakte Palandt, Otto, Beschluss, 8.6.1948.

zumal in Rechnung zu stellen ist, dass Palandt in Hamburg kein Amt anstrebte, aber auch mit Kategorie IV ausdrücklich für eine Mitarbeit in der dortigen Justizverwaltung geeignet gewesen wäre, wie es der Beschluss explizit betonte.[287] Im Dezember 1948 wurde Palandts Berufung stattgegeben und er wurde der Kategorie V (entlastet) zugeordnet.[288] Wenige Monate später erschien die siebte und zugleich erste Auflage des „Palandt" nach Ende des „Dritten Reiches" – bereinigt von allen wortwörtlichen Bestimmungen der nationalsozialistischen „Rechtsrevolution" und deren Normen; ergänzt um die alliierten „Militärregierungsgesetze 52 und 53".[289]

Die Ergebnisse des Entnazifizierungsverfahrens Palandts belegen einen von der Forschung herausgehobenen Befund: nämlich die starre zeitgenössische Fixierung auf schematisch erfassbare „Belastungsmarker", ohne dabei dem Handeln von Personen vor 1945 und dem Kontext von Karrieren tiefergehend Beachtung zu schenken. Auch war es im Rahmen der Verfahren unüblich gewesen, Selbstangaben und exkulpierende Narrative hinreichend kritisch zu überprüfen.[290] Für die West-Alliierten galt überdies 1948/49 bereits das politische Agieren bzw. die „SBZ-Sozialisation" von aus der Ostzone Geflüchteten als „belastender" als eine NSDAP-Mitgliedschaft.[291] Dass Palandt in der SBZ einer Blockpartei angehört und sich als „Dozent" für die antifaschistisch-kommunistische Bildungsarbeit engagiert hatte, wurde in Hamburg weder erfragt noch war es bekannt geworden.

Ab dem Sommersemester 1949, also im Kontext seiner Neuauflage zum BGB-Kurzkommentar, begann Otto Palandt an der rechtswissenschaftlichen Fakultät der Universität Hamburg eine Lehrtätigkeit. Er unterrichtete im Umfang von vier Semesterwochenstunden eine Übung zum Bürgerlichen Recht. Ab dem Wintersemester 1950/51 war Palandt Lehrkraft eines „Konservatoriums" über Bürgerliches Recht, Handelsrecht und die Zivilprozessordnung mit ebenfalls vier Semesterwochenstunden.[292] Ausweislich der überlieferten Unterlagen der Universität waren Palandts Veranstaltungen schwach besucht, weshalb es ihm auch immer schwerer fiel, die notwendigen Räume zu erhalten.[293]

Otto Palandt war nach seinem Wechsel nach Hamburg 1947/48 – abgesehen von der beibehaltenen Herausgeberschaft zum BGB-Kurzkommentar und seinen (schwach frequentierten) rechtswissenschaftlichen Veranstaltungen an der Hamburger Universität – nicht prominent öffentlich sowie innerhalb der juristischen Zunft in Erscheinung getreten oder weitergehend beachtet worden. Er verstarb am 3. Dezember 1951 in Hamburg im Alter von 74 Jahren.

---

287 Vgl. ebenda.
288 Vgl. StArchiv Hamburg, 221-11/X 871, Beschluss, 22.12.1948.
289 Vgl. Palandt, Gesetzbuch (1949); Wrobel, Otto Palandt zum Gedächtnis, S. 18 f.
290 Vgl. u. a. Stange, Bundesministerium.
291 Vgl. u. a. Kuschel/Rigoll, Broschürenkrieg; dies., Verwaltung.
292 Vgl. die Unterlagen in: StArchiv Hamburg, 364-5, I_D 60.02.
293 Vgl. die Unterlagen in: StArchiv Hamburg, 364-5, I_M 110.05.01, Bd. 5.

II Der Jurist Heinrich Schönfelder (1902–1944)

1 1902–1922: Ursprünge einer völkischen Ideologisierung

Die industriell dünn besiedelte Stadt Nossen, rund 30 Kilometer westlich von Dresden gelegen, prosperierte Ende des 19. Jahrhunderts. Der einsetzende wirtschaftliche Boom zog neue Unternehmer und Kaufleute an, darunter auch den Vater Heinrich Schönfelders: Heinrich Ludwig Schönfelder.[1]

Abb. 23: Postkartenaufnahme mit Motiven der Stadt Nossen, 1898

1872 geboren, entstammte Heinrich Schönfelder senior väterlicherseits einer Unternehmer- und Kaufmannsfamilie aus Schönheide im Erzgebirge; seine Mutter war im unweit von Schönheide entfernt gelegenen vogtländischen Auerbach geboren worden.[2] Der Ort Schönheide war seit Anfang des 19. Jahrhunderts bekannt für seine Textilindustrie. Neben der Wollweberei und -stickerei wurden dort vor allem Zierbänder und Bordüren hergestellt.[3]

---

[1] Vgl. u. a. die Angaben der Stadt Nossen, online: www.nossen.de/geschichte.html (30.12.2022).
[2] Vgl. die Angaben in: Landkreis Meißen, Kreisarchiv, Personenstandsregister, Eheurkunde Nr. 37 aus 1901. Vgl. auch Otto, Schönfelder, Heinrich, S. 411.
[3] Vgl. die Angaben der Gemeinde Schönheide, online: https://www.gemeinde-schoenheide.de/seite/649774/geschichte.html (3.1.2023).

Am 21. September 1901 heiratete Heinrich Ludwig Schönfelder in Nossen Lina Rietschel, die 1879 geborene Tochter des Nossener Kaufmannes und Ziegelfabrikanten Ernst Rietschel.[4] Gut zehn Monate später, am 16. Juli 1902, wurde wiederum in Nossen der erste Sohn des Ehepaares Schönfelder geboren: Heinrich Ernst Schönfelder.[5]

Heinrich Schönfelder senior, der mutmaßlich zunächst im elterlichen Betrieb seiner Frau mitgearbeitet hatte, gründete im Oktober 1908 die Firma „Maßkorsett- und Wäschefabrik Nossen Schönfelder & Jolland".[6] Als Fabrikant knüpfte er damit an die im erzgebirgischen Schönheide begründete kaufmännische Familiengeschichte der Schönfelders an. Es liegt nahe, die Entscheidung zugunsten eigener Unternehmerschaft sowohl aufseiten Heinrich Ludwig Schönfelders als auch seiner Ehefrau, die ebenso aus einer Unternehmerfamilie stammte, als Ausdruck eines wirtschaftsbürgerlich geprägten Selbstverständnisses zu begreifen.

Dass sowohl Vater als auch Mutter alteingesessenen und erfolgreichen sächsischen Kaufmanns- und Unternehmerfamilien entstammten, determinierte den Werdegang Heinrich Schönfelders: Er wurde im Sinne von als standesgemäß geltenden bürgerlichen Werten und Zielen sozialisiert. Der Besuch eines Gymnasiums galt als ebenso obligatorisch wie ein sich anschließendes Studium. Um dies zu erreichen, war bereits die in einem wohlhabenden und sich elitär definierenden wirtschaftsbürgerlichen Elternhaus begonnene vorschulische Entwicklung geprägt von einem Leistungsideal, das Strenge und Disziplin in den Mittelpunkt rückte, aber ebenso dezidiert die protestantische Konfession und eine national-patriotische Erziehung.[7]

Im Einklang mit den Werten eines nach Erfolg strebenden elitär-wirtschaftsbürgerlichen Selbstverständnisses begann für Heinrich Schönfelder im Frühjahr 1912 die Ausbildung am gut 80 Kilometer von Nossen entfernt liegenden „Königin Carola-Gymnasium" in Leipzig.[8] Die Einrichtung war als „2. Staatsgymnasium" des sächsischen Königreiches 1902 eingeweiht worden und galt seinerzeit als Bildungsanstalt, die nur Knaben einer gesellschaftlichen Elite besuchen konnten. Zwar wurden am „Königin Carola-Gymnasium", wie an allen Gymnasien damals, Englisch, Französisch, Griechisch, Latein, Hebräisch, naturwissenschaftliche Fächer und Religion unterrichtet. Doch stärker als dies seinerzeit üblicherweise der Fall war, standen die Monarchie

---

4 Vgl. Landkreis Meißen, Kreisarchiv, Personenstandsregister, Eheurkunde Nr. 37 aus 1901.
5 Zur Geburt Heinrich Schönfelders vgl. Stadtverwaltung Nossen, Personenstandsregister, Geburtsurkunde Nr. 142 aus 1902.
6 Zum Unternehmen vgl. HStA Dresden, 11079/1413, Amtsgericht Nossen, Handelsregister Abteilung A, Nr. 666. Vgl. auch Otto, Schönfelder, Heinrich, S. 411.
7 Zur zeitgenössischen Vorstellung vgl. die Darstellung bei Berg, Handbuch.
8 Vgl. die Unterlagen in: Jahresberichte des Königin Carola-Gymnasiums, online: http://digital.ub.uni-duesseldorf.de/ulbdsp/periodical/titleinfo/5576832 (2.1.2023). Vgl. auch Otto, Schönfelder, Heinrich, S. 411; Wrobel, Heinrich Schönfelder, S. 21.

und die nationale Größe Deutschlands im Zentrum der Pädagogik des Leipziger „Königin Carola-Gymnasiums".[9]

Die frühe gymnasiale Ausbildung Heinrich Schönfelders war in diesem Sinne durchaus von markant national-monarchischen und auch autoritär verhafteten Leitmotiven beherrscht. Neben einer „klassisch" humanistischen Bildung zeichnete die schulische Bildungsarbeit des Leipziger „Königin Carola-Gymnasiums" eine stark ausgeprägte deutsch-nationale Identitätsstiftung aus. Koordinaten und Grundfeste waren einerseits das Narrativ von der deutsch-französischen Erbfeindschaft und andererseits die Förderung einer militärischen Gesinnung.[10]

Der Werdegang Heinrich Schönfelders in den frühen 1920er Jahren – allen voran seine Dissertation über das „edle Wesen" des italienischen Faschismus und sein Engagement zugunsten des völkischen Nationalismus – verdeutlicht,[11] dass sich von ihm adaptierte autoritär-patriotische Prinzipien in ihrer Wirkung verstärkten und gleichsam radikal zu einem Denkmuster ausformten, das nationalistisch-völkisch verhaftet war.[12] Zwei Ursachen sind für diesen Entwicklungsprozess auszumachen: Schönfelders Wechsel an das Gymnasium St. Afra in Meißen 1916 und der Fort- bzw. Ausgang des Ersten Weltkrieges.

Heinrich Schönfelder wurde im Juni 1916 von der traditionsreichen „Fürsten- und Landesschule Sankt Afra zu Meissen" aufgenommen, unweit des Domes auf dem Burgberg der Stadt gelegen. Die Einrichtung war Mitte des 16. Jahrhunderts entstanden und fungierte seither als Ort der Heranbildung einer politischen Elite Sachsens.[13] St. Afra definierte sich – laut eigener Darstellung in einer 1922 veröffentlichten Chronik – als streng konservativ, aristokratisch, orthodox-protestantisch, monarchistisch, nationalistisch und antisozialdemokratisch. Schüler wiederum charakterisierten in der Veröffentlichung ihren Alltag sehr konkret: Vorherrschend sei eine „straffe afranische Zucht" bzw. „strenge Manneszucht", unbedingter Gehorsam und absolute Unterordnung unter die internen Hierarchien und Hausgesetze.[14]

Im Sinne des elitär-vaterländischen Selbstverständnisses galt der Ausbruch des Ersten Weltkrieges im Sommer 1914 in St. Afra als Erweckungs- und Schicksalsstunde der Nation. Der Rektor hatte sich als Hauptmann der Reserve sofort freiwillig zum

---

9 Vgl. Jahresberichte des Königin Carola-Gymnasiums Ostern 1902–Ostern 1903, online: http://digital.ub.uni-duesseldorf.de/ulbdsp/periodical/titleinfo/5576832 (2.1.2023).
10 Vgl. ebenda.
11 Zu den Hintergründen vgl. das folgende Teilkapitel.
12 Zum Völkischen als einem „genuin deutschnationalem Ideologem" vgl. Fahlbusch/Haar, Völkische. Vgl. außerdem dies./Lobenstein-Reichmann/Reitzenstein, Wissenschaften; Harms, Biologismus.
13 Zur Aufnahme vgl. Fürsten- und Landesschule St. Afra in Meißen, Jahresbericht 1915–1916, S. 30; Wrobel, Heinrich Schönfelder, S. 21. Zur Gründung von St. Afra vgl. die Angaben des Landesgymnasiums St. Afra, online: www.sankt-afra.de/landesgymnasium/geschichte.html (10.1.2023).
14 Vgl. Hartlich, Fürsten- und Landesschule. Zitate: ebenda, S. 18, 53. Vgl. auch Wrobel, Heinrich Schönfelder, S. 21.

Abb. 24: Postkartenaufnahme der Königlichen Landes- und Fürstenschule St. Afra in Meißen, 1917

Kriegsdienst gemeldet, ebenso zahlreiche Lehrer und auch Schüler.[15] In der Schulchronik hieß es anlässlich des Einzuges der neuen Afraner um Heinrich Schönfelder im Sommer 1916 – dem Zeitpunkt der vermeintlich erfolgreichen Seeschlacht im Skagerrak: „Es grüßte uns St. Afra im Flaggenschmuck deutschen Sieges. Eine unserer ersten und treuesten Erinnerungen ist der ungeheure Jubel, den die Botschaft vom Skagerrak unter uns auslöste."[16]

Im Verlauf des Krieges kondensierte sich eine national-patriotische Gesinnung der Lehrer des Meißner Gymnasiums St. Afra immer mehr zu einer völkisch-nationalistischen Ideologie.[17] Wie stark die in St. Afra erlebte politisch radikale Sozialisation Bedeutung für die Schülerschaft hatte, lässt sich im Falle Heinrich Schönfelders an seiner Hinwendung zu autoritär-illiberalen Extremen nachvollziehen. Anschaulich wird dies etwa an seiner intensiven Auseinandersetzung mit den politischen und gesellschaftlichen Ideen Christof Ludwig Poehlmanns.

Gut ein Jahr nach seiner Aufnahme in St. Afra begann der damals 15 Jahre alte Heinrich Schönfelder 1917 den von Poehlmann von München aus per Brief vertriebenen Kurs „Poehlmann's Geistes-Schulung und -Pflege".[18] Ziel des zehn Stufen bzw. Hefte umfassenden Programmes war die Selbstoptimierung und -erziehung. Mithilfe

---

15 Vgl. Hartlich, Fürsten- und Landesschule.
16 Vgl. ebenda, S. 56.
17 Vgl. Wrobel, Heinrich Schönfelder, S. 25 f., sowie die Darstellung in: Hartlich, Fürsten- und Landesschule.
18 Vgl. Wrobel, Heinrich Schönfelder, S. 23–25.

vorgegebener Themen galt es, die „Gesundheits-, Beobachtungs-, Gedächtnis-, Konzentrations- und Denklehre" zu schulen. Zudem wurden „Sinnesübungen" und Rhetorik erlernt bzw. auch die „Phantasiebildung" und die „Willensstärke" anerzogen. Didaktisch basierte der Kurs darauf, dass Teilnehmer die per Post erhaltenen Hefte mit Angaben versahen, anschließend wieder einschickten und von Poehlmann korrigiert bzw. mit Hinweisen versehen zurückerhielten. Erst dann konnten sie das nächstfolgende Themenheft beginnen.[19]

„Poehlmann's Geistes-Schulung und -Pflege" war seiner Anlage nach kein unpolitisches Trainingsprogramm. Die „Selbsterziehung" basierte auf einer Ideologie, die Poehlmann auch deshalb seinen Teilnehmern direkt vermitteln konnte, weil er deren Hefte korrigierte und mit Anweisungen versehen zurücksandte. Die Inhalte der Poehlmann'schen Ideologie lassen sich anhand von zwei 1914 publizierten Werken Christof Poehlmanns näher bestimmen. Auch mit ihnen wandte er sich ganz ausdrücklich an die Jugend, ähnlich wie im Falle seiner Kurshefte. Die von Poehlmann präsentierte Pädagogik der „Geistes-Schulung und -Pflege" kann daher nicht losgelöst von seiner Weltdeutung betrachtet werden.

Die Publikationen Poehlmanns lassen eine völkisch-nationalistische und rassistisch-antisemitische Grundüberzeugung erkennen und vermittelten eine autoritär, antiemanzipatorisch und illiberal geprägte Staatsidee. Unter Anwendung des verschwörungsmythologischen und antisemitischen Stereotyps vom „schachernden" und „heimtückischen" Juden, der den Pazifismus predige, um im Geheimen gegen Deutschland zu agieren, „erklärte" Poehlmann zu Beginn seines 1914 erschienenen Buches „Das Gute des Weltkrieges" in brutaler Sprache die „wahren Absichten" Großbritanniens und Frankreichs. Beide Länder hätten jahrelang versucht, die Deutschen mit Friedensrhetorik „zu täuschen und einzuschläfern und unter diesem Deckmantel, ihre wirkliche Absicht, uns im geeigneten Augenblick meuchlings zu überfallen und als Großmacht abzuschlachten, zu verbergen".[20]

Ganz im Zeichen der Rassenhygiene, als einer radikalisierten Art des Sozialdarwinismus,[21] hieß es weiter, der Krieg und das Kämpfen seien von volkshygienischer Bedeutung und müssten im deutschen Sieg münden. Denn, so Poehlmann, „das Verdrängen des Unvollkommneren, Schwächeren durch das Vollkommnere, Stärkere, das mehr Kulturfähigkeit, Kulturwerte in sich" berge, sei ein rassisches Naturgesetz; und die Suprematie der germanischen Deutschen sei bewiesenermaßen eine Tatsache.[22]

Gleichzeitig, so Poehlmann, drohe aber ausgehend von einer biologischen Degeneration der Deutschen langfristig Gefahr. Diese angebliche biologische Minderwertigkeit des deutschen Volkes führte er auf eine abgestumpfte und saturierte politische

---

19 Vgl. Poehlmann, Geistes-Schulung, Abschnitte 1–10. Vgl. auch Wrobel, Heinrich Schönfelder, S. 23 f.
20 Vgl. Poehlmann, Gute, S. 1.
21 Zur zeitgenössischen Idee der Rassenhygiene vgl. u. a. Harms, Biologismus; Zankl, Vererbungslehre; Weiss, Bewegung; Weingart/Kroll/Bayertz, Rasse; Kühl, Internationale.
22 Vgl. Poehlmann, Gute, S. 1 f.

Geisteshaltung zurück. Der Verlust deutschen Kulturbewusstseins hatte nach Poehlmann unmittelbar rassisch-völkische Konsequenzen. Als Appell formulierte er daher: „Darum muß das deutsche Volk streben, daß seine Kultur rein, wahr und zeugungsfähig bleibt, dann hat es nichts zu fürchten."[23]

Mithilfe seiner biologistisch-rassistischen Deutungen dämonisierte Poehlmann im Fortgang seines Buches ein urbanes Lebenskonzept – und damit zugleich Individualismus, Emanzipation und Liberalität. Die Stadt war nach Poehlmann ein Ort kultureller Barbarei und Ausgangspunkt eines rassischen Niederganges der Deutschen. Scharf wandte er sich gegen eine als undeutsch charakterisierte Modewelt der Metropole Paris und karikierte Individualismus und Liberalität als dekadentes Nichtstun: „Modepuppen, welche den Vormittag für Toilette brauchen, den Nachmittag für Romanlesen und Kaffeehaus, den Abend nur für Theater und Konzerte und die Nacht bis in die grauen Morgenstunden für Bars und Kasinos, werden uns kein starkes Geschlecht erzeugen und sie haben keine Zeit, sich um das zu kümmern, was sie geboren haben. Darum, deutscher Jüngling, wenn du dein Volk hoch und stolz erhalten und ein wahrer Kulturmensch sein willst, erküre dir ein frisches, gesundes, kräftiges und vor allem auch arbeitsfreudiges Mädchen zum Weibe und du wirst ein glückliches Heim haben."[24]

Dezidiert rassistisch und von der Idee einer deutschen „Höherwertigkeit" geprägt waren schließlich Poehlmanns Überlegungen, die Deutschen würden im Zuge des Ersten Weltkrieges in den „näheren und ferneren Gebieten des Ostens" die „wahre Kultur" einführen. Poehlmann komplementierte mit der Vorstellung von der „Germanisierung" des slawischen Ostens und Zurückdrängung und Beseitigung „minderwertiger" polnischer und russischer „Kultureinflüsse" sein völkisch-nationalistisches Denkkonstrukt.[25]

Auch im zweiten Buch, das Poehlmann 1914 veröffentlichte, „Die deutsche Frau nach 1914", standen völkische, rassistische und antiemanzipatorische Klischees und Stereotype im Mittelpunkt. Und wiederum wandte sich Poehlmann mit seiner Publikation an die Jungend. Er konzentrierte sich erneut auf das Thema der Bekämpfung einer von ihm erkannten biologischen Degeneration der Deutschen, die vermeintlich deshalb drohte, weil sich „volksfremde Kultreinflüsse" immer mehr durchsetzten. Das Beispiel Frankreichs zeige, so Poehlmann, was passiere, wenn die höherstehende Kultur vereinnahmt und substituiert werde. Denn in Frankreich herrsche nun eine „Kultur der Neger". Daher gelte das Credo, so Poehlmann: „Nicht fremder, sondern reiner deutscher Sinn sei unser Vorbild".[26] Und weiter: „Wir wollen keine ‚Damen', wir wollen deutsche Frauen und Mädchen. Exotische Pflanzen wie ‚Damen' gehören nicht ins

---

[23] Vgl. ebenda, S. 3.
[24] Vgl. ebenda, S. 47.
[25] Vgl. ebenda, S. 28 f.
[26] Zum Zit.: Poehlmann, Frau, S. 8. Vgl. auch ebenda, S. 1–15.

deutsche Vaterland, sondern nach Afrika, woher manche unserer Nachbarn auch ihre sonstige ‚Kultur' beziehen."[27]

Mehr noch als in seiner Schrift „Das Gute des Weltkrieges" entwickelte Poehlmann in „Die deutsche Frau nach 1914" eine Art Lehre, in deren Zentrum angeblich das Streben nach dem Edlen, der Weisheit und Vollkommenheit des Menschen standen. Schlüsselbegriffe waren „Selbstzucht", „Harmonie" und „Gesundheit". Letztere garantierte, dass durch „Fleiß und Ausdauer sehr viel, bei entsprechender Begabung fast alles" erreicht werden könne.[28]

Gesundheitlich gelte es sich dabei an den Germanen und ihrem einfachen, schlichten und naturnahen Lebensstil zu orientieren. „Luft, Licht und Wasser", in Verbindung mit rohem Gemüse, Obst, wenig Fleisch und viel Bewegung definierte Poehlmann als Ideal: „Und wir finden heute noch, daß in den Gegenden, wo die Nahrung einfach ist, z. B. in den bayerischen Bergen, auch ein gesunder und kräftiger Menschenschlag wohnt, während der schwächste Menschenschlag unter sonst gleichen Bedingungen dort zu treffen ist, wo die Genüsse der Tafel am reichhaltigsten sind."[29]

Ganz gleich wie trivial und pseudowissenschaftlich Poehlmanns Lebensregeln erscheinen mögen, ihrer simplifizierend-populistischen und sehr eingängigen Anlage nach waren sie als Slogans für die von Poehlmann intendierte Zielgruppe – nämlich Jugendliche – besonders verfänglich. Gerade das Beispiel der von Poehlmann vertretenen rassenhygienischen Postulate lässt wiederum eine Besonderheit erkennen: Denn die Ideen, die von der Rassenhygiene seinerzeit vertreten wurden, entsprachen nicht den Ansichten einer Mehrheit der Gesellschaft, wohl aber einer umso stärker von diesen Dogmen radikalisierten und durchdrungenen Minderheit.[30]

Heinrich Schönfelders Rezeption Poehlmanns 1917/18 lässt ihn insofern als einen Außenseiter erscheinen. Auch wenn er damit – zumal im Alter von 15 Jahren – zur Minderheit derer gehörte, die sich mit den auch von Poehlmann präsentierten rassenhygienischen, rassistisch-antisemischen und völkisch-nationalistischen Lehren befassten, ist Schönfelders Interesse an diesen Ideen zugleich auch ein Ausgangspunkt politischer Radikalität.

Schönfelders spätere Befassung mit gesundheitspolitischen Themen, allen voran seine in den 1930er Jahren entwickelte Hinwendung zur spirituellen Lehre der „Mazdaznan", die ganz ähnlich rassistisch begründete Konzepte von Gesundheit, Harmonie und Weisheit predigte, können plausibel auf seine Beschäftigung mit Poehlmanns Theorien in Jugendjahren zurückgeführt werden.[31] Auch weist der von Schönfelder ab

---

27 Vgl. ebenda, S. 12.
28 Zum Zit.: ebenda, S. 4. Vgl. auch ebenda, S. 4–74.
29 Vgl. ebenda, S. 5.
30 Zur gesellschaftlichen u. politischen Position der Rassenhygiene Anfang des 20. Jahrhunderts in Deutschland vgl. u. a. Harms, Biologismus; Zankl, Vererbungslehre; Weiss, Bewegung; Weingart/Kroll/Bayertz, Rasse; Kühl, Internationale.
31 Vgl. Wrobel, Heinrich Schönfelder, S. 13 f., 46 f.

1929/30 gewählte didaktisch-pädagogische Zugang seiner Heftreihe „Prüfe dein Wissen" große Ähnlichkeit zum methodischen Konzept der Poehlmann'schen „Geistesschulung und -pflege" auf. In beiden Fällen ging es um Selbstzucht und die eigenverantwortliche Optimierung mithilfe einer direkten Kommunikation zwischen Autor und Publikum.[32]

Langfristig von entscheidender Bedeutung waren wohl aber vor allem die subtil vermittelten politischen Haltungen der Poehlmann'schen Ideologie. Im November 1918 endete nicht nur Heinrich Schönfelders Seminar „Poehlmann's Geistesschulung und -pflege", sondern auch das Deutsche Kaiserreich. Die Niederlage im Weltkrieg, die Gründung der Weimarer Republik und der 1919 abgeschlossene Versailler Vertrag wurden für Schönfelder zu Fixpunkten seiner politischen Weltanschauung.

Wie seine weitere Biografie in den 1920er Jahren zeigt, verfestigte die Zäsur 1918/19 bei ihm eine völkisch-nationalistische, rassistisch-antisemitische und autoritäre Ideologisierung. Die prägende Sattelzeit dieser deutsch-nationalen und völkischen Politisierung wiederum kann auf seine freiwillige Rezeption der als „Konzept vom guten Leben" verbrämten völkischen Weltdeutung Poehlmanns zurückgeführt werden. Vor allem aber die schulische Sozialisation in der sächsischen Fürsten- und Landesschule St. Afra war es, die Schönfelders politische Denk- und Deutungskategorien maßgeblich prägte. Die Kriegsniederlage 1918, die Gründung der Republik 1918/19 und der Versailler Vertrag 1919 galten im pädagogischen Alltag des Gymnasiums St. Afra gleichermaßen als größtmögliche nationale Tragödien. Weder identifizierte sich das Lehrerkollegium mit den Werten der Demokratie noch wurden die Schüler aus Überzeugung zu Staatsbürgern erzogen, die sich in der Republik verwirklichen und den Parlamentarismus mit Inhalt und Leben füllen sollten.[33]

Im November 1918 – so der Rektor von St. Afra im Jahr 1922 mit Blick auf die „Zeitverhältnisse" – wäre „vieles zerschlagen" worden, was der elitären Meißner Bildungseinrichtung „teuer gewesen" sei. Der „Umsturz" 1918/19 habe für St. Afra zunächst nicht unmittelbar dazu geführt, dass man von Sozialdemokraten, die vor allem auch im „roten Sachsen" die Regierung stellten,[34] „belästigt" worden sei.[35] Gleichwohl seien in der Folge des verlorenen Krieges, so der Rektor 1922 weiter, viele „Unterstützer und Förderer" von St. Afra „Opfer der politischen Verhältnisse" geworden, und die Schule selbst gelte der sozialdemokratischen Dresdner Landesregierung „als Ort der Reaktion".[36]

---

32 Vgl. ebenda, S. 23 f., 46 f., 65–69. Zur Mazdaznan-Bewegung vgl. auch Hanisch, Rassenlehre; Rauth, Reichs-Programm.
33 Vgl. Hartlich, Fürsten- und Landesschule.
34 Vgl. u. a. Heidenreich, Arbeiterkulturbewegung; Rudolph, Sozialdemokratie. Vgl. auch Schmeitzner, Alfred Fellisch; ders., Georg Gradnauer; ders., Erich Zeigner.
35 Vgl. Hartlich, Fürsten- und Landesschule, S. 14.
36 Vgl. ebenda, S. 42.

Ausgehend von der großen Distanz gegenüber der 1918/19 neu entstandenen und sozialdemokratisch geprägten politischen Ordnung von Weimar, entwickelte sich in St. Afra ein spezifischer Korpsgeist. Lehrerschaft und Schüler stilisierten die Einrichtung zur Hüterin und Bewahrerin echter nationaler Werte. Man habe die „neuen Zeitverhältnisse" zwar als Faktum anerkannt und sich auch „bemüht", dem seitens der neuen Regierung von der Schule eingeforderten politischen Bekenntnis nachzukommen, so der Rektor 1922 rückblickend. Aber gebeugt habe man sich der sozialdemokratisch geführten Republik nicht. Auch sei man den eigenen Prinzipien treu geblieben: „Im Schulkampf" mit der Sozialdemokratie Sachsens und der Weimarer Verfassung, so der Rektor von St. Afra 1922, „wollen wir unsere Eigenart wahren, unsere Traditionen hüten, unsere Kernfächer behalten. Das Neue ist uns willkommen, wenn wir es geprüft und für gut befunden haben."[37]

Während im schulischen Alltag 1921 etwa der 50. Gründungstag des Kaiserreiches mit großem Pathos und unter Hinzuziehung völkischer Autoren zelebriert wurde,[38] blieb die Distanz gegenüber der Weimarer Verfassung und ihren Prinzipien groß.[39] Das entworfene Selbstbild antirepublikanischer, echter vaterländischer Liebe formulierte der Rektor von St. Afra bei der Verabschiedung des Abiturjahrganges von Heinrich Schönfelder, den er zugleich als Klassenlehrer geführt hatte, 1922 ganz offen. Als Kinder seien sie 1916 nach St. Afra gekommen, als junge Männer verließen sie nun die Schule. „Damals tobte der Krieg, heute brennt der Friede".[40] „1916 hieß die Losung: ‚Für Kaiser und Reich!' Wie denn heute? Rufen wir: ‚Für's Vaterland!' Laßt euch nicht irren, daß wir heute mit Trauer in der Seele fragen: Was ist des Deutschen Vaterland? Was wir lieben, hofft im Leiden und in Schwachheit erst recht auf unsere Fürsorge und kraftvolle Tat. [...] Ihr seid auf eurem Posten, um dem zum Lichte zu verhelfen, was zum Lichte drängt."[41]

Dass es die Idee eines völkischen Nationalismus war, die (unter Tradierung antisemitischer Stereotype) „zum Lichte" strebte, um „Versailles" zu zerschlagen und die „inneren und äußeren Feinde" zu vernichten, hatte der Rektor von St. Afra bereits zu Beginn des letzten Schuljahres Heinrich Schönfelders 1921 öffentlich erklärt: „Heute liegt das Vaterland todwund von den Feinden innen und außen geschlagen, ekle Parasiten nagen an seinem Körper und saugen sein Herzblut. [...] Und doch merkt der Kundige, wie sich edle Säfte regen, und gerade die Jugend unserer höheren Schulen erglüht für die Aufgabe, dem Vaterlande in Hingebung zu dienen. [...] In den Händen fast aller Schüler ist ein Auszug der wichtigsten Bestimmungen des Vertrags von Versailles, dessen Lüge und Ungerechtigkeit sie eint zu wahrhaft nationalem Empfinden. Das ist der

---

37 Vgl. ebenda, S. 47.
38 Vgl. Wrobel, Heinrich Schönfelder, S. 27 f.
39 Vgl. ebenda, S. 27–29.
40 Vgl. Hartlich, Fürsten- und Landesschule, S. 50.
41 Vgl. ebenda, S. 50 f.

Vorteil aus dieser finstersten Stunde deutscher Geschichte, die sonst unser aller Lebensweg täglich von neuem verdüstert."[42]

Ziel der Pädagogik von St. Afra war es nach 1918/19 eine politisch maßgebliche Generation heranzuziehen und auszubilden. Sie sollte das „Versailler Diktat" und alle damit in Verbindung stehenden Folgen, zuvörderst die Republik und die (Sozial-)Demokratie, als die Instanzen, die den „Schmachfrieden" zu verantworten hatten, eliminieren. Diese Elite sollte überdies das „deutsche Vaterland" geistig und staatlich erneuern – und zwar dezidiert nicht im Sinne einer auf Pluralismus, Parlamentarismus, Individualismus und Demokratie fußenden Idee.

Im Kontext der afranischen Prägung müssen zwei politische Geisteshaltungen unterschieden werden, die Anfang der 1920er Jahre auch für Schönfelders politisch-ideelle Sozialisation wichtig waren: einerseits die traditionell antisozialistische Haltung von St. Afra, andererseits die nach 1918/19 entwickelte Überzeugung, weder die Republik als geeignetes Staatsmodell anzusehen noch zurück zur sächsischen bzw. kaiserlichen Monarchie streben zu wollen.

Das in St. Afra 1918/19 ideell entworfene neue Staatswesen hatte mit der Weimarer Demokratie nichts gemein. Neu begründet werden sollte vielmehr eine dritte, antiparlamentarisch, antisozialdemokratisch und antidemokratisch verfasste, staatspolitische Ordnung, die autoritär-etatistisch strukturiert war. St. Afra beanspruchte, nicht nur die auszubilden, die diesen neuen Staat einst führen, sondern die ihn überhaupt erst erkämpfen würden. Dass dies alles keine nur von Lehrern entworfenen Utopien blieben, sondern diese Gedanken großen Widerhall innerhalb der Schülerschaft fanden, die sich aus tiefer Überzeugung mit einem stark antidemokratischen Sendungsmessianismus identifizierte, lässt der Wortlaut der Abschlussrede des Jahrganges 1922 erkennen, den ein Mitschüler Heinrich Schönfelders wählte. Der Stil, mit dem er eine politische Erwartungshaltung bzw. den verinnerlichten generationellen Auftrag formulierte, kann durchaus als paradigmatisch für eine die damalige Schülerschaft von St. Afra insgesamt auszeichnende völkisch-nationalistische Gesinnung gelten.

Ausgehend vom Beispiel des vormaligen Generalfeldmarschalls Paul von Hindenburg – des Helden von „Tannenberg" 1914 –,[43] stand die „Volksgemeinschaft" und die zwingend notwendige Abkehr vom Primat des Individualismus im Mittelpunkt der Rede. Gerade die St. Afra auszeichnende strenge autoritäre Erziehung könne die Nation genesen lassen, so der Mitschüler Schönfelders: „Dieser unbedingte Gehorsam, die Unterordnung unter die Hausgesetze und unter die, die zu ihren Hütern bestellt sind, gehört zu den Grundlagen afranischer Erziehung. [...] Wenn die Gemeinschaft es erfor-

---

42 Vgl. ebenda, S. 42.
43 Zur Schlacht von Tannenberg vgl. u. a. Zimmermann, Tannenberg. Zur Biografie Hindenburgs vgl. Pyta, Hindenburg.

dert, muß der Einzelne auch ohne äußeren Zwang die Pflicht fühlen, sich dem Gebote zu fügen."[44]

„Und warum soll das", so die rhetorische Frage, „was hier im kleinen gilt, nicht auch draußen, im Leben des Staates richtig sein? Deutschland hat einen großen Krieg verloren. Was uns allein wieder hoch bringen kann, ist Arbeit, eiserne Arbeit. Hierauf muß sich der neue Staat, den wir brauchen, einstellen. Und diese Erfüllung der täglichen Pflicht als Vaterlandsdienst am großen Ganzen ist ein Zug, der von dem alten militärischen Geist, wie ihn auch die Fürstenschule pflegt, auf den neuen Staatsbürger übergehen muß."[45] Die Rede des Schülers schloss mit den Sätzen: „Unsere Aufgabe ist klar vorgezeichnet: Einen neuen Staat mit einer neuen Staatsgesinnung zu schaffen. St. Afra kann dazu helfen. Mehr denn je gilt es in dieser Notzeit: Alle Kraft dem Vaterlande, unserem Deutschland!"[46]

Dieses Bekenntnis forderte, dass sich die zur Elite ausgebildeten und als vorbestimmt zur Führung eines neuen Staates sehenden ehemaligen Schüler um Heinrich Schönfelder von Meißen aus auf den Weg machten, um ihre Mission zu erfüllen. Unmissverständlich distanzierten sich die Afraner des Jahrganges 1922 von Republik, Demokratie, Pluralismus und individueller Freiheit. Ihre Ziele bestanden nicht in einer Integration in die republikanische Ordnung und in einer Mitarbeit in bzw. für die Demokratie. Vielmehr sollte ein „neuer Staat" mit einer neuen „Staatsgesinnung" erkämpft und begründet werden. Beide Vorhaben sollten sich am afranischen Vorbild ausrichten. Es war gerade dieses verinnerlichte völkisch-nationalistische afranische Pathos, welches das Sendungsbewusstsein einer neuen, zu Führung und Kampf berufenen und dafür ausgebildeten Generation legitimierte.

Das Bewusstsein, eine neu herangewachsene Generation zu sein, die im Auftrag der Alten zu Lebzeiten die historische Schmach von Versailles wettmachen, das Vaterland wiederauferstehen lassen und nationale Größe und Souveränität durch Macht und Stärke unter allen Umständen wiedergewinnen sollte, zeichnete auch Heinrich Schönfelders Selbstverständnis in den 1920er und 1930er Jahren aus.[47] Diese zum Ideal postulierten Vorstellungen wurden integrale Bestandteile eines aggressiv-nationalistischen Weltbildes, das Schönfelder verinnerlicht hatte und als politisches Konzept später auch lebte. In diesem Sinne kommt der völkisch-nationalistischen Sozialisation in St. Afra zwischen 1916 und 1922 eine ganz entscheidende Bedeutung für den Prozess seiner politischen Radikalisierung im Sinne einer völkisch-rassistischen Weltsicht am Übergang zwischen Kaiserreich und Weimarer Republik zu.

Wie stark dieser Prozess Heinrich Schönfelder bis 1922 veränderte, wird auch daran deutlich, dass er kurz nach seiner Aufnahme in St. Afra als 14-Jähriger in einem der ersten Kurshefte Poehlmanns sein Lebensziel folgendermaßen beschrieb: „Nachdem

---

44 Vgl. Hartlich, Fürsten- und Landesschule, S. 52.
45 Vgl. ebenda, S. 52 f.
46 Vgl. ebenda, S. 56.
47 Zu entsprechenden generationellen Prägungen vgl. insbes. Wildt, Generation.

ich Schule und Universität durchlaufen und die unteren geistlichen Ämter größtenteils im Auslande verbracht habe, sitze ich, glücklich verheiratet, als Pfarrer auf einer sächsischen Landpfarre in der Nähe einer größeren Stadt; als Freude und Stolz meiner Eltern und aller Verwandten. Meine Kinder unterrichte ich in den ersten Jahren selbst. Später lasse ich sie in der benachbarten größeren Stadt eine höhere Schule besuchen, um sie zu tüchtigen Menschen heranzubilden. Auch meinen Privatinteressen kann ich mich dann widmen, zum Beispiel Bienen- und Geflügelzucht, Briefmarkensammeln, Schachspiel."[48]

1922 hatte sich Schönfelder beruflich umorientiert. Lebensziel war nicht länger eine biedere Existenz als Theologe und Pfarrer. Er verließ die Fürsten- und Landesschule St. Afra in Meißen im Frühjahr 1922 als einer der besten seines Jahrganges,[49] aber nicht um Theologie zu studieren. Er entschied sich gegen diesen früheren Berufswunsch, mutmaßlich aber nicht allein aus finanziellen Erwägungen.[50] Er wollte Jurist werden und Rechtswissenschaft studieren. Im Lichte der Sozialisation Schönfelders zwischen 1916 und 1922 war das eine durchaus politisch motivierte Entscheidung, zumal dann, wenn man das Engagement in Rechnung stellt, das er in der Folge als Student in einem völkisch-nationalistisch und rassistisch-antisemitisch geprägten akademischen Umfeld zeigte.

2 1922/23–1944: Ein weltanschauliches Kontinuum

Im Sommersemester 1922 begann Heinrich Schönfelder in Tübingen sein rechtswissenschaftliches Studium.[51] Er setzte mit der Wahl dieses Studienortes insofern eine Tradition der Meißner Fürsten- und Landesschule St. Afra fort, als es zeitgenössisch nicht unüblich war, das Afraner in der Stadt am Neckar studierten.[52]

Wie die historische Forschung aufzeigen konnte, war die Universität Tübingen Anfang der 1920er Jahre eine der am stärksten völkisch-nationalistisch und antisemitisch ausgerichteten Hochschulen Deutschlands.[53] An der Einrichtung zeigte sich en miniature eine zeitgenössisch verbreitete – in Tübingen gleichwohl substanziell verstärkte – Distanz des akademisch-universitären Bereiches gegenüber der Weimarer Republik, mitsamt eines „Abgleitens der Studentenschaft in den völkischen Radikalismus" und

---

48 Vgl. die Angaben von Heinrich Schönfelder 1916 in: Poehlmann, Geistes-Schulung, Abschnitt 2, zit. n. Wrobel, Heinrich Schönfelder, S. 22 f., 169.
49 Zu den Abschlussnoten Schönfelders vgl. Hartlich, Fürsten- und Landesschule, S. 103.
50 So die Behauptung bei Wrobel, Heinrich Schönfelder, S. 25.
51 Vgl. die Unterlagen in: UAT, 005-45/148, Einschreibebuch 1922, sowie die Unterlagen in: UAT, 258/16949.
52 Vgl. Münzenmaier, Geschichte, S. 174.
53 Vgl. u. a. Langewiesche, Eberhard-Karls-Universität.

der Artikulation „antidemokratischer Ressentiments" aufseiten der deutschen Hochschullehrerschaft.[54]

Die Leitung der Tübinger Universität hatte bereits 1922 beschlossen, „Einfluß auf die Zusammensetzung der Studentenschaft" dahingehend zu nehmen, dass „rassefremde Ausländer (namentlich Ostjuden)" nicht mehr immatrikuliert wurden, auch dann nicht, wenn sie sich auf eine „Deutschstämmigkeit" beriefen.[55] Ausgehend von dieser Politik war es ab Anfang der 1920er Jahre in Tübingen üblich geworden, bereits eingeschriebene jüdische Studenten zu diskriminieren und jüdische Kandidaten weder zu habilitieren noch bei der Besetzung von Lehrstühlen zu berücksichtigen.[56] Anfang der 1930er Jahre wies die Universität Tübingen die geringste Quote an jüdischen Professoren in ganz Deutschland auf.[57]

Auch andere Beispiele zeigen, wie ostentativ Vertreter der Tübinger Universität ihren Antisemitismus in der Weimarer Republik zur Schau stellten. Etwa erklärte der Direktor des Hygienischen Instituts anlässlich der Gründung des Tübinger Ablegers der „Gesellschaft für Rassenhygiene" 1924 öffentlich, dass die „Einfuhr jüdischer und slawischer Volkselemente" nach Deutschland eine „Frucht der Revolution" von 1918/19 sei – und davon ausgehend eine „außerordentliche Verschlechterung der Rasse" der Deutschen drohe.[58] Wider die Fakten zielte diese Deutung vor allem auch darauf ab, Republik, Liberalismus und Demokratie zu desavouieren und zu diffamieren. Inhaltlich knüpfte der an der Tübinger Universität virulente Antisemitismus der 1920er Jahre an judenfeindliche Klischees und Stereotype an, die sich innerhalb des studentischen Milieus und der universitär-akademischen Hochschullehrerschaft bereits im Kaiserreich verfestigt hatten.[59]

Neben der stark völkisch-rassistischen und antisemitischen Haltung galt die Tübinger Universität Anfang der 1920er Jahre aber auch als dezidiert frauenfeindlich. Statistisch waren seinerzeit – im Vergleich zu anderen Universitäten keineswegs ungewöhnlich – weniger als sechs Prozent der in Tübingen Studierenden und Lehrenden weiblich.[60] Die Leitung der Universität und die einzelnen Fakultäten versuchten im Verlauf der 1920er Jahre aber, den Anteil der Frauen weiter zu senken und sie aus der als Männerdomäne verstandenen akademischen Wissenschaft vollständig zurückzudrängen. Dieses Handeln wurde auch als Widerstand gegen die Weimarer Republik be-

---

54 Zu den Zit.: Titze, Hochschulen. Zur Tübinger Universität vgl. Langewiesche, Eberhard-Karls-Universität; Levsen, Elite; Schönhagen, Hakenkreuz. Zur Studentenschaft in Weimar vgl. u. a. Jarausch, Studenten; Kater, Studentenschaft; Schwarz, Studenten.
55 Zit. n. Langewiesche, Eberhard-Karls-Universität, S. 362.
56 Vgl. u. a. Langewiesche, Eberhard-Karls-Universität; Schönhagen, Hakenkreuz. Vgl. auch Wildt, Generation, S. 92.
57 Vgl. Langewiesche, Eberhard-Karls-Universität, S. 362 f.
58 Zit. n. Schönhagen, Hakenkreuz, S. 24.
59 Vgl. u. a. Levsen, Elite; Kampe, Studenten; Jarausch, Studenten; Kater, Studenten.
60 Vgl. Langewiesche, Eberhard-Karls-Universität, S. 363.

griffen. Die Verfassung von 1919 bekannte sich ausdrücklich zur Gleichstellung der Frau.[61]

Bezeichnend für das zeitgenössische politische Selbstverständnis der Universität war auch der Umgang mit dem Heidelberger Mathematiker und Hochschullehrer Emil Gumbel 1925. Gumbel, der jüdischen Glaubens und seinerzeit ein bekannter Pazifist war, hatte 1922 ein Buch über die Urteile der Weimarer Justiz im Hinblick auf völkisch-nationalistische und rechtsextremistische Gruppierungen veröffentlicht. Darin gelangte Gumbel anhand statistischer Auswertungen zum Ergebnis, dass die Taten von der Justiz milde bestraft und bisweilen desinteressiert verfolgt worden waren.[62]

Als Gumbel 1925 in Tübingen auf Einladung eines Wirtschaftswissenschaftlers und des Sozialistischen Studentenbundes der Universität über die Ergebnisse seines Buches sprechen sollte, löste dies „heftige Proteste unter Professoren und Studierenden aus, die ihre ‚vaterländischen' Ideale durch den Redner verhöhnt wähnten".[63] Sabotiert und boykottiert vom völkisch-nationalistischen Teil der Studentenschaft und sanktioniert vonseiten des Kultusministers, der eine Untersuchung gegen den Hochschullehrer einleitete, der Gumbel nach Tübingen eingeladen hatte, endete das Vorhaben des Vortrages Gumbels 1925 in einem veritablen – den Tübinger Zeitgeist jedoch prägnant widerspiegelnden – Eklat.[64]

Mit anderen Worten: Die Geschichte der Tübinger Universität in der Weimarer Republik zeigt, dass dort seit den frühen 1920er Jahren dezidiert antidemokratische, antiliberale und antiemanzipatorische Geisteshaltungen dominierten. Ideologisches Zentrum war dabei der Antisemitismus. Er fungierte als Kitt, der die vielfältigen völkisch-nationalistischen, intoleranten und antipluralistischen Ideologeme miteinander verband und zu einer dichotomen bzw. verschwörungsmythologischen Weltsicht verknüpfte.[65]

Bezogen auf den 1922 nach Tübingen gelangten, gerade 20 Jahre alten Studenten der Rechtswissenschaft Heinrich Schönfelder ist vor diesem Hintergrund zu konstatieren: Das akademische Umfeld in Tübingen war nicht dafür prädestiniert, völkisch-nationalistische, rassistische, autoritär-antidemokratische und antisemitische Denkmuster zu mäßigen und abzuschwächen. Im Gegenteil. Die bei Schönfelder bereits vorhandenen ideellen und mentalen politischen Prägungen wurden ab 1922 in Tübingen weiter verfestigt, ganz besonders auch aufgrund seiner unmittelbar erfolgten Aufnahme in die Studentenverbindung „Schottland".[66]

---

61 Vgl. ebenda.
62 Vgl. Gumbel, Denkschrift; ders., Jahre.
63 Vgl. Langewiesche, Eberhard-Karls-Universität, S. 346.
64 Vgl. ebenda; Schönhagen, Hakenkreuz, S. 36.
65 Vgl. ebenda; Langewiesche, Eberhard-Karls-Universität. Vgl. auch Wildt, Generation, S. 92.
66 Vgl. Wrobel, Heinrich Schönfelder, S. 32. Zur Geschichte der Landsmannschaft u. Aufnahme Schönfelders vgl. auch Münzenmaier, Geschichte, S. 16–20, 363.

In ihrer politischen Haltung unterschied sich die Landsmannschaft Schottland, benannt nach einem Tübinger Lokal, nicht von den seinerzeit die Tübinger Universität insgesamt prägenden politischen Vorstellungen, auch wenn die Vereinigung für sich beanspruchte, eine politisch neutrale Haltung zu pflegen.[67] Insofern ist der von Wrobel formulierten Folgerung zuzustimmen, die lautet: „Der Rechtsstudent Schönfelder bewegte sich in Tübingen in Kreisen, denen Verfassung und Republik das Gegenteil einer Herzenssache waren. [...] Er traf im Schottenhaus in Tübingen keinen anderen politischen Geist an als den, der in St. Afra geweht hatte. [...] Die Niederlage von 1918 empfanden sie gemeinsam als tiefe nationale Schmach. Reichsverfassung, Republik und Demokratie waren ihnen nicht die Antworten auf die großen Fragen der Zeit."[68]

Ein radikales und paramilitärisches Engagement, fußend auf der Überzeugung, Demokratie und Republik müssten von einer zu erkämpfenden autoritär-etatistischen Ordnung abgelöst werden, zeigte Heinrich Schönfelder – laut eigener Darstellung – im Krisenjahr 1923,[69] indem er sich zwischen November 1923 und Januar 1924 einem württembergischen Freikorps der „Schwarzen Reichswehr" anschloss.[70]

Als ein völkisch-nationalistisch gesinnter Student und Bundesbruder der Landsmannschaft Schottland war Heinrich Schönfelder bereits zuvor in Erscheinung getreten. Seit 1922 war er im Kontext des sogenannten Aus- und Grenzlanddeutschtums aktiv. Dabei handelte es sich um eine innerhalb der deutschen Studentenschaft dem rechtsextremistischen Milieu zuzurechnende Strömung, die es sich zur Aufgabe gemacht hatte, „deutsche Minderheiten" außerhalb der Reichsgrenzen, insbesondere die seit 1918 zu Polen und der Tschechoslowakei zählenden sogenannten Sudetendeutschen, ideell und politisch zu stärken. Ziel war es dabei, die Assimilationspolitik der polnischen bzw. tschechoslowakischen Regierung zu konterkarieren.[71]

Wichtig war in diesem Zusammenhang vor allem der in Berlin entstandene „Hochschulring Deutscher Art" bzw. „Deutsche Hochschulring". Er verfügte in zahlreichen Universitätsstädten über Filialen und war auch in Tübingen präsent. Wiederum vor allem die Bundesbrüder der Landsmannschaft Schottland engagierten sich im Tübinger Ableger des „Deutschen Hochschulringes" sehr stark und besetzten den Posten des „Leiters des Grenzlandamts", der in Personalunion dem „'Führerausschuß' des Tübinger Hochschulrings angehörte."[72] Zu Recht betont die Forschung, dass Heinrich Schönfelder sich ausgehend von seiner vorangegangenen politischen Sozialisation wohl problemlos mit dem Ziel des „Hochschulringes" identifizieren konnte – nämlich der

---

67 Vgl. ebenda, S. 143–174; Wrobel, Heinrich Schönfelder, S. 35.
68 Vgl. ebenda, S. 35 f.
69 Zur innenpolitischen Lage 1923 vgl. u. a. Wirsching, Weltkrieg, S. 197–268, 299–330; Winkler, Revolution, S. 553–669.
70 Vgl. BArch, R 3001/75139, Formular, o. D., ca. 1936. Vgl. auch Wrobel, Heinrich Schönfelder, S. 35–37. Zur „Schwarzen Reichswehr" vgl. u. a. Sauer, Reichswehr.
71 Vgl. u. a. Schwarz, Studenten, S. 338–377. Vgl. auch Kater, Studentenschaft; Treziak, Jugendbewegung.
72 Vgl. Münzenmaier, Geschichte, S. 173. Vgl. außerdem Wrobel, Heinrich Schönfelder, S. 38.

Schaffung einer rassisch homogenen deutschen „Volksgemeinschaft", ohne die seinerzeit gültigen Staatsgrenzen zu beachten.[73]

Unmittelbar nach seiner Ankunft in Tübingen begann sich Heinrich Schönfelder als Bundesbruder der Landsmannschaft Schottland zugunsten der „grenz- und auslandsdeutschen Volkstumspflege" zu engagieren. Konkret wurde er in der dem 1918 entstandenen tschechoslowakischen Staat zugehörenden Stadt Ústí nad Labem, dem vormaligen Aussig, aktiv, unweit von seiner sächsischen Heimat entfernt an der Elbe gelegen. Wie es Berichte in den „Monatlichen Mitteilungen der Landsmannschaft Schottland" ausdrücklich betonten, passierte Schönfelder – als Student der Rechtswissenschaft – die Grenze bewusst „illegal", um nach Ústí nad Labem bzw. Aussig zu gelangen, mutmaßlich als Ausdruck einer Nichtanerkennung der Autorität des tschechoslowakischen Staates.[74]

Die Stadt Aussig war seit Anfang des 20. Jahrhunderts Zentrum einer völkisch-nationalistischen Strömung, die sich als sudetendeutsch definierte und aus der später rechtsradikale deutsche wie österreichische Parteien hervorgingen. Nach 1918/19 traten die „Sudetendeutschen" unter anderem für einen „Anschluss" der nach dem Ersten Weltkrieg aus dem Deutschen Reich ausgegliederten Gebiete ein und vertraten insgesamt eine völkisch-nationalistische Agenda.[75]

Mit seiner Unterstützung der „grenz- und auslandsdeutschen Volkstumspflege" in Aussig war Heinrich Schönfelder nach 1922 in einem zeitgenössisch im rechtsradikalen und völkisch-nationalistischen Milieu als Brennpunkt geltenden Ort aktiv. Zudem trug er dazu bei, eine Tradition der Landsmannschaft Schottland zu begründen. Sie führte im Verlauf der 1920er Jahre zur Bildung der „Kameradschaft ‚Ostland'", als einem Zusammenschluss verschiedener „Landsmannschaften", mit dem Ziel – so die Aussage der Landsmannschaft Schottland –, die „Grenzlandidee im deutschen Studententum wachzuhalten und dem Bauer in Ostpreußen in seinem Kampf gegen fremdes Volkstum beizustehen".[76] Erstmals in Kontakt gekommen mit der Idee der „Germanisierung" des slawischen Ostens und Zurückdrängung und Beseitigung polnischer und russischer „Kultureinflüsse" war Schönfelder bereits vor Ende des Ersten Weltkrieges durch den völkischen Nationalismus Christof Poehlmanns.[77]

Heinrich Schönfelder engagierte sich als Bundesbruder der „Landsmannschaft Schottland" rege und hielt den engen Kontakt auch aufrecht, als er im Frühjahr 1924 Tübingen nach vier Semestern verließ und an die Universität nach Leipzig wechselte.[78]

---

73 Vgl. ebenda. Zu den Zielen des Hochschulringes vgl. Kater, Studentenschaft, S. 22.
74 Vgl. die Darstellung in den „Monatlichen Mitteilungen der Landsmannschaft Schottland" 1922. Vgl. auch Wrobel, Heinrich Schönfelder, S. 37 f.
75 Vgl. u. a. Jenne, Bargaining; Gebel, Konrad Henlein; Sobieraj, Politik; Whiteside, Socialism.
76 Vgl. Thielmann, Kameradschaft, S. 74.
77 Zur Haltung Poehlmanns vgl. ders., Gute, S. 28 f.
78 Zum Wechsel vgl. die Unterlagen in: UAL, Quaestur, Heinrich Schönfelder.

Im darauffolgenden Jahr absolvierte er dort mit dem Ergebnis „befriedigend", was einer guten Leistung entsprach, sein erstes juristisches Staatsexamen und wurde am 1. Juli 1925 als sächsischer Beamter vereidigt.[79] Seine Referandarzeit vor Ablegung der zweiten Staatsprüfung führte Schönfelder zunächst an das Amtsgericht nach Eibenstock im Erzgebirge. Der Ort lag unweit entfernt von Schönheide, dem Heimatdorf seines Vaters.[80] Im juristischen Vorbereitungsdienst Schönfelders folgten amts- und landgerichtliche Stationen bzw. Aufenthalte bei Notaren in Dresden, Lommatzsch, Nossen und Radeberg, bevor er 1928 an das Dresdner Oberlandesgericht versetzt wurde.[81] In Berlin soll Schönfelder seine rechtsanwaltliche Station des juristischen Vorbereitungsdienstes bei einem Anwalt der italienischen Botschaft absolviert haben. Auch wenn der Umstand bislang nicht anhand von Quellen zu verifizieren ist, bleibt er insofern plausibel, als Schönfelder seit dem Schüleralter Italienisch sprach und sich sehr für das Land interessierte.[82]

Heinrich Schönfelder hatte außerdem im Sommer 1924 gemeinsam mit Tübinger Bundesbrüdern der Landsmannschaft Schottland das faschistische Italien bereist. Dies war insofern ein besonders wichtiges Ereignis, als die zwei Jahre später von ihm an der Universität Leipzig eingereichte Dissertation mit dem Titel „Die Veredelung der Diktatur. Die italienische Wahlreform vom Jahre 1923" auf den während der Reise gewonnenen Eindrücken basierte.[83] Schönfelder wurde mit dieser Arbeit von der rechtswissenschaftlichen Fakultät der Leipziger Universität im Januar 1927 „cum laude" promoviert.[84]

Die ersten Sätze der Dissertation lauteten: „Der Weltkrieg hatte mit einem doppelten Siege des westlichen Formaldemokratismus geendet: die parlamentarisch regierten Völker hatten über die konstitutionell regierten gesiegt und die parlamentarisch-demokratischen Verfassungen über die konstitutionellen, indem sie in den unterlegenen Staaten an deren Stelle getreten waren. Der Gedanke der individuellen Freiheit mit seinen besonders gearteten Ausprägungen in den Ideenkreisen des Liberalismus, der Demokratie und des Sozialismus stand auf dem Höhepunkt seiner Geltung – da setzte schon wieder eine mächtige Gegenbewegung ein. Die kaum erlangte Freiheit befriedigte viele Menschen nicht in dem erwarteten Maße, und so traten an die Stelle dieses lange vergötterten Ideals der Freiheit rasch andere: Ordnung, Unterordnung,

---

79 Vgl. die Unterlagen in: BArch, R 3001/75139.
80 Vgl. Wrobel, Heinrich Schönfelder, S. 39.
81 Unterlagen, die eine weitergehende Untersuchung der konkreten Tätigkeit Schönfelders an den genannten Orten erlauben, konnten im Sächsischen Hauptstaatsarchiv nicht ermittelt werden, da die entsprechenden Bestände kriegsbedingt zumeist vernichtet wurden. Zu den Stationen vgl. u. a. Wrobel, Heinrich Schönfelder, S. 39.
82 Vgl. ebenda.
83 Vgl. ebenda, S. 32–34. Zur Dissertation vgl. Schönfelder, Veredelung.
84 Vgl. die Unterlagen in: UAL, JurFak, 01-02, Bd. 4, Heinrich Schönfelder.

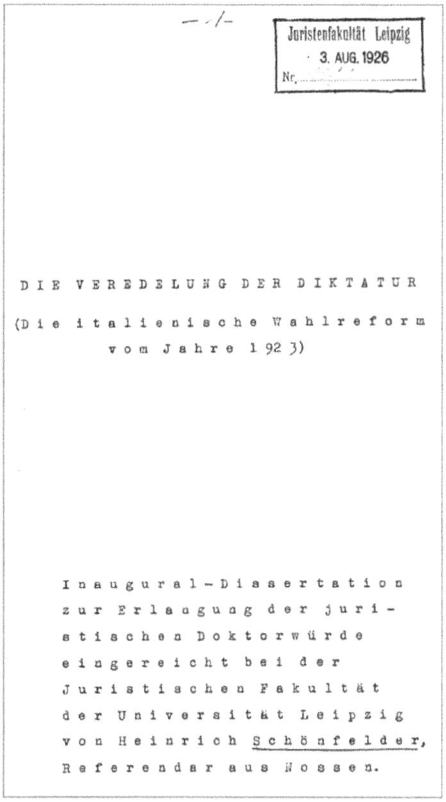

Abb. 25: Titelblatt der Dissertation Heinrich Schönfelders, 1926

Staatsautorität, nationale Geltung erschienen als die neuen Ideale. In vielen europäischen Staaten erscholl immer lauter der Ruf nach einer Diktatur, und Bewegungen, die diese zum Schlagwort gewordene Forderung auf ihre Fahnen schrieben, fanden allenthalben großen Anhang."[85]

Bereits dieser einleitende Passus über das „lange vergötterte Ideal der Freiheit" vermittelt einen Eindruck, den die Lektüre des Textes insgesamt bestätigt: Die 138 Seiten umfassende Dissertation Schönfelders glich eher einem politischen Essay als einer wissenschaftlichen Arbeit. Die Argumentationslogik zielte darauf ab darzulegen, weshalb Liberalismus, Demokratie und Parlamentarismus „volksfremde", gegen den Willen der Mehrheit des Volkes aufoktroyierte Staatskonzepte waren. Anhand des von Schönfelder dargestellten Sieges des italienischen Faschismus Benito Mussolinis gegen seinen mutmaßlichen Hauptantagonisten – den „liberalen Zeitgeist" – wurden vermeintlich zwei, auch für Deutschland wichtige Aspekte deutlich.

Zunächst galt im Sinne der Logik Schönfelders, dass die Weimarer Republik keine echte und authentische demokratische Legitimität beanspruchen konnte. Denn der

---

[85] Vgl. Schönfelder, Veredelung, S. 4 f.

„wahre Volkswille" lehnte den Liberalismus ab. Letzterer wurde von Schönfelder als eine „kollaborationistische Gesinnung" definiert.[86] Er beschrieb den Liberalismus nicht als Idee einer freiheitlichen politischen Kultur, als strikte Begrenzung staatlicher Macht zur Verwirklichung individueller Freiheit oder schlicht als die Abwesenheit von Willkür. Im Sinne Schönfelders war es die „kollaborationistische Gesinnung", die es per se verhinderte, dass die Regierung in einer liberalen Staatsordnung transparent zu volksnahen und pragmatischen Entschlüssen gelangte.[87]

Gerade der sich aus ihrer Volksnähe speisende Pragmatismus war es wiederum, der der „veredelten Diktatur" des italienischen Faschismus gemäß Schönfelder Attraktivität und Legitimation verlieh. Im Sinne der von Mussolini 1923 in Italien per Wahlgesetz errichteten „Diktatur der Mehrheit", sah es Heinrich Schönfelder als erwiesen an, dass eine „privilegierte" Machtposition der Majorität die beste Staatsgrundlage schuf. Ohne diese Meinung in seiner Dissertation wissenschaftlich begründen zu können, blendete seine Deutung vordergründig auch die Frage aus, wie in einer „Diktatur der privilegierten Mehrheit" die Rechte und Freiheiten der Andersdenken, der Oppositionellen und gesellschaftlicher, politischer oder religiöser Minderheiten geschützt werden konnten? Gleiches galt für den Aspekt, wie eine Regierung innerhalb der „Diktatur der privilegierten Mehrheit" auch dann funktionsfähig blieb, wenn in ihr kein Konsens gefunden werden konnte, also innerhalb der Mehrheit Pluralismus entstand.

Diese beiden von Schönfelder auf den ersten Blick ignorierten Probleme widersprachen seinen Postulaten aber nicht. Denn ihrer ideengeschichtlich-ideellen Anlage nach sollte die von Schönfelder beschriebene „Diktatur der Mehrheit" einem totalitären Regime gleichen. Die „veredelte Diktatur der privilegierten Mehrheit" verdichtete sich in der Befehls-, Entscheidungs- und Kommandogewalt in einer einzigen Person und wies systemisch bedingt illiberale, antipluralistische und undemokratische Strukturen auf.[88] Damit stand dieses staatspolitische Konstrukt durchaus in einer afranischen Tradition. Schönfelder konkretisierte die in St. Afra nach 1918/19 als „dritte Option" skizzierten Überlegungen zum völkisch-nationalistischen und autoritär-etatistischen – zugleich aber auch nicht monarchischen – Staat, der die Weimarer Republik ablösen sollte.

Der gerade 24 Jahre alt gewordene Heinrich Schönfelder plädierte mit seiner Dissertation unmissverständlich für eine „Abkehr von der demokratisch-liberalen Methode der Staatslenkung", Beseitigung einer „Parteikliquenregierung" in Deutschland und dem Ende eines „lange vergötterten Ideals der Freiheit".[89] Schönfelder definierte Parlamentarismus und Demokratie als schwach und „volksfremd" und sprach sich für die „veredelte Diktatur", als der besten Form des Gemeinwesens, aus. Diese Art der Dikta-

---

86 Vgl. ebenda, S. 125.
87 Vgl. ebenda, S. 123–125.
88 Vgl. die Darstellung ebenda.
89 Vgl. ebenda, S. 4 f., 9.

tur sollte garantieren, dass der von Schönfelder abstrakt proklamierte „echte Volkswille" tatsächlich Geltung erlangte.⁹⁰

Ausgehend von dieser Mitte der 1920er Jahre publizierten Schrift, die – wie von der Forschung zutreffend betont – einer „Hommage an Mussolini und den italienischen Faschismus" glich,⁹¹ muss Heinrich Schönfelder den völkisch-nationalistischen und rechtsextremistischen Teilen der deutschen Gesellschaft bzw. Studentenschaft zugerechnet werden, die seinerzeit, ausgehend vom politischen und gesellschaftlichen Vorbildcharakter des italienischen Faschismus und der gleichzeitigen Ablehnung des demokratisch-liberalen Parlamentarismus, die Weimarer Republik abschaffen und eine faschistische Diktatur in Deutschland errichten wollten.⁹²

Abb. 26: Mitglieder der faschistischen Jugendorganisation „Opera Nazionale Dalilla" aus Mailand, September 1928

Politisch extreme Haltungen brachte Heinrich Schönfelder auch in anderen von ihm verfassten rechtswissenschaftlichen Publikationen Ende der 1920er Jahre zum Ausdruck. „Prüfe dein Wissen" lautete der Titel einer von ihm entworfenen Reihe, die sich

---

90 Vgl. ebenda.
91 Vgl. Wrobel, Heinrich Schönfelder, S. 40.
92 Zur radikalen deutschen Rechten u. zu ihrer Wahrnehmung des italienischen Faschismus in den 1920er Jahren vgl. u. a. Bach/Breuer, Faschismus, insbes. S. 157–204. Zum italienischen Faschismus der 1920er Jahre vgl. u. a. Woller, Geschichte, S. 95–130; Schieder, Faschismus, S. 7–57.

an Studierende der Rechtswissenschaft in Vorbereitung auf das erste bzw. auch an Referendare vor dem zweiten Staatsexamen richtete. 1929 bot Heinrich Schönfelder – damals selbst noch Referendar im juristischen Vorbereitungsdienst – dem Münchner Verlag „C. H. Beck" seine Idee an.[93]

Ziel war es, zu insgesamt zwölf Rechtsgebieten verschiedene Bände mit jeweils mehreren Hundert Rechtsfällen zusammenzustellen. Schönfelder orientierte sich an Aktualität und bezog immer auch die neuesten Urteile des Reichsgerichts in seine Fallsammlung ein. Seinen Publikationen legte er nicht zuletzt einen – durch das Programm „Poehlmann's Geistes-Schulung und -Pflege" zwischen 1917/18 selbst erfahrenen – spezifischen didaktischen Stil zugrunde.[94]

Seine Hefte folgten einer pädagogischen Logik, die bei der Benutzung zu beachten war. „Selbstzucht" und die vorherige gründliche Vorbereitung waren, so Schönfelder in seinen Vorworten, deren wichtigste Regeln.[95] Denn: Die Antwort, wie sie auch in der Prüfung zu formulieren war, stand in den Heften jeweils unmittelbar neben der Frage. Schönfelders Leserschaft sollte also unbedingt ehrlich zu sich selbst sein und sich mäßigen; zuerst war selbst zu überlegen, ohne vorab auf die Antwort zu schauen. Die Studierenden sollten Schönfelders Fallsammlungen zudem als allerletzten Schritt zur Vorbereitung auf ihre Prüfung ansehen und seinen didaktischen Anweisungen exakt folgen. Dann, so suggerierte er, sei ein Prüfungserfolg garantiert.[96] Mit Erscheinen der ersten Hefte ab 1929 stellte sich ein großer publizistischer wie unternehmerischer Erfolg ein, auch weil die Hefte der Reihe preisgünstig waren.[97]

Es handelte sich jedoch keineswegs um einen „grobkörnigen Juristenhumor" Schönfelders, der die in seinen Büchern präsentierte, auffallend „kurzweilige" Namensgebung von Personen auszeichnete.[98] Die gewählten Typisierungen offenbarten vielmehr eine verfestigte antisemitische, antisozialistische und nationalistische Gesinnung.

Die darstellerische Besonderheit der Reihe „Prüfe dein Wissen" bestand darin, dass Schönfelder eine Vielzahl unterschiedlicher Charaktere auftreten ließ. Er stellte seine Fälle nicht in Form eines anonymisierten Verfahrens vor, nach dem Motto: „A tut dies, B macht das. Wie ist dies jeweils juristisch zu bewerten?", sondern mithilfe sprechender Namen. Ausgehend hiervon formte Schönfelder pejorativ und suggestiv Charaktere aus, mit denen er die zu beurteilenden Sachverhalte seiner Leserschaft nahebrachte. Durch die fortlaufende Präsenz der Figuren in den ab 1929 nacheinander

---

93 Vgl. Wrobel, Heinrich Schönfelder, S. 45. Zu Recht weist Wrobel darauf hin, dass die Angabe bei Beck, Verlag, S. 26, falsch ist, Schönfelder sei 1929 bereits Amtsgerichtsrat gewesen.
94 Vgl. Wrobel, Heinrich Schönfelder, S. 45 f.
95 Vgl. u. a. Schönfelder, Wissen (2. Heft), S. V f.
96 Vgl. u. a. ebenda.
97 Vgl. Beck, Verlag, S. 26; Wrobel, Heinrich Schönfelder, S. 45 f.
98 So das Urteil ebenda, S. 47.

publizierten Heften, erzählte Schönfelder gleichsam einen Werdegang der von ihm eingeführten Personen.

So agierten in der Reihe „Prüfe dein Wissen" unter anderem die „deutschen" Charaktere des „Hausmädchens Frieda Fleißig", des „Hamburger Fabrikanten Hansen", des „Rittergutsbesitzers Aermlich" und des „Schneiders Pechmann"; aber auch der als radikaler Linkssozialist verächtlich gemachte „Gelegenheitsarbeiter Meisel", die ebenso politisch verspottete Person des Kommunisten „Schmied Hammer" und nicht zuletzt der „Kaufmann Gerissen" und der „Hauslehrer Isidor Silber". Sie wurden dafür genutzt, um die „Legende vom ewigen Juden" zu tradieren.

Wurden von Schönfelder die „Deutschen" in seinen Fällen nicht per se negativ stigmatisiert, charakterisierte er Kommunisten und Sozialisten unter Bedienung primitiver Klischees stets als ungebildete, berufskriminelle, perverse und politisch extremistische proletarische Straftäter. Ganz besonders weibliche Rollen im Kontext von „Hammer" und „Meisel" waren dezidiert frauenfeindlich und sexistisch konnotiert.

Während Fälle der Schönfelder'schen Sammlung „Prüfe dein Wissen" lauteten: „Egon Graf von Hochheim will einen großen Wohltätigkeitsverein in der Form einer AG. gründen. Ist das möglich?"[99]; „Hansen ist erster Direktor der Deutschen Stickstoff-AG. Er verbürgt sich mündlich für die Schuld des zweiten Direktors. Ist die Bürgschaft wirksam?"[100]; „Der Schneider Pechmann fertigt aus den von seinen Kunden mitgebrachten Stoffen Anzüge an und bessert alte aus. Gilt er als Kaufmann?"[101]; „Der Rittergutsbesitzer Aermlich hat beim Reinigen seines Jagdgewehrs eine Magd erschossen. Er wird wegen fahrlässiger Tötung verurteilt. Kann im Urteile gleichzeitig die Einziehung des Gewehrs ausgesprochen werden?"[102], waren die „Sachverhalte" im Falle von „Hammer" und „Meisel" unter anderem die Folgenden:

„Hammer und Meisel verabreden miteinander, beim gewaltsamen Anschluß des Deutschen Reichs an die russische Föderation der Sozialistischen Sowjetrepubliken mitzuwirken. Sie führen aber die Verabredung nicht aus. Sind sie strafbar?"[103]

„Hammer verübt mit Meisel wechselseitige Onanie. Begehen sie damit widernatürliche Unzucht im Sinne des § 175?"[104]

„Der Gelegenheitsarbeiter Meisel schreibt an die russische Regierung, sie solle zur Rettung des bedrohten deutschen Proletariats sofort die Rote Armee in Deutschland einmarschieren lassen. Kann Meisel deswegen bestraft werden?"[105]

„Der Gelegenheitsarbeiter Meisel wird in die Gefangenanstalt Plötzensee eingeliefert. Er darf monatlich nur einen Besuch empfangen. Der zuständige Strafanstaltsinspektor erfährt von Meisels Ehefrau, daß sie während der Strafzeit ihres Mannes sich den Unterhalt durch Gewerbsunzucht

---

99 Vgl. Schönfelder, Wissen (8. Heft), S. 80.
100 Vgl. ebenda, S. 8 f.
101 Vgl. ebenda, S. 3.
102 Vgl. Schönfelder, Wissen (9. Heft), S. 20.
103 Vgl. ebenda, S. 86.
104 Vgl. ebenda, S. 136.
105 Vgl. ebenda, S. 87.

verdient. Sie stellt ihm in Aussicht, daß sie ihn den Geschlechtsverkehr unentgeltlich gewähren würde, wenn er ihr gestatte, Meisel jede Woche zu besuchen. Darauf geht der Inspektor ein. Können a) der Strafanstaltsinspektor, b) Frau Meisel bestraft werden?"[106]

„Hanni Meisel lehnt sich in auffälliger Kleidung zu später Abendstunde in einer belebten Straße an die Mauer und sucht durch kokettes Ansehen die Aufmerksamkeit vorübergehender Männer auf sich zu lenken, um sich ihnen gegen Entgelt geschlechtlich preiszugeben. Kann sie für dieses Verhalten bestraft werden?"[107]

„Meisels Schwester läßt sich von unbekannten Männern auf der Straße ansprechen und gibt sich ihnen gegen Entgelt geschlechtlich preis. Meisel weiß das. Da seine Schwester immer über Geld verfügt, er aber knapp bei Kasse ist, läßt er sich von ihr ab und zu Geld für Zigaretten geben. Im übrigen verdient er seinen Lebensunterhalt als Metallarbeiter. Kann Meisel deswegen bestraft werden?"[108]

Heinrich Schönfelder präsentierte mit diesen Geschichten im eigentlichen Sinne keine juristischen Sachverhalte, die in Form eines Repetitoriums der Vorbereitung auf Abschlussprüfungen eines wissenschaftlichen Studiums dienten. Er bediente und tradierte vielmehr primitive Vorurteile und Stereotype über die „Arbeiterklasse" und Sozialisten bzw. Kommunisten. Einer objektiven juristischen Urteilsfindung standen die von ihm eingeflochtenen pejorativen Wertungen und Beschreibungen prinzipiell im Wege: Nicht der „Schneider Pechmann" und „Egon Graf von Hochheim" wurden von Schönfelder zur Schilderung der „wechselseitigen Onanie" oder der extremistischen Staatsgefährdung eingesetzt, sondern Kommunisten und Sozialisten. Auch erfuhr man als charakterliche Eigenschaft über den „Egon Graf von Hochheim" etwas Positives; er wolle einen „Wohltätigkeitsverein" gründen;[109] während Schönfelder die Proletarier „Meisel" und „Hammer" phantasievoll zu primitiven Alkoholikern und bolschewistischen Extremisten stilisierte. Und es waren auch die Schwester und die Ehefrau von „Meisel", nicht die Frau von „Direktor Hansen" oder die Schwester des „Rittergutsbesitzers Aermlich", die als Prostituierte arbeiteten.

Mit anderen Worten: Schönfelder bediente und tradierte mit seiner Darstellung Ressentiments und Vorurteile, die zugleich dazu führten, dass bereits Studierende der Rechtswissenschaft lernten, Sympathie bzw. Antipathie zu entwickeln – und damit das Vorurteil zum Maßstab des Handelns erwuchs und der Grundsatz der Neutralität bei der Beurteilung eines Sachverhaltes unterminiert wurde.

Noch deutlich virulenter als die (durchaus in einer afranischen Tradition stehenden) antisozialistischen bzw. antikommunistischen Stereotypisierungen war bei Heinrich Schönfelders Fallsammlung „Prüfe dein Wissen" der Antisemitismus. Schönfelder präsentierte in seiner ab 1929 verlegten Heftreihe klassische Ideologeme der Judenfeindschaft.

---

106 Vgl. Schönfelder, Wissen (10. Heft), S. 147 f.
107 Vgl. ebenda, S. 163.
108 Vgl. Schönfelder, Wissen (9. Heft), S. 140.
109 Vgl. Schönfelder, Wissen (8. Heft), S. 80.

Die Juden – in Gestalt von „Händler Gerissen" und „Isidor Silber", die von Schönfelder auch unmissverständlich als jüdisch eingeführt wurden, etwa weil sie die Synagoge aufsuchten[110] – waren ihrem Wesen nach Kosmopoliten ohne Heimat, lebten vor allen in den USA und in Prag, besaßen einen widernatürlichen Sexualtrieb, einen listigen, feigen, gewissenlosen, verlogenen, heimtückischen, geldgierigen und völlig illoyalen Charakter, waren Schmarotzer und versuchten die gutmütigen und ehrlichen Deutschen immer und überall zu schädigen und zu betrügen. Daher waren „Gerissen" und „Isidor Silber" auch für keine Kavaliersdelikte verantwortlich, sondern für den im Stile der Ritualmordlegende praktizierten Versuch der Tötung eines Kindes (der zum eigenen finanziellen Vorteil instrumentalisiert werden sollte), den Hoch- und Landesverrat, Geschlechtsverkehr mit Minderjährigen, Abtreibungen und die Schändung der Leiche eines „jungen Mädchens" heimlich „bei Nacht".

Abb. 27: Antisemitische Karikatur aus dem „Simplicissimus", 1900. Sie trug die Bildunterschrift: „Man is nich zufrieden mit eiern Leistungen, ihr werdet wahrscheinlich am Ersten entlassen. Die endgültige Entscheidung könnt ihr euch heut Abend bei mir zu Hause in meiner Wohnung holen."

Keine einzige dieser Charakterisierungen, Zuschreibungen oder geschilderten „Taten" waren originell. Denn alles, was Schönfelder zum „Händler Gerissen" und „Isidor Silber" darstellte, entsprach dem, was seit Jahrhunderten „vom Juden" gewusst und geglaubt wurde. Neben dem Ritualmord und dem Verrat, war die Leichenschändung etwa ein weiteres klassisches antisemitisches Stereotyp, bei dem immer das „Opfer" der Körper eines Mädchens oder der einer jungen Frau war, an dem sich die Juden

---

110 Vgl. u. a. Schönfelder, Wissen (9. Heft), S. 132.

„heimlich" und zumeist bei Nacht vergingen.[111] Und so war es auch in der Schönfelder'-schen Sammlung die Leiche eines „jungen Mädchens", nicht die eines alten Mannes, die von „Händler Gerissen" – nicht von „Direktor Hansen", „Egon Graf von Hochheim", dem „Schneider Pechmann", dem „Gelegenheitsarbeiter Meisel", dem Kommunisten „Hammer" oder dem „Rittergutsbesitzer Aermlich" – „heimlich" nachts geschändet wurde.[112]

Die Rechtsfälle zu „Gerissen" und „Isidor Silber" sagten in diesem Sinne praktisch nichts substanziell über den juristischen Sachverhalt, aber sehr viel über die antisemitische Weltanschauung Heinrich Schönfelders aus – die Ende der 1920er Jahre in der Weimarer Republik als salonfähig gelten konnte.[113] Und so lauteten die „Fälle" zum „Händler Gerissen" und „Isidor Silber" etwa:

> „Der Händler Gerissen schleicht sich eines Nachts in die auf dem Klippstädter Friedhof befindliche Leichenhalle ein und nimmt an der dort aufgebahrten Leiche eines jungen Mädchens unsittliche Handlungen vor. Kann er deswegen bestraft werden?"[114]
>
> „Der Händler Gerissen kauft ein bebildertes wissenschaftliches Werk über Frauenheilkunde und überläßt es vierzehnjährigen Knaben gegen eine Mietgebühr. Ist das strafbar?"[115]
>
> „Gerissen klagt gegen Pechmann auf Zahlung von 100 RM mit der wissentlich unwahren Behauptung, daß er ihm vor einem Jahre diesen Betrag geliehen habe. Er bittet, ihm für die erste Instanz das Armenrecht zu bewilligen, und leistet zur Glaubhaftmachung seiner Angaben vor dem Urkundsbeamten der Geschäftsstelle des zuständigen Gerichts den ihm von diesem abgenommenen Eid, er habe dem Pechmann am 1. April 1931 100 RM geliehen. Ist Gerissen zu bestrafen?"[116]
>
> „Isidor Silber spiegelt am 16. Juli der Senta von Krafft vor, er habe soeben ihren Sohn Walter vom Tode des Ertrinkens gerettet. Senta verspricht, ihm dafür an dem 16. Juli hundert RM zuzusenden. Sie tut dies auch sechs Jahre lang, stellt dann aber die Zahlung ein, als sie von einem Augenzeugen hört, daß Isidor das Kind damals erst ins Wasser geworfen habe, um es dann wieder herauszuziehen. Kann Isidor wegen Betrugs bestraft werden?"[117]
>
> „Isidor Silber ist Hauslehrer bei dem Gutsbesitzer Reichlich. Er verliebt sich in dessen Tochter Erika. Da der Vater von einer Heirat aber nichts wissen will, beschließen Isidor und Erika, gemeinsam zu sterben. Isidor beschafft sich eine Pistole. An einer einsamen Stelle im Walde richtet er die Waffe zunächst gegen Erika, schießt aber in der Aufregung daneben und verwundet sie schwer an der Brust. Erika wird sofort ohnmächtig. Isidor hält sie für tot, hat aber nicht den Mut, sich selbst das Leben zu nehmen, und entflieht. Kann er bestraft werden? Wenn ja, wegen welcher Straftat?"[118]
>
> „Erika Reichlich eröffnet ihrem Geliebten, Isidor Silber, daß sie von ihm in anderen Umständen sei. Einige Tage darauf bittet Isidor sie, mit ihm in den Wald zu gehen. Dort läßt er sie sich hinle-

---

111 Zur Geschichte des Antisemitismus u. zu seinen Stereotypen vgl. u. a. Simmel, Anti-Semitis; Bergmann, Antisemitismus; Rohrbacher/Schmidt, Judenbilder; Schoeps, Antisemitismus; ders., Bilder.
112 Vgl. Schönfelder, Wissen (9. Heft), S. 132.
113 Vgl. u. a. Wein, Antisemitismus.
114 Vgl. Schönfelder, Wissen (9. Heft), S. 132.
115 Vgl. ebenda, S. 142.
116 Vgl. ebenda, S. 119.
117 Vgl. ebenda, S. 74 f.
118 Vgl. ebenda, S. 30 f.

gen und nimmt Abtreibungshandlungen an ihr vor, die aber ohne Erfolg bleiben. Haben sich damit a) Isidor, b) Erika strafbar gemacht?"[119]

„Isidor Silber hat gehört, daß auf einer bestimmten Waldwiese Angehörige eines Naturheilvereins unbekleidet Sport treiben. Es macht nach langem Suchen die Stelle ausfindig und beobachtet von einem Versteck aus mit Interesse die nackten Personen. Darauf begibt er sich zu dem Gendarmerieposten, erklärt, ein Aergernis genommen zu haben, und erstattet Anzeige. Können die Angehörigen des Naturheilvereins bestraft werden?"[120]

„Der preußische Staatsangehörige Isidor Silber wohnt seit Jahren in Prag. Am Tage der Reichstagswahl kommt der in Dresden an. Kann er dort sein Wahlrecht ausüben?"[121]

„Isidor Silber hat auf einer Handelshochschule in den Vereinigten Staaten von Amerika sechs Semester studiert und dadurch den Grad eines Doktors der Handelswissenschaften erworben. Den Doktortitel führt er auch nach seiner Rückkehr in Deutschland. Macht er sich damit strafbar?"[122]

„Isidor Silber teilt als Beamter des auswärtigen Dienstes der tschechoslowakischen Regierung einen mit der Republik Österreich geschlossenen Geheimvertrag mit, obwohl er weiß, daß der Vertrag gegen jedermann streng geheimgehalten werden soll. Nach welcher Vorschrift ist er zu bestrafen?"[123]

Bemerkenswert antisemitisch ist nicht zuletzt folgender Fall Schönfelders: „Der Händler Gerissen entnimmt aus einer an seiner Wohnung vorbeiführenden Lichtleitung elektrischen Strom, indem er ohne Beschädigung der Leitung an ihr zwei in seine Wohnung führende Drähte anbringt. Kann er wegen Diebstahls bestraft werden?"[124] Die Antwort Schönfelders lautete: Nein, Gerissen könne nicht bestraft werden, weil im Sinne des Paragrafen 242 des Strafgesetzbuches ein Diebstahl die Wegnahme einer fremden beweglichen Sache darstelle, elektrischer Strom aber als „Eigenschaft der von ihm durchflossenen Sachen" gelte.[125]

Seine Leserschaft ließ Heinrich Schönfelder auch nach dieser Antwort mit einer offenen, aber wichtigen Frage zurück, deren Beantwortung er gleichsam dem „Mysterium vom ewigen Juden" überließ: Warum konnte der „Händler Gerissen" händisch eine unter Strom stehende Lichtleitung so manipulieren, dass er Strom abzweigen konnte, ohne sich selbst dabei zu verletzen oder gar getötet zu werden? Die von Schönfelder suggestiv vermittelte Antwort lautete naheliegenderweise: Weil „Gerissen" eben ein Jude war und kein Mensch.

Wie Schönfelder Personen in seinen Fallsammlungen manipulativ einsetzte, um politische Aussagen zu kolportieren, zeigt auch ein Vergleich zwischen den folgenden beiden Sachverhalten. Zum einen: „Der Fabrikant Hansen ist Führer einer straff organisierten Parteigruppe. Er erscheint unaufgefordert in einer Vollsitzung des Reichsrats und ruft den Versammelten zu: ‚Ich erkläre den Reichsrat für ausgelöst! Wenn Sie

---

119 Vgl. Schönfelder, Wissen (10. Heft), S. 25.
120 Vgl. Schönfelder, Wissen (9. Heft), S. 140 f.
121 Vgl. Schönfelder, Wissen (7. Heft), S. 20.
122 Vgl. Schönfelder, Wissen (10. Heft), S. 160.
123 Vgl. Schönfelder, Wissen (9. Heft), S. 88.
124 Vgl. ebenda, S. 4.
125 Vgl. ebenda.

nicht sofort auseinandergehen, werden meine Schutzstaffeln eingreifen!' Hansen wird sofort verhaftet. Nach welcher Vorschrift kann er bestraft werden?"[126]; und zum anderen: „Während eines erregten Wahlkampfes verfaßt Meisel als Schriftleiter einer extremistischen Parteizeitung einen Aufsatz, der in der Ueberschrift, in der Mitte und am Ende die Aufforderung enthält: ‚Schlagt die Faschisten, wo ihr sie trefft!' Zusammenstöße mit politisch Andersdenkenden erfolgen in der nächsten Zeit nicht. Kann Meisel wegen seiner Veröffentlichung gleichwohl bestraft werden?"[127]

Während Heinrich Schönfelder 1931 mit dem „Hansen" und seinen „Schutzstaffeln" unschwer erkennbar auf Adolf Hitler und die SS rekurrierte, war der „Meisel" verantwortlich für die Presse einer „extremistischen" Partei, die antifaschistisch ausgerichtet war. Und während „Hansen" von Schönfelder positiv gewendet zum „Führer" einer „straff organisierten Parteigruppe" gemacht wurde, galt der sozialistische Antifaschismus als eine „extremistische Haltung", die dazu aufrief, die „politisch Andersdenkenden" (also „Hansen" und die „Schutzstaffeln") tätlich anzugreifen. Das pejorativ-subtile war hierbei entscheidend: „Hansen" erschien seinem ganzen Wesen nach als Mann der Tat, „Meisel" hingegen als Intellektueller, der anstatt selbst zu kämpfen nur politische Pamphlete druckte, um das Volk aufzuwiegeln, während die „straff organisierte Partei" des „Hansen" machtvoll und entschlossen zur Tat schritt. Wer hatte im Sinne des Wohles des Vaterlandes nun recht und die größten Chancen, den Machtkampf zu gewinnen? In der Logik Schönfelders offenkundig „Hansen", denn er ging mutig voran – gegen das Weimarer „System" und die antifaschistischen „Extremisten". Überdies war er nur Anführer einer (im Sinne des Strafgesetzbuches völlig legalen) „straff organisierten" Partei, während „Meisel" Angehöriger einer dem Strafrecht unterliegenden „extremistischen Gruppierung" war.

Auch seine politische Haltung gegenüber dem „Schmachfrieden von Versailles" verbarg Schönfelder nicht und brachte sie mit einer einfachen Frage zum Ausdruck: „Welche vier deutschen Ströme sind durch das Versailler Diktat für international erklärt worden?"[128]

Außerdem bestritt Schönfelder die demokratisch-freiheitliche Bedeutung der Republik von Weimar und ihrer 1919 verabschiedeten Verfassung mithilfe eines hinkenden Vergleiches: „Welche drei deutschen Verfassungsurkunden haben schon vor der RV die ‚Grundrechte' des Staatsvolks in besonderen Abschnitten festgelegt?"; seine Antwort lautete: „a) Die preußische Verfassungsurkunde vom 5. Dezember 1848 (‚Rechte der Preußen'), b) die von der Frankfurter Nationalversammlung beschlossene Verfassung vom 23. März 1849 (‚Grundrechte des Deutschen Volks') und c) die preußische Verfassung vom 31. Januar 1850."[129]

---

126 Vgl. ebenda, S. 89 f.
127 Vgl. ebenda, S. 95 f.
128 Vgl. Schönfelder, Wissen (7. Heft), S. 80.
129 Vgl. ebenda, S. 86.

Historisch relevant wurde im Frühjahr 1933 ein von Heinrich Schönfelder bereits 1931 in der Theorie seiner Fallsammlung skizzierter Sachverhalt. In der Realität war aber nicht die politische Richtung des „Meisel" aktiv, sondern Hitler. Der Fall lautete: „Meisel verlangt als Führer einer radikalen Partei vom Reichstag, daß er in einem bestimmten Sinne abstimme. Kann er wegen hochverräterischen Unternehmens bestraft werden, wenn er zur Durchsetzung seiner Forderungen durch uniformierte Anhänger seiner Partei das Reichstagsgebäude während einer Vollsitzung besetzen läßt?"[130]

Die 1931 von Schönfelder hierauf gegebene Antwort lautete: „Ja. Die Freiheit der Willensbildung innerhalb der politischen Körperschaften ist ein Bestandteil der Verfassung, auch wenn sie nicht, wie dies für den vorliegenden Fall in Art. 21 RV geschehen ist, ausdrücklich in der Verfassungsurkunde festgelegt ist. Die ‚Verfassung' im Sinne des § 81 Abs. 1 Nr. 2 ist nicht gleichbedeutend mit dem diese Bezeichnung führenden Staatsgrundgesetz, sondern darunter sind zu verstehen alle Grundlagen des politischen Lebens, insbesondere die Existenz und bestimmungsmäßige Funktion der zur Bildung, Ueberwachung und Durchsetzung des obersten Staatswillens dienenden Stellen, soweit diese tatsächlich bestehen und auf dem geltendem Rechte beruhen."[131]

Bis dato konnten keine Quellenbelege ermittelt werden, die aufzeigen, dass Heinrich Schönfelder diese Meinung auch im März 1933 noch vertrat, als das „Ermächtigungsgesetz" – einer der Marksteine der nationalsozialistischen Diktaturetablierung – vom Reichstag beschlossen worden war und uniformierte Gruppen der SS und SA das Berliner Reichstagsgebäude umstellt und besetzt und die Abgeordneten unter ganz erheblichen Druck gesetzt hatten, um ein Abstimmungsverhalten im Sinne Hitlers zu erzwingen.[132]

Heinrich Schönfelder besaß vor 1933 keine konkreten Bezüge zur nationalsozialistischen „Bewegung". Er war in den 1920er Jahren weder in der Partei noch in der SS oder der SA und auch in keiner anderen nationalsozialistischen Parteigliederung aktiv gewesen. Nichtsdestotrotz stand er der Ideologie des Nationalsozialismus und der politischen Agenda Hitlers in keiner Weise fern. Die weltanschaulichen und mentalen Schnittmengen zwischen Schönfelders Gesinnung und der Ideologie der Nationalsozialismus beruhen auf einem völkischen Nationalismus, dem Rassismus, dem Antisemitismus und dem diktatorisch-autoritären sowie etatistischen Staatsverständnis. Diese politisch-ideellen Prägungen hatten sich bei Schönfelder bis Anfang der 1930er Jahre prozesshaft stetig weiter verfestigt.

Mit Blick auf die Biografie Schönfelders in der Weimarer Republik ist in diesem Sinne zu schlussfolgern, dass er als ein Exponent der sehr vielfältig strukturierten völkisch-nationalistischen Rechten gelten muss. Deren Gruppierungen hatten in den

---

130 Vgl. Schönfelder, Wissen (9. Heft), S. 85.
131 Vgl. ebenda.
132 Zum Zustandekommen des „Ermächtigungsgesetzes" vgl. u. a. Turner, Weg; Bracher/Sauer/Schulz, Machtergreifung; Broszat, Machtergreifung. Zum Gesetz vgl. RGBl. I, 1933, Nr. 25, Gesetz zur Behebung der Not von Volk und Reich, 24.3.1933, S. 141.

1920er Jahren zwar organisatorisch mit der NSDAP und der „Bewegung" Hitlers nicht direkt in Verbindung gestanden, unterschieden sich in ihrer politischen Weltanschauung aber nur marginal vom Nationalsozialismus. Gemeinsames Feindbild der Nationalsozialisten, völkischen Nationalisten, der Rechtsradikalen, Alldeutschen, Bünde und nationalistisch-konservativen Gruppierungen der Weimarer Republik war die Demokratie, mitsamt ihrer Werte: Freiheit, Rechtsstaatlichkeit, Pluralismus und Liberalismus; insbesondere nach der krisenhaften politischen und wirtschaftlichen Zuspitzung der Lage seit 1929. Hinzu kam ein völkischer Nationalismus, der Antisemitismus und der Rassismus. Diese ideellen Schnittmengen waren es wiederum, die auch jene, die formal vor 1933 nichts mit der NSDAP zu tun gehabt hatten, aber deren politische Programmatik im Prinzip teilten, unmittelbar zu Unterstützern der nationalsozialistischen „Machtergreifung" werden ließen.[133]

Akzeptanz fand der Nationalsozialismus aufseiten Heinrich Schönfelders 1933 sofort. Eine Distanz gegenüber dem nationalsozialistischen Staat und seinen Zielen lässt sich bei ihm in keiner Weise feststellen. Schönfelder trat im April 1933 in die NSDAP ein, übernahm auch im Anschluss die Funktion eines Blockleiters der Partei. Zudem wurde er Mitglied des nationalsozialistischen „Rechtswahrerbundes" und war in der SA aktiv.[134] 1936 entschloss sich Schönfelder ebenso freiwillig zur Mitgliedschaft im „Reichskolonialbund" und im „Bund Deutscher Osten". Dies korrespondierte mit seinem seit den 1920er Jahren gepflegten Engagement zugunsten der völkisch-nationalistischen „Pflege" des „Grenz- und Auslandsdeutschtums".[135]

Ganz regulär setzte Schönfelder 1933 seinen Dienst als Justizbeamter fort. Er war bereits im Januar 1930 in Dresden mit dem exzeptionellen Ergebnis „gut" im zweiten Staatsexamen geprüft und anschließend Mitte Februar am Amtsgericht in Chemnitz zum Gerichtsassessor ernannt worden.[136] Im Mai 1933 hatte Schönfelder seine Heftreihe „Prüfe dein Wissen" abgeschlossen und fungierte bereits seit 1932 als Herausgeber einer weiteren neuen und innovativen juristischen Publikation: der Sammlung „Deutsche Reichsgesetze".[137]

Dabei handelte es sich um ein Werk, das die wichtigsten Gesetze aus unterschiedlichen Rechtsgebieten in einem Buch zusammenführte. Auf Neuerungen konnte ab 1935 sofort reagiert werden, da es nicht gebunden, sondern geheftet publiziert wurde. Gesetzesnovellen und Änderungen waren folglich von den Nutzerinnen und Nutzern rasch und kostengünstig zu integrieren, indem nur die Seiten der Sammlung, die veraltete Angaben enthielten, entfernt und durch die aktuellen Inhalte ersetzt werden konnten. Wie die Reihe „Prüfe dein Wissen", so war auch diese neue Zusammenstel-

---

133 Vgl. u. a. Jungcurt, Extremismus; Wirsching, Republik; Berger, Experten; Wildt, Generation.
134 Vgl. die Unterlagen in: BArch, R 3001/75139 u. BArch, R 9361-IX KARTEI / 39170692.
135 Zu den Beitritten vgl. die Unterlagen in: BArch, R 3001/75139.
136 Vgl. Wrobel, Heinrich Schönfelder, S. 53.
137 Vgl. Schönfelder, Reichsgesetze. Vgl. auch Wrobel, Heinrich Schönfelder, S. 45, 53; Beck, Verlag, S. 26.

lung der wichtigsten Gesetze in einem Band ein großer verlegerischer Erfolg, der den juristischen Arbeitsalltag wesentlich erleichterte und innovativ gestaltete.[138]

Am 1. April 1934 wurde Heinrich Schönfelder am Amtsgericht in Dresden zum Amtsgerichtsrat ernannt und war dort im Bereich des Zivil- und des Arbeitsrechtes eingesetzt.[139] Bereits 1933 war Schönfelder in Dresden sesshaft geworden und hatte dort auch im Sommer 1933 die Tochter des Chemnitzer Architekten Arno Siebert geheiratet: Ellen Mitzenheim, geborene Siebert.[140] Sie war in erster Ehe mit dem jüdischen Kaufmann Hugo Mitzenheim verheiratet gewesen, hatte sich 1932 scheiden lassen und brachte einen 1931 geborenen Sohn mit in die Ehe ein, den Heinrich Schönfelder als Stiefsohn annahm.[141] 1934 und 1939 wurden seine beiden leiblichen Kinder geboren.[142]

Im Herbst 1936 zog das Ehepaar Schönfelder innerhalb Dresdens in die Kurparkstraße Nummer acht um, die sich im Villenvorort „Weißer Hirsch" befand. Konkret wurde es Nachmieter einer Wohnung, in der noch kurz zuvor Richard Tauber gelebt hatte, Vater des gleichnamigen Sängers und langjähriger Generalintendant des Chemnitzer Theaters. Er hatte Dresden aufgrund seines jüdischen Glaubens verlassen und emigrieren müssen.[143]

Die dienstlichen Beurteilungen seitens des Dresdner Amtsgerichtes in den Jahren 1935, 1937 und 1939 attestierten Heinrich Schönfelder eine vorbildliche Erledigung der Dienstgeschäfte, einen sehr guten, kenntnisreichen und lobenswerten Einsatz in der Aus- und Weiterbildung der juristischen Referendare sowie eine unbedingte politische Zuverlässigkeit im Sinne der NSDAP und Loyalität gegenüber dem nationalsozialistischen Staat. Gleichwohl erwähnten die Vorgesetzten Schönfelders aber auch einen gewissen elitäreren Dünkel und eine bisweilen zur Schau gestellte Überheblichkeit und Distinguiertheit. Diese Eitelkeit ließ Schönfelder in den Augen der Beurteilenden zwar keinesfalls als politisch suspekt erscheinen, machte ihn aber unsympathisch.[144] Charakterlich mag dieser Wesenszug mit Schönfelders schulischer und akademischer Sozialisation erklärbar sein. Die Herausgeberschaft von zwei erfolgreich vertriebenen Werken trug wohl aber auch dazu bei, dass er einen Stil pflegen konnte, der den Lebensstandard eines durchschnittlichen Amtsgerichtsrates deutlich überstieg.[145]

---

138 Vgl. Wrobel, Heinrich Schönfelder, S. 53 f.
139 Vgl. die Unterlagen in: BArch, R 3001/75139. Unterlagen, die Auskunft über seine konkrete Tätigkeit geben, konnten nicht ermittelt werden, da die entsprechenden Gerichtsbestände kriegsbedingt vernichtet wurden.
140 Vgl. StA Dresden, Standesamt/Urkundenstelle, 1.3.2-143, Eheurkunde 1426 aus 1933, 25.8.1933.
141 Vgl. Wrobel, Heinrich Schönfelder, S. 57 f.; Otto, Schönfelder, Heinrich, S. 411. Vgl. auch die Unterlagen in: BArch, R 3001/75139.
142 Vgl. die Unterlagen in: ebenda.
143 Vgl. die Angaben in: Landeshauptstadt Dresden, Adreßbuch (1936); dies., Adreßbuch (1937), sowie Wrobel, Heinrich Schönfelder, S. 59. Vgl. auch die Angaben der Stadt Chemnitz, online: www.grosse-chemnitzer.de/grosse-chemnitzer/richard-tauber (22.1.2023).
144 Vgl. die Unterlagen in: BArch, R 3001/75139.
145 Vgl. Wrobel, Heinrich Schönfelder, S. 55, 60.

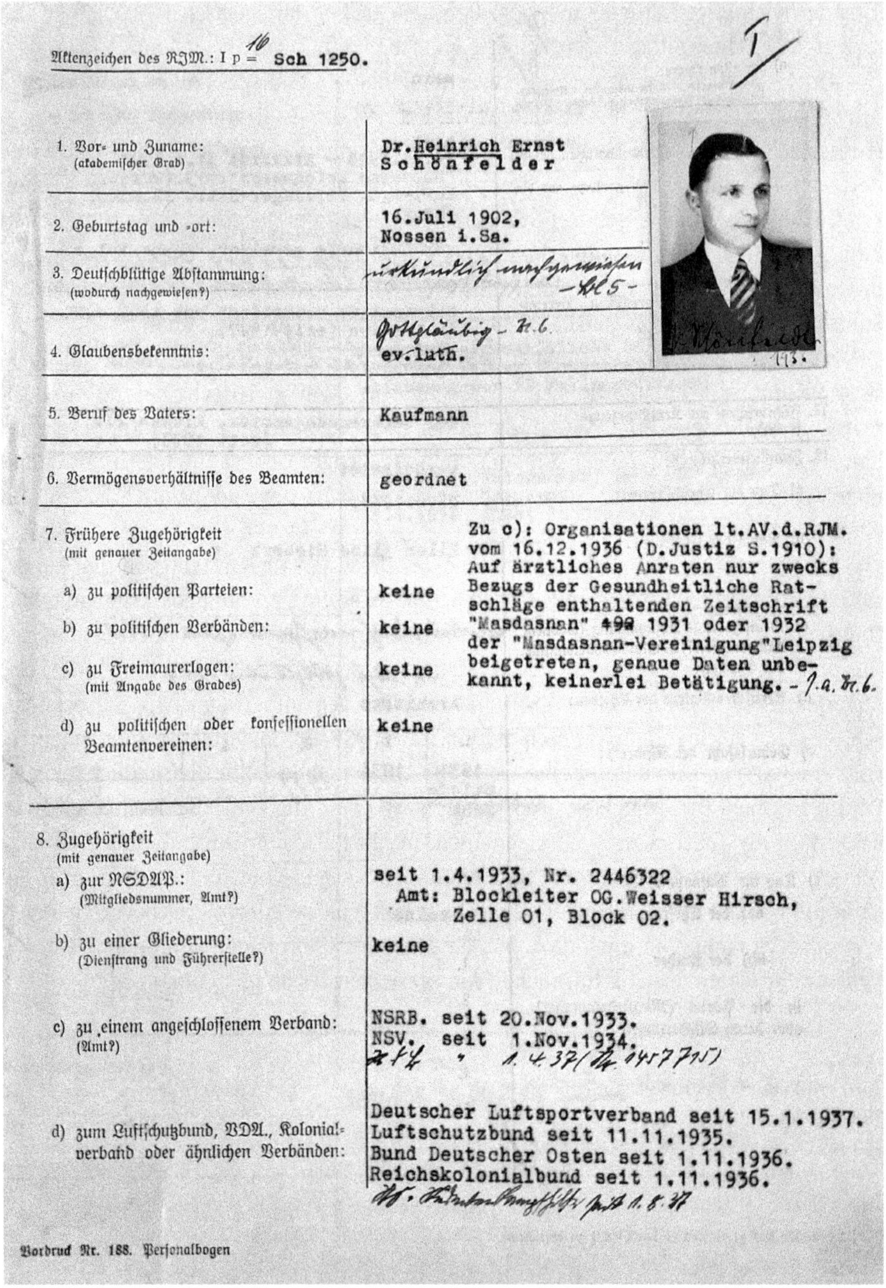

Aktenzeichen des RJM.: I p = 16 Sch 1250.

1. Vor- und Zuname: (akademischer Grad)	Dr. Heinrich Ernst Schönfelder
2. Geburtstag und -ort:	16. Juli 1902, Nossen i. Sa.
3. Deutschblütige Abstammung: (wodurch nachgewiesen?)	urkundlich nachgewiesen -Bl 5-
4. Glaubensbekenntnis:	gottgläubig - Dr. 6. ev. luth.
5. Beruf des Vaters:	Kaufmann
6. Vermögensverhältnisse des Beamten:	geordnet
7. Frühere Zugehörigkeit (mit genauer Zeitangabe)	Zu c): Organisationen lt. AV. d. RJM. vom 16.12.1936 (D. Justiz S. 1910): Auf ärztliches Anraten nur zwecks Bezugs der Gesundheitliche Ratschläge enthaltenden Zeitschrift "Masdasnan" ~~193~~ 1931 oder 1932 der "Masdasnan-Vereinigung" Leipzig beigetreten, genaue Daten unbekannt, keinerlei Betätigung. - J. a. Dr. 6.
a) zu politischen Parteien:	keine
b) zu politischen Verbänden:	keine
c) zu Freimaurerlogen: (mit Angabe des Grades)	keine
d) zu politischen oder konfessionellen Beamtenvereinen:	keine
8. Zugehörigkeit (mit genauer Zeitangabe)	
a) zur NSDAP.: (Mitgliedsnummer, Amt?)	seit 1.4.1933, Nr. 2446322 Amt: Blockleiter OG. Weisser Hirsch, Zelle 01, Block 02.
b) zu einer Gliederung: (Dienstrang und Führerstelle?)	keine
c) zu einem angeschlossenem Verband: (Amt?)	NSRB. seit 20. Nov. 1933. NSV. seit 1. Nov. 1934. [illegible] " 1.4.37 (Nr. 0457715)
d) zum Luftschutzbund, VDA., Kolonialverband oder ähnlichen Verbänden:	Deutscher Luftsportverband seit 15.1.1937. Luftschutzbund seit 11.11.1935. Bund Deutscher Osten seit 1.11.1936. Reichskolonialbund seit 1.11.1936. [illegible] seit 1.8.37

Vordruck Nr. 188. Personalbogen

Abb. 28: Übersichtsbogen des Reichsjustizministeriums aus der Personalakte Heinrich Schönfelders, undatiert, ca. 1937

Für wie zuverlässig und loyal die NSDAP-Führung Heinrich Schönfelder erachtete, kann vor allem auch daran abgelesen werden, dass es für ihn keinerlei negative Konsequenzen hatte, einer 1935 als Freimauerloge verbotenen Vereinigung angehört zu haben: der Mazdaznan-Tempelvereinigung. Bei ihr handelte es sich um eine in Deutschland zu Beginn des 20. Jahrhunderts in Leipzig gegründete Vereinigung.

Ihrer Philosophie nach vertrat sie eine aus unterschiedlichen Fragmenten zusammengesetzte Lebens- und Gesundheitslehre, die sich an der persischen, arabischen und indischen Kultur orientierte. Meditation, innere Harmonie, das Streben nach Weisheit und Glück, Selbstoptimierung und Lernen waren ihre Kernbegriffe. Zugleich entwickelte Mazdaznan ein Gesundheitskonzept und erteilte Ernährungsratschläge. Von Leipzig aus vertrieb die Organisation deutschlandweit Tinkturen, Pulver, Gewürze, Pflanzen, Lebensmittel und homöopathische Präparate. Auch fanden regelmäßig in Leipzig Seminare und Zusammenkünfte statt.[146]

Die Vereinigung stand bereits vor dem Ersten Weltkrieg und auch in der Weimarer Republik unter polizeilicher Beobachtung.[147] Nach 1933 konnte sie ihre Aktivitäten zunächst ungestört fortsetzen. Die Organisation fügte sich symbolisch rasch den neuen politischen Vorgaben. Etwa war es selbstverständlicher Teil von Veranstaltungen, sie mit einem „Sieg-Heil" auf den „Führer" zu beenden und die Tagungssäle mit Fotografien Adolf Hitlers zu dekorieren.[148] Programmatisch besaß die Weltanschauung der Mazdaznan, basierend auf einer Lehre von den menschlichen Rassen und einer Suprematie der „Arier", durchaus Anknüpfungspunkte mit biologistisch-rassistischen Dogmen der NS-Ideologie, auch wenn Mazdaznan die Inhalte anders gewichtete.[149] Ausgehend von ihrer Programmatik und ihrem Agieren nach 1933 kann „Mazdaznan" nicht als NS-oppositionell gelten.

Zum Verbot der Mazdaznan-Tempelvereinigung führten offenkundig aufseiten des NS-Regimes 1935 auch keine sicherheitspolitischen Überlegungen im engeren Sinne. Maßgeblich scheint vielmehr die Intervention des „Hauptamtes für Volksgesundheit" der NSDAP gegenüber der Gestapo gewesen zu sein. Die im Parteiapparat zuständige Stelle für gesundheitspolitische Fragen wollte sich mit der Verbotsmaßnahme offenbar einer als lästig empfundenen Gesundheitssekte entledigen, deren Einfluss nicht länger akzeptiert wurde. Der Schritt war somit eher Teil eines immanenten Machtkampfes des NS-Regimes zwischen Partei- und Staatsapparat in Bezug auf die Formulierung der nationalsozialistischen Gesundheitspolitik, mit der sich das NSDAP-Hauptamt für Gesundheit profilieren wollte.[150]

---

146 Vgl. u. a. die Unterlagen in: StArchiv Leipzig, Polizeipräsidium Leipzig, PP-V, 3048, sowie Hanisch, Rassenlehre; Rauth, Reichs-Programm. Vgl. auch Wrobel, Heinrich Schönfelder, S. 66–74.
147 Vgl. die Unterlagen in: StArchiv Leipzig, Polizeipräsidium Leipzig, PP-V, 3048.
148 Vgl. die Unterlagen in: ebenda u. StArchiv Leipzig, Polizeipräsidium Leipzig, PP-V, 3049.
149 Vgl. u. a. Hanisch, Rassenlehre.
150 Vgl. dazu die Unterlagen in: StArchiv Leipzig, Polizeipräsidium Leipzig, PP-V, 3050.

Heinrich Schönfelder, der zwischen 1931 und 1935 Mitglied der Mazdaznan-Tempelvereinigung war, erklärte nach dem ausgesprochenen Verbot, er habe seinerzeit „auf ärztliches Anraten nur zwecks Bezugs der gesundheitlichen Ratschläge" und einer Zeitschrift die Mitgliedschaft beantragt und keinerlei weitere Bezüge zu Mazdaznan besessen.[151] Dass Schönfelder der Organisation ferngestanden habe, widersprach aber etwa sein Entschluss, den privaten Akt der Hochzeit im Jahr 1933 in der Mitgliederzeitung der „Mazdaznan" publik zu machen.[152]

Auch wenn Mazdaznan in keiner Weise als eine NS-widerständige oder oppositionelle Gruppe gelten kann, ist es nicht ohne Weiteres selbstverständlich, dass Schönfelder nach dem Verbot keine negativen Nachteile im beruflichen Fortkommen aus seiner Mitgliedschaft in einer zur „Freimaurerloge" erklärten Organisation erwuchsen. Der Fortgang der Karriere Schönfelders lässt aber nicht erkennen, dass das NS-Regime Zweifel an seiner weltanschaulichen Zuverlässigkeit hatte.[153]

Kurz nach Ausbruch des Zweiten Weltkrieges meldete sich Heinrich Schönfelder als Reservist zum Dienst bei der Luftwaffe. Er hatte dort bereits 1937/38 gedient und absolvierte nun einen Offizierslehrgang.[154] Im November 1940 wurde zum Offiziersanwärter ernannt und am 1. Dezember 1940 zum Feldwebel der Reserve befördert. Schönfelders Dienst als sächsischer Justizbeamter ruhte in dieser Zeit.[155] Am 11. September 1941 erlangte er den Dienstgrad eines Leutnants der Reserve.[156]

In einer Beurteilung kurz vor seiner Beförderung hieß es seitens der Luftwaffe über Heinrich Schönfelder: „Feldwebel d. R. Schönfelder verfügt über ein abgeschlossenes Hochschulstudium; er ist geistig lebendig und vielseitig interessiert und versteht es, seine Kenntnisse klar und verständlich seinen Untergebenen zu übermitteln. [...] Offener, anständiger Charakter, zuverlässig, diensteifrig und einsatzwillig. Gereifte Persönlichkeit. [...] Sein dienstliches und außerdienstliches Auftraten gegenüber Vorgesetzten ist einwandfrei. Sein Auftreten gegen Untergebene streng und gerecht. Sch. verfügt über gewandte Umgangsformen. Er wird von seinen Vorgesetzten geschätzt und ist im Kameradenkreis beliebt. [...] Feldw. Sch. ist weltanschaulich einwandfrei und versteht es, nationalsozialistisches Gedankengut seinen Untergebenen zu übermitteln."[157]

Im Januar 1942 wurde Schönfelder als Dolmetscher für Italienisch und Adjutant bzw. Hilfsoffizier zum Stab des Generals der Deutschen Luftwaffe nach Italien versetzt

---

151 Vgl. BArch, R 3001/75139, Formular, o. D., ca. 1936.
152 Vgl. Wrobel, Heinrich Schönfelder, S. 94.
153 Vgl. hierzu auch: ebenda, S. 94–106.
154 Vgl. die Angaben in: BArch, R 3001/75139.
155 Vgl. BArch, R 3001/75139, Schreiben des AG-Präsidenten in Dresden an den OLG-Präsidenten in Dresden und das Reichsjustizministerium, 5.2.1941.
156 Vgl. BArch, PERS 6/219432, Übersicht des Luftgaukommandos IV, 11.9.1941; BArch, R 3001/75139, Schreiben des AG-Präsidenten in Dresden an den OLG-Präsidenten in Dresden, 17.11.1943.
157 Vgl. BArch, PERS 6/219432, Beurteilung, 23.9.1941.

und war dort als richterliche Hilfskraft tätig.[158] 1943 war er zeitweise zum Feldgericht des Befehlshabers Südgriechenland abkommandiert und wurde ab Mitte des Jahres dem Feldgericht des Generals der Deutschen Luftwaffe in Italien unterstellt.[159] Schönfelder war dabei der Dienststelle „Chefrichter und Rechtsberater beim Chef" der Luftflotte 2 zugeordnet.[160] Zu diesem Zeitpunkt war Heinrich Schönfelder als Oberleutnant auf eigenen Wunsch als Soldat entlassen und als Wehrmachtbeamter bei der Luftwaffe zum Kriegsgerichtsrat befördert worden.[161] Über Schönfelders richterliche Tätigkeit 1943/44 sind nur wenige konkrete Details bekannt. Sie lassen jedoch erkennen, dass er als im Sinne des Nationalsozialismus absolut zuverlässiger Richter galt.[162]

Am 3. Juli 1944 wurde Heinrich Schönfelder im Nachgang eines Partisanenangriffs auf ihn und weitere Soldaten in der Nähe von Canossa als vermisst gemeldet.[163] Seine Ehe war, auf seinen im März 1944 gestellten Antrag hin, wenige Wochen zuvor in Dresden geschieden worden. Das Urteil war aber zum Zeitpunkt der Vermisstenmeldung noch nicht rechtskräftig.[164] Anfang November 1945 erklärte das Amtsgericht Nossen Heinrich Schönfelder für gefallen und setzte das Sterbedatum auf den 3. Juli 1944 fest.[165]

---

[158] Vgl. die Unterlagen in: BArch, PERS 6/219432.
[159] Vgl. BArch, PERS 6/219432, Verfügung, 18.6.1943.
[160] Vgl. BArch, PERS 6/219432, Verfügung, 5.7.1943.
[161] Vgl. BArch, PERS 6/219432, Vermerk des Reichsluftfahrtministeriums, 8.1.1943.
[162] Vgl. Wrobel, Heinrich Schönfelder, S. 132 f., 138 f., 143 f., 147–150.
[163] Vgl. BArch, R 3001/75139, Schreiben des OLG-Präsidenten in Dresden an den Reichsjustizminister, 25.9.1944; Wrobel, Heinrich Schönfelder, S. 157 f.
[164] Vgl. BArch, R 3001/75139, Schreiben des OLG-Präsidenten in Dresden an den Reichsjustizminister, 25.9.1944.
[165] Vgl. die handschriftliche Ergänzung in: Stadtverwaltung Nossen, Personenstandsregister, Geburtsurkunde Nr. 142 aus 1902.

Palandt, Schönfelder und der Nationalsozialismus: Eine Bilanz

Otto Palandt wirkte zwischen 1933 und 1943 als Vizepräsident und später als Präsident des preußischen Juristischen Landesprüfungsamtes bzw. ab 1934 als Präsident des Reichsjustizprüfungsamtes vorbehaltlos daran mit, die nationalsozialistische „Rechtsrevolution" umzusetzen und den neuen NS-ideologischen Rechtsprämissen Geltung zu verschaffen. Er hinterfragte den machtpolitischen Einfluss der NSDAP im Bereich der Justiz in keiner Weise und bewertete ihn weder kritisch noch ablehnend. Für Palandt galt dieser Zugriff der Partei Hitlers auf die Justiz und die Erosion der prinzipiellen Unabhängigkeit von Recht und Rechtsprechung vielmehr als richtig, selbstverständlich und vor allem als notwendig.

In keiner Weise opponierte er gegen parteipolitische Vereinnahmungen seitens der NSDAP, etwa die Aufwertung der nationalsozialistischen Ideologie zu einer rechtswissenschaftlichen und prüfungsrelevanten Materie oder auch die neu eingeführte Pflicht der Referendare, eine weltanschauliche und körperliche „Ertüchtigung" seitens der SA bzw. der NSDAP absolvieren zu müssen. Auch war Palandt als Präsident des Reichsjustizprüfungsamtes sehr darauf bedacht, dass die weltanschaulichen und politischen Kategorien des Nationalsozialismus in den Staatsexamina geprüft und Kandidaten gemäß ihrer politischen Loyalität gegenüber Hitler und der NSDAP bewertet wurden. All dies entsprach den neuen, von Palandt befürworteten und implementierten neuen politischen Grundsätzen hinsichtlich der juristischen Ausbildung und Prüfung im ersten und zweiten juristischen Staatsexamen. Innerhalb des Prüfungswesens agierte Palandt vor allem als Wächter- und Sanktionsinstanz. Wie die Quellen belegen, intervenierte er gegenüber Prüfern, wenn sie in den Staatsexamina nicht im Sinne der NSDAP handelten. Auch setzte er sich dafür ein, dass Referendare für ihr gegenüber dem Nationalsozialismus gezeigtes Desinteresse Konsequenzen tragen mussten.

Palandts Amtsverständnis war geprägt von einer deutlich sichtbaren Identifikation mit den politischen Zielen der nationalsozialistischen „Rechtserneuerung", also einer dezidiert betriebenen Beseitigung von Rechtsstaatlichkeit und der Implementierung einer politischen Gesinnungsjustiz. Auch nach seiner im Februar 1943 erfolgten Pensionierung drängte er gegenüber dem Reichsjustizministerium und dem Minister mehrfach darauf, als Richter wieder tätig werden zu können. Er begründete diese Absicht explizit mit dem Bedürfnis, das nationalsozialistische Regime angesichts einer sich abzeichnenden Kriegsniederlage unterstützen zu wollen.

Als Otto Palandt 1933 durch den neuen nationalsozialistischen Justizminister Preußens vom Oberlandesgerichtsrat zum Vizepräsidenten des preußischen Juristischen Landesprüfungsamtes befördert wurde, war er 56 Jahre alt. Zuvor konnte er in der Weimarer Republik weder zum Vorsitzenden eines Senats aufsteigen noch Präsident eines Oberlandesgerichtes werden. Palandt behielt vielmehr seinen 1916 erlangten Rang eines Oberlandesgerichtsrates. Maßgeblich verantwortlich für die Stagnation seiner Karriere in der Weimarer Republik war Palandts völlig illoyales, das Reichsfinanzministerium sowie das preußische Justizministerium nötigendes und erpressendes Agieren im Kontext der Kries-Noten-Affäre 1919/20.

Weder zu Beginn noch am Ende der Weimarer Republik konnte Otto Palandt als ein Verfechter der Demokratie gelten. Sehr leichtfertig wollte er 1919/20 als Richter und Beamter skrupellos und ohne Scheu vor disziplinarischen Konsequenzen vermeintliche finanzielle Ansprüche gegenüber dem Reich unter Rechtsbruch durchsetzen. Er verspielte damit in den Augen der demokratischen Akteure jedes Vertrauen. Dass Palandt ausgehend von der Kries-Noten-Affäre zeitgenössisch bekanntermaßen nicht als Weimarer Demokrat galt, war 1933 ein personalpolitischer Vor- und kein Nachteil. Entscheidend für seinen Wechsel von Kassel nach Berlin war aber nicht die Fürsprache des Nationalsozialisten Roland Freisler, wie bisher von der Forschung gemutmaßt, sondern wohl eher eine Intervention des Präsidenten des preußischen Juristischen Landesprüfungsamtes Wilhelm Schwister. Er war in den 1920er Jahren im preußischen Justizministerium mit der Untersuchung von Palandts Agieren in der Kries-Noten-Affäre betraut gewesen und hatte seinerzeit zu Gunsten Palandts interveniert.

Dass Otto Palandt 1933 wiederum zunächst nicht Präsident des preußischen Juristischen Landesprüfungsamtes wurde, sondern Schwisters Vizepräsident, kann ausweislich der Akten als ein politisches Kalkül des neuen nationalsozialistischen Justizministers gelten, der während der bereits angestoßenen „Justizreform" in Preußen nicht beide Spitzenpositionen des Prüfungsamtes neu besetzen wollte. In jedem Fall lassen die Quellen erkennen, dass Palandt bereits im Frühjahr 1933 aus Sicht der NSDAP für die Funktion des Präsidenten des preußischen Juristischen Landesprüfungsamtes infrage kam.

Auch wenn der Nationalsozialismus Otto Palandt 1933 berufliche Ermöglichungsräume bot, die in der Weimarer Republik nicht bestanden hatten und absehbar auch nie bestanden hätten, war sein Engagement zugunsten des NS-Regimes keineswegs allein opportunistisch motiviert. Palandt besaß von Beginn an das Vertrauen führender Stellen der NSDAP und galt im nationalsozialistischen Sinne als politisch loyal und zuverlässig. Bereits im Amt des Vizepräsidenten des preußischen Juristischen Landesprüfungsamtes verdeutlichte er durch sein Handeln, dass er mit Eigeninitiative, Akribie und großem Fleiß an die Um- und Durchsetzung der politischen Vorgaben der NSDAP ging. Dieses offensichtlich hochmotivierte Mitwirken an der Ausgestaltung des NS-Rechts behielt Palandt in jeder nachfolgenden Position bei. Es zeichnete nicht zuletzt auch sein freiwilliges berufliches Engagement zugunsten des Nationalsozialismus nach der Pensionierung in den Jahren zwischen 1943 und 1945 aus.

Otto Palandt besaß vor 1933 keine konkreten Bezüge zur nationalsozialistischen „Bewegung" und war im „Dritten Reich" einfaches Mitglied der NSDAP und des NS-Rechtswahrerbundes. Auch wenn er aufgrund dieser formalen „Marker" vermeintlich nicht als besonders „NS-belastet" gelten kann, war es vor allem sein diszipliniertes, zuverlässiges und umtriebiges Agieren, das ihn als Richter und Juristen zu einem Protagonisten der NS-Ideologie werden ließ. Palandts Positionen und Funktionen verlangten danach, Intentionen und Maßgaben der politischen Weltanschauung des Nationalsozialismus kompromisslos umzusetzen und ihnen Geltung zu verschaffen – damit junge Juristen sie als die neuen Maßstäbe und Normen verinnerlichten. Er baute in diesem Sinne wesentlich am NS-Unrechtsstaat mit. Palandt war qua Amt und in Anbetracht seiner Amtsführung sowie seines politischen Amtsverständnisses ein wichtiger Akteur, der mit großer Eigeninitiative und viel Engagement ganz maßgeblich zur Um- und Durchsetzung der NS-ideologischen Vorgaben hinsichtlich der juristischen Ausbildung und des Prüfungswesens beitrug.

Eine Schnittmenge mit der nationalsozialistischen Ideologie und der Vorstellung von einer „revolutionär" neu zu errichtenden und zu begründenden Staatlichkeit fand Palandt offenkundig vor allem aus einem avantgardistischen Selbstverständnis heraus: Otto Palandt verstand sich – nicht zuletzt als Folge des verweigerten Duells 1901 – stets als ein moderner Jurist, der sich von überkommenen, antiquierten und anachronistisch erscheinenden Rechtstraditionen abgrenzen wollte. Anfang des 20. Jahrhunderts definierte er seine Entscheidung gegen das Duell, das von seinen Dienstvorgesetzten in Erwiderung einer Beleidigung verlangt wurde, obwohl dies strafrechtlich verboten war, ausdrücklich als einen Akt von Modernität. Palandt wollte sich mit der Betonung der „Duellgegnerschaft" innerhalb der Zunft als modern profilieren. Er konnte dies deshalb, weil es zwar einer strafrechtlichen Selbstverständlichkeit glich, sich nicht zu duellieren, der Zweikampf aber seinerzeit nach wie vor als Konvention des juristischen Berufsstandes galt.

Als „Duellverweigerer" wurde Palandt jedoch bereits als Referendar von der einen elitären Habitus pflegenden Zunft verstoßen und zum Paria erklärt. Ausgehend von dieser früh erlebten Zurückweisung und Exklusion prägte Palandt noch prononcierter ein spezifisches Selbstverständnis als Jurist aus: Er sah sich mehr als Einzelkämpfer denn als integriertes Glied eines Corps; er vertrat eher neue Konzepte und war kein Traditionalist. Otto Palandt, der in seiner Jugend durch ein antipreußisch geprägtes Elternhaus im ehemaligen Königreich Hannover sozialisiert worden war, musste sich von dieser Erfahrung rasch emanzipieren, nicht zuletzt nachdem er 1899 preußischer Justizbeamter geworden war. Die Kontroverse um sein verweigertes Duell rückte Palandt ab 1901 in eine gewisse Distanz zum preußisch geprägten Kaiserreich. Dass ein elitärer Standesdünkel persönliche Fähigkeiten und Leistungen schmälern und sogar neutralisieren konnte, erlebte Palandt als Ausdruck von gesellschaftlicher und letztlich auch politischer Anti-Modernität; als ein rückwärtsgewandtes Ideal von Bürgerlichkeit. Insofern war Palandt kein überzeugter Anhänger des Deutschen Kaiserreiches. Ausgehend von seinen Erfahrungen im Zusammenhang mit dem Duell blieb sein Verhältnis gegenüber der Hohenzollernmonarchie ambivalent.

Auch während der Weimarer Republik konservierte Palandt den selbst entworfenen Nimbus eines nichtkonformen und von der Zunft ausgegrenzten Juristen, vor allem deshalb, weil er tatsächlich aufgrund seines eigenen Verhaltens und angedrohter bzw. mutmaßlich auch begangener schwerwiegender Rechtsbrüche das Vertrauen staatlicher Institutionen als Beamter verloren hatte und keine weitere Karriereentwicklung mehr erwarten konnte.

Diese persönlichen Prägungen und Erfahrungen begründeten 1933 eine bestimmte Affinität Palandts für die nationalsozialistische „Rechtsrevolution". Sie ermöglichte ihm einerseits einen Aufstieg noch kurz vor dem altersmäßigen Ende seiner Karriere, bot andererseits aber auch die Chance, inhaltlich und strukturell an einer Korrektur von Recht und Justiz mitzuarbeiten. Einen konkreten ideellen Anknüpfungspunkt konnte er in der vom Nationalsozialismus proklamierten Modernität finden. Als „modern" definierte die NSDAP ihr Rechtsverständnis vor allem ex negativo im Sinne einer vorbehaltlosen Erneuerung und Abkehr von traditionellen Elementen. Auch Palandt verstand sich seit Anfang des 20. Jahrhunderts als ein moderner Jurist, der sich gegen Konventionen – verstanden als eine rückwärtsgewandte und antiquierte Kastenmentalität der Mehrheit – auflehnte.

Das 1948 von Otto Palandt in Hamburg durchlaufene Entnazifizierungsverfahren war geprägt von exkulpierenden Narrativen und einer selektiv präsentierten Vita während des „Dritten Reiches". Palandt wollte sich zum projüdischen Gegner des Nationalsozialismus stilisieren. Strategisches Anliegen des Verfahrens war es, die amtliche „Entlastung" zu erhalten, um weiterhin als Heraus- und Namensgeber des BGB-Kurzkommentars fungieren zu können. Die Neuauflage sollte 1949 erstmals in der Nachkriegszeit erscheinen.

Gerade mit Blick auf seinen Kommentar gilt zu bilanzieren: Otto Palandt hat sich während des „Dritten Reiches" nie von den zutiefst antisemitischen und rassistischen Umwertungen des BGB seitens des Nationalsozialismus distanziert. Im Gegenteil: In seiner Einleitung und in seinem Vorwort zum seit 1939 erschienenen „Palandt" bekannte er sich zu den willkürlichen, antisemitisch und rassistisch motivierten Dimensionen des nationalsozialistischen „Bürgerlichen Gesetzes" und verlieh ihnen Legitimität. Palandt banalisierte die eklatanten Brüche elementarer Rechtsgrundsätze und vor allem auch die rechtlichen Ausnahmezustände, in denen sich jüdische Bürgerinnen und Bürger wiederfanden. Als Herausgeber des BGB-Kommentars trug Palandt aber auch seit 1939 Verantwortung für die Logik des gesamten Buches, das heißt die inhaltliche Ausrichtung der Beiträge Dritter. Und der „Palandt" war bis 1945 ein Kommentar, der antisemitische, antiliberale, rassistische und aggressive Lehren des Nationalsozialismus auf das im 19. Jahrhundert formulierte bürgerliche deutsche Recht übertrug und die nationalsozialistischen Tabubrüche als normal erscheinen ließ. Der BGB-Kurzkommentar Palandts war in diesem Sinne zwischen 1939 und 1945 Bestandteil und Instrument der nationalsozialistischen „Rechtsrevolution".

Im Entnazifizierungsverfahren 1948, das Palandt wohl bewusst nicht in der härter sanktionierenden amerikanischen, sondern in der britischen Besatzungszone einleiten ließ, spielte die Bedeutung des „Palandt" vor 1945 keinerlei Rolle. Auch wurde Palandts Karriere im „Dritten Reich" nicht kritisch berücksichtigt und sein konkretes Handeln als Beamter nicht in den Mittelpunkt gerückt. War dies zeitgenössisch zwar nicht unüblich, so weist etwa die „Entnazifizierung" Wilhelm Stuckarts, des langjährigen

Staatssekretärs des Reichsinnenministeriums zwischen 1933 und 1945, aber einen deutlichen Unterschied auf: Während 1948 im Falle Palandts dessen Verantwortung für den BGB-Kurzkommentar sowie für die von ihm darin verfasste Einleitung und das Vorwort keine Relevanz für das Entnazifizierungsverfahren besaßen, urteilte die Spruchkammer in West-Berlin 1952, Stuckart habe „rückhaltlos" als Beamter die nationalsozialistische Rassengesetzgebung unterstützt und habe als „wesentlicher Förderer des Nationalsozialismus" zu einer „Vertiefung der nationalsozialistischen Unrechtsauffassung" beigetragen – und zwar allein ausgehend von seiner im Kommentar zu den sogenannten Nürnberger Rassegesetzen verfassten Einleitung.[1]

Auch wenn es sich im Fall Palandts um ein anderes Rechtsgebiet handelte, unterschied sich die inhaltliche Argumentation in der Einleitung und im Vorwort zum BGB-Kurzkommentar 1939 praktisch nicht von der Stuckarts im Kommentar zu den „Nürnberger Rassegesetzen" wenige Jahre zuvor. Otto Palandt verlieh dort seinem nationalsozialistischen Rechtsverständnis dezidiert Ausdruck und trug als Herausgeber zudem Verantwortung für ein juristisches Fachwerk, das erläuterte, wie das Bürgerliche Gesetzbuch im Nationalsozialismus zu gebrauchen war. Und das „Bürgerliche Recht" war insofern von besonderer Bedeutung für den Nationalsozialismus, als es die ganz vielfältigen und zahlreichen antisemitisch und rassistisch motivierten Diskriminierungen, Schädigungen und Entrechtungen legitimieren und vor allem pseudorechtlich legalisieren musste.[2]

Vor diesem Hintergrund bleibt ausgehend von der Bewertung Wilhelm Stuckarts auch für Otto Palandt zu schlussfolgern: Er diente als Beamter und Richter nach 1933 dem Nationalsozialismus rückhaltlos, förderte die Politik des NS-Regimes und trug insgesamt zur Etablierung und Vertiefung der nationalsozialistischen Unrechtsauffassung bei.

Heinrich Schönfelder besaß vor 1933 – ähnlich wie Otto Palandt – keine direkten Bezüge zur NSDAP bzw. zur nationalsozialistischen „Bewegung". Doch im Gegensatz zu Palandt hatten sich bei Schönfelder, der zum Zeitpunkt der Regierungsübernahme Hitlers 30 Jahre alt war, seit der Jugend extrem nationalistische Deutungen konstant zu einer völkischen Ideologie verdichtet. Der Prozess einer völkisch-nationalistischen Radikalisierung Schönfelders – dessen Fixpunkte die Kriegsniederlage 1918, die Gründung der Weimarer Republik und der Versailler Vertrag waren – zeigt, wie wichtig generationelle Erfahrungen und Dynamiken waren. In diesem Sinne lässt er viele Anknüpfungspunkte zu den typologischen Konstanten einer sich verfestigenden völkisch-nationalistischen, antisemitischen und rassistischen Ideologisierung erkennen, die Forschungsarbeiten hinsichtlich bestimmter Führungskräfte des nationalsozialistischen Verfolgungs- und Vernichtungsapparates dargestellt haben.[3]

---

[1] Vgl. Jasch, Staatssekretär, S. 447.
[2] Vgl. u. a. die Darstellung bei Haferkamp, Wege.
[3] Vgl. Berger, Experten; Wildt, Generation; Gafke, Ostmärker.

Ihnen allen gemein war etwa, dass sie vor 1933 nicht der NSDAP, SS oder SA angehört hatten, sondern in generationell und gruppendynamisch geprägten Subkulturen des völkisch-nationalistischen Milieus der Weimarer Republik aktiv gewesen waren, etwa in einer der zahlreichen rechtsradikalen, alldeutschen und nationalistisch-konservativen Gruppierungen, Bünde oder Parteien. Ideologische Schnittmenge war die Ablehnung von Versailles und eine völkisch-nationalistische Wiederauferstehungsideologie, die zwingend antisemitische, biologistisch-utilitaristische und rassistisch-illiberale Züge aufwies.

Heinrich Schönfelder, der wohl bereits bei Verlassen des Gymnasiums 1922 stark antidemokratisch und völkisch-nationalistisch geprägt war, engagierte sich als Student und Bundesbruder der Landsmannschaft Schottland in den 1920er Jahren dezidiert völkisch-rassistisch, etwa zugunsten des „Grenz- und Auslandsdeutschtums". In seiner 1926 erschienenen Dissertation plädierte Schönfelder für die Einführung einer faschistischen Diktatur in Deutschland, da diese Staatsform die Interessen des Volkes am besten vertreten konnte und die „lange vergötterten" Ideale von Freiheit, Republik und parlamentarischer Demokratie endlich ablösen könne.[4]

Eine bei Heinrich Schönfelder markant ausgeprägte antisemitische und antisozialistische bzw. antikommunistische Haltung fand Niederschlag in seiner ab 1929 verlegten Heftreihe „Prüfe dein Wissen", ein mehrere Bände umfassendes Repetitorium, das der Vorbereitung auf juristische Staatsexamina dienen sollte. Schönfelder konstruierte die Fallbeispiele dieser Reihe suggestiv und manipulativ entlang antisemitischer und antikommunistischer Stereotype: Juden und Angehörige der Arbeiterschaft wurden zu bolschewistischen Staatsfeinden und skrupellosen wie perversen Verbrechern stilisiert. Diese von Schönfelder entworfenen Charaktere wurden tradiert und fanden sich noch in den 1960er Jahren in den entsprechenden Heften der Reihe „Prüfe dein Wissen".[5]

Während des „Dritten Reiches" hat Schönfelder ausweislich seiner Beurteilungen als ein im Sinne des NS-Regimes politisch außerordentlich zuverlässiger und weltanschaulich vom Nationalsozialismus überzeugter Beamter und Richter gearbeitet. Quellen, die einen hiervon abweichenden Schluss zulassen, sind nicht bekannt. Auch Schönfelders Zugehörigkeit zur 1935 als Freimaurerloge verbotenen „Mazdaznan-Tempelvereinigung" kann nicht als Nachweis einer NS-oppositionellen Haltung gelten, da die Organisation sich politisch nie gegen den Nationalsozialismus wandte und programmatisch in vielerlei Hinsicht Schnittmengen mit einer biologistisch-rassistischen Ideologie besaß. Vor allem die dienstlichen Beurteilungen über seine zwischen 1940 und 1944 ausgeübte Tätigkeit als Wehrmachtsbeamter und -richter dokumentieren,

---

4 Vgl. Schönfelder, Veredelung, Zit. S. 4.
5 Vgl. u. a. Leiß, Strafrecht; ders., Strafrecht – Besonderer Teil; Hoche, BGB-Sachenrecht; ders., Handelsrecht. Eine Untersuchung der Archivbestände des Beck-Verlages hinsichtlich der Reihe „Prüfe dein Wissen" in den 1950er, 1960er und 1970er Jahren war nicht möglich, da diese Quellen laut Aussage des Verlages vernichtet wurden.

dass Heinrich Schönfelder engagiert im Sinne des NS-Regimes auftrat und von der Weltanschauung des Nationalsozialismus durchdrungen war.

Das heißt: Ausweislich der historischen Quellen zählte Heinrich Schönfelder bereits in der Weimarer Republik zu den rechtsextremistischen Demokratiefeinden, die eine faschistische Diktatur in Deutschland anstrebten. Im Verlauf der 1920er Jahre verfestigte sich bei ihm stetig eine etatistisch-autoritäre, völkisch-nationalistische und antisemitisch-rassistische Weltsicht. Während des „Dritten Reiches" hat er sich vorbehaltlos mit den Zielen des Nationalsozialismus identifiziert und als Beamter und Richter zu deren Umsetzung beigetragen.

Weder Palandts noch Schönfelders Agieren im „Dritten Reich" kann mithin adäquat mithilfe der bagatellisierenden Metapher vom „kleinen Rädchen im Getriebe des Nationalsozialismus" begriffen werden. Die NSDAP setzte ab dem Zeitpunkt der Ernennung Adolf Hitlers zum Reichskanzler 1933 im Rechtssystem das um, was die Partei unter seiner Führung seit den 1920er Jahren propagiert hatte: Die Prinzipien der Unabhängigkeit von Recht und Justiz sowie die Gewaltenteilung wurden zerstört und durch ein nationalsozialistisches Weltanschauungsrecht ersetzt. Fußte die NS-Ideologie auf der Idee einer Selektion der vermeintlich Stärkeren und einer propagierten „Vernichtung" und „Elimination" des „Schwachen", des „Kranken" und der Feinde – allen voran des „Weltjudentums" –, so sollten die politisch Missliebigen, die aus der „Volksgemeinschaft" Exkludierten und die ihrer Abwehrrechte gegenüber dem Staat beraubten Personen mithilfe des Rechts bestraft und bekämpft werden. Die Kategorie Recht wurde ab 1933 kollektivistisch verstanden und diente nur noch dem „Volksganzen", nicht individueller Freiheit und Selbstbestimmung. Rechtsstaatlichkeit und die Funktion von Recht als ein Mittel zur Begrenzung politischer Macht wurden im Frühjahr 1933 von einer nationalsozialistischen Gesinnungsjustiz ersetzt. Ihr Fundament war die radikal antisemitische und aggressiv-illiberale Ideologie der NSDAP.[6]

Palandts Funktion während des „Dritten Reiches" war nicht trivial. Pars pro toto spiegelt seine NS-Biografie wesentliche Elemente der von der jüngsten Forschung hinsichtlich des „Belastungsbegriffes" und der Schattierungen von (Mit-)Täterschaft im Nationalsozialismus geschärften Kategorien wider. Im Zentrum steht dabei das Handeln, nicht die formale Betätigung in oder Zugehörigkeit zu einer NS-Organisation; verbunden mit der Frage, welche Prägungen, Lernprozesse und Aneignungen von Verhaltens- wie Denkweisen das Agieren leiteten.[7]

---

6 Vgl. u. a. Stolleis, NS-Recht; ders., Gemeinwohl; Steinweis/Rachlin, Law; Roberts, House; Fraenkel, Doppelstaat. Zur NS-ideologischen Programmatik gegenüber dem Recht vgl. u. a. Rosenberg/Hitler, Wesen. Vgl. auch die Edition von Pauer-Studer/Fink, Rechtfertigungen.
7 Zum Belastungsbegriff u. zu Täterschaften vgl. Bösch/Wirsching, Hüter; Kreller/Kuschel, „Volkskörper"; Berger, Experten; Jasch, Staatssekretär; Herbert, Werner Best; Danker/Lehmann-Himmel, Landespolitik; Braun/Freund/Mentel/Take, Kanzleramt.

Palandts „NS-Belastung" kann in diesem Sinne auch ex negativo und ausgehend von seinen nicht gewählten Alternativen begriffen werden: Niemand hatte Palandt nach 1933 gezwungen, seine hohen Ämter anzutreten. Niemand anderes außer Palandt selbst traf zudem etwa auch die Entscheidung, „Danziger Referendare arischer Abstammung" bevorzugt zu behandeln; niemand hieß Palandt, Prüfer wie Referendare zu maßregeln und zu bestrafen, die vermeintlich nicht im Sinne der politischen Ideologie des Nationalsozialismus handelten; und schließlich war es Palandt selbst, der dem NS-Regime quasi noch fünf Minuten nach zwölf energisch die Treue halten wollte, indem er sich freiwillig als Pensionär zum Dienst als Richter meldete. Otto Palandt hat sich im Übrigen auch nie vom NS-Regime und seinen fundamentalen Rechtsbrüchen distanziert. Er hat nie die eigene Rolle und Tätigkeit innerhalb des „Dritten Reiches" kritisch reflektiert.[8]

Eine Arbeit der jüngsten rechtswissenschaftlichen Forschung etabliert mit Blick auf den Nationalsozialismus eine dritte analytische Kategorie. Neben Recht und Unrecht habe auch das Nicht-Recht existiert.[9] Das Wesen des politischen Rechts – und damit auch das Agieren Palandts – vermag eine solche Überinterpretation kaum adäquat zu fassen. Wir wissen, dass auch Amtsrichter das NS-System stabilisierten – und zwar ausgehend von ihren NS-konformen Urteilen, die alltägliche und banale Bereiche des Privaten betreffen.[10] Palandt war kein Amtsrichter, sondern mehr. Er war die entscheidende Person, die über die NS-ideologisch außerordentlich wichtige politisch korrekte Ausbildung der künftigen Richter und Staatsanwälte wachte. Er war nicht in diese Position berufen worden, weil die NSDAP glaubte, er sei ein Demokrat und Gegner Hitlers.

Der Nationalsozialismus basierte nicht auf einem polykratischen Chaos und einer nicht effektiv und effizient arbeitenden normativen Basis, sondern auf dem Gegenteil: einem sehr gut funktionierenden und dem politischen Primat dienenden und gehorchenden politischen Weltanschauungsrecht. Dies war kein Nicht-Recht, sondern das Recht einer menschenverachtenden Diktatur, das maßgeblich deren innere Legitimität stabilisierte und dessen Funktionieren auf der Mitarbeit Hunderttausender juristischer Experten beruhte. Das Recht des Nationalsozialismus kann nicht als Ordnung ohne innere Logik begriffen werden, sondern es grundete auf der vorbehaltlos-radikalen und illiberalen Umformung des Weimarer Rechtsstaates.[11] Otto Palandt muss in diesem Sinne als Exponent einer Funktionselite begriffen werden, die ganz zentral sowohl für die Stabilisierung als auch Perpetuierung der NS-Herrschaft gewesen ist.[12]

---

8 Vgl. die Darstellung in diesem Band.
9 Vgl. Aydin, Gustav Radbruch.
10 Vgl. insbes. Christians, Privatheit.
11 Vgl. insbes. Stolleis, NS-Recht; ders., Gemeinwohl; Steinweis/Rachlin, Law; Roberts, House; Fraenkel, Doppelstaat; Begalke/Fröhlich/Glienke, Rechtsstaat.
12 Vgl. insbes. Hirschfeld, Karrieren; Begalke/Fröhlich/Glienke, Rechtsstaat; Wildt, Nazis; Christians, Privatheit; dies., Amtsgewalt; Braun/Falk, Richter; Berger, Experten; Mallmann/Paul, Karrieren; Brechtken, Albert Speer.

Auch ohne einen unmittelbaren Bezug zur NSDAP vor 1933, konnte sich Palandt ausgehend von mentalen Schnittmengen in das „Dritte Reich" integrieren.

Generationell unterschied sich die Kohorte Palandts, der 1877 geboren und damit 1933 56 Jahre alt war, von der, für die Heinrich Schönfelder exemplarisch steht: den um 1900 geborenen „Unbedingten", denen es vermeintlich als Pflicht übertragen war, Deutschland nach der „Schmach von Versailles" wieder groß zu machen.[13] Während für Letztere systematische Untersuchungen vorliegen, ist dies in Hinsicht auf die Generation Palandts nicht gleichermaßen der Fall, obwohl es nicht minder lohnend wäre, sie in den Blick zu nehmen – wie Otto Palandts Biografie zeigt.[14]

Dass die Frage, wie groß der Handlungsspielraum von Juristen im „Dritten Reich" war, um Eigensinnigkeit oder Resistenz zu artikulieren, bis heute innerhalb der Rechtswissenschaft weitaus positiver beurteilt wird,[15] als dies etwa von der jüngsten historischen Forschung mit Bezug auf Amtsärzte im Nationalsozialismus getan wird,[16] zeigt, wie umstritten Deutungen und Reflexionsprozesse innerhalb der juristischen Disziplin mit Blick auf die Hypotheken des NS-Rechts geblieben sind.

Aber warum sollten die Ergebnisse dieser Untersuchung für die Gegenwart relevant sein? Diese Frage kann sehr einfach mit einem simplen Satz beantwortet werden: Weil Recht die Basis der Demokratie ist. Weder Palandt noch Schönfelder wollten Demokraten sein, im Gegenteil. Sie wollten Anti-Demokraten sein. Diese Erkenntnis sollte ernst genommen werden – um aus der Geschichte zu lernen, dass anti-demokratische Proklamationen wirksam werden können. Die Demokratie ist keine sakrosankte Konstante, keine unumstößliche Gegebenheit und immer gültige Gewissheit, sondern sie ist ein von einer offenen Gesellschaft zu gestaltender und zu bewahrender Zustand, der Engagement, basierend auf einer historisch rückgebundenen Selbstvergewisserung, voraussetzt.

---

13 Vgl. Wildt, Generation.
14 Vgl. u. a. ebenda; Berger, Experten; Gafke, „Ostmärker"; Mallmann/Paul, Karrieren.
15 Vgl. u. a. König, Dienst.
16 Vgl. u. a. Kreller/Kuschel, Volkskörper; Christians, Amtsgewalt.

Dank

Mit diesem Buch findet das Projekt „Palandt/Schönfelder" den denkbar besten Abschluss. Viele haben mich – wie kaum anders zu erwarten – während meiner Arbeiten begleitet und unterstützt, allen voran die wissenschaftliche Projektleitung des Instituts für Zeitgeschichte München–Berlin. Ich danke dem Institutsdirektor, Professor Dr. Andreas Wirsching, sowie dem Leiter der Forschungsabteilung München, Professor Dr. Johannes Hürter, für ihren Zuspruch, ihr Vertrauen und ihre Kritik. Wie auch bei allen meinen anderen Projekten am Institut seit 2014 wäre auch dieses Buch ohne diese Unterstützung in der Form nie entstanden.

Die Forschungsarbeiten sowie das Verfassen des Textes gefördert bzw. ermöglicht hat das Bayerische Staatsministerium der Justiz. Ich möchte ausdrücklich Staatsminister Georg Eisenreich und Dr. Karin Angerer für die Unterstützung und das große Interesse an diesem Projekt danken.

Für die Aufnahme der Studie in die Schriftenreihe der Vierteljahrshefte für Zeitgeschichte danke ich den Herausgebern, Professor Dr. Jörn Leonhard, Professorin Dr. Stefanie Middendorf, Professorin Dr. Margit Szöllösi-Janze und Professor Dr. Andreas Wirsching.

Dankbar bin ich selbstverständlich auch den vielen Mitarbeiterinnen und Mitarbeitern zahlreicher Archive, insbesondere dem Bundesarchiv Berlin-Lichterfelde, dem Stadtarchiv Hildesheim sowie den Universitätsarchiven in Heidelberg, Leipzig und Tübingen.

Dem Verlag de Gruyter gilt mein Dank für die professionelle Arbeit mit dem Manuskript. Und nicht zuletzt schulde ich Angelika Reizle, M.A., großen Dank für ihren überaus umsichtigen und sorgfältigen Blick auf das Manuskript sowie Johannes Hürter für die redaktionelle Begleitung des Bandes.

Widmen möchte ich dieses Buch unserer Tochter, die kaum zwei Wochen auf dieser Welt war, als das „Projekt Palandt/Schönfelder" begann. Sie hat die Arbeiten stets mit sehr großem Interesse verfolgt. Entweder direkt auf meinem Schoß am Schreibtisch oder von ihrem kleinen Bett aus.

Du wirst diese Sätze erst in ein paar Jahren lesen können, aber das ist auch dein Buch – und es war eine unvergesslich schöne Arbeitszeit.

Dresden, 12. Oktober 2024

Abbildungen

Abb. 1: Der Angeklagte Günther Joël, im „Dritten Reich" leitender Ministerialbeamter des Reichsjustizministeriums, während des Nürnberger Juristenprozesses, Dezember 1947 (dpa/Süddeutsche Zeitung Photo, Bild-ID: 00157895) — **4**

Abb. 2: Hans Frank, Generalgouverneur des Generalgouvernements, während einer Rede in Krakau 1940 (Fotoarchiv für Zeitgeschichte/Archiv/Süddeutsche Zeitung Photo, Bild-ID: 02887437) — **7**

Abb. 3: Roland Freisler als Staatssekretär im preußischen Justizministerium in Parteiuniform der NSDAP, 1935 (Scherl/Süddeutsche Zeitung Photo, Bild-ID: 00059075) — **8**

Abb. 4: Der Angeklagte Marinus van der Lubbe während des Reichstagsbrandprozesses vor dem Reichsgericht in Leipzig, 20. Oktober 1933 (Scherl/Süddeutsche Zeitung Photo, Bild-ID: 00018452) — **9**

Abb. 5: Die sogenannte Gaskammer der „Heil- und Pflegeanstalt" Sonnenstein bei Pirna, aufgenommen 1995 (Archiv Stiftung Sächsische Gedenkstätten/Gedenkstätte Pirna-Sonnenstein/Foto: Jürgen Lösel) — **12**

Abb. 6: Stade, Fischmarkt, um 1916 (Deutsche Fotothek/Fotograf: Kastner) — **19**

Abb. 7: Deckblatt des 1896 ausgestellten Abiturzeugnisses von Otto Palandt (BArch, R 3001/70246) — **24**

Abb. 8: Der Landgerichts-Bezirk Göttingen mit seinen Gerichten, unten rechts das Amtsgericht Zellerfeld, um 1900 (Bild zur Verfügung gestellt vom Amtsgericht Zellerfeld) — **26**

Abb. 9: Stilisierung einer Duell-Situation in Frankreich um 1880 (Rue des Archives/Tallandier/Süddeutsche Zeitung Photo, Bild-ID: 01944027) — **29**

Abb. 10: Mitglieder einer schlagenden studentischen Verbindung in Berlin 1905 (Scherl/Süddeutsche Zeitung Photo, Bild-ID: 00077846) — **33**

Abb. 11: Promotionsurkunde Otto Palandts, 1902 (Universitätsarchiv Heidelberg, K-Ia-58/31 Palandt) — **34**

Abb. 12: Das Amtsgericht in Znin auf einer Postkartenaufnahme um 1900 — **38**

Abb. 13: Deutsche Soldaten im Schützengraben an der Ostfront, Winter 1914/15 (Scherl/Süddeutsche Zeitung Photo, Bild-ID: 00051989) — **41**

Abb. 14: Eine sogenannte Kries-Note in Höhe von 20 Marek Polskich, 1917 — **47**

Abb. 15: Hugo am Zehnhoff, 1919 bis 1927 preußischer Justizminister, 1926 (BArch, Bild 183-R07833) — **51**

Abb. 16: Der preußische Justizminister Hanns Kerrl beim Besuch des nach ihm benannten Ausbildungslagers für Referendare in Jüterbog bei Berlin, 1933 (BArch, Bild 102-14899/Georg Pahl) — **55**

Abb. 17: Juristische Referendare beim „gemeinschaftlichen Reinigen" nach dem Sport im „Gemeinschaftslager Hanns Kerrl" in Jüterbog, August 1933 (BArch, Bild 102-14901/Georg Pahl) — **60**

Abb. 18: Juristische Referendare treten beim Besuch des preußischen Justizministers Kerrl zum Appell an, „Gemeinschaftslager Hanns Kerrl" in Jüterbog, August 1933 (BArch, Bild 102-14900/Georg Pahl) — **63**

Abb. 19: Der italienische Justizminister Arrigo Solmi spricht während der Tagung deutscher und italienischer Juristen im März 1939 in Wien (Scherl/Süddeutsche Zeitung Photo, Bild-ID: 00008359) — **70**

Abb. 20: Zwei Personen stehen in Berlin vor einem Haus, an dem die Namensschilder jüdischer Rechtsanwälte mit dem Wort „Jude!" überklebt wurden, 1938 (Fotoarchiv für Zeitgeschichte/Archiv/Süddeutsche Zeitung Photo, Bild-ID: 02891520) — **72**

Abb. 21: Reichsjustizminister Otto Thierack bei der Einführung des neuen Präsidenten des Volksgerichtshofes Roland Freisler, 1942 (BArch, Bild 183-J03230) — **74**

Abb. 22: Der Leiter der Propaganda- und Informationsabteilung der SMAD, Sergej Tulpanow, bei einer Rede in Ost-Berlin, 1948 (Fotoarchiv für Zeitgeschichte/Archiv/Süddeutsche Zeitung Photo, Bild-ID: 02898253) — **78**

Abb. 23: Postkartenaufnahme mit Motiven der Stadt Nossen, 1898 (Deutsche Fotothek/Brück und Sohn) — **86**

Abb. 24: Postkartenaufnahme der Königlichen Landes- und Fürstenschule St. Afra in Meißen, 1917 (Deutsche Fotothek/Brück und Sohn) — **89**

Abb. 25: Titelblatt der Dissertation Heinrich Schönfelders, 1926 (Universitätsbibliothek Leipzig [Signatur: Jur.Ms.Schönfelder,Heinrich,1926]) — **103**

Abb. 26: Mitglieder der faschistischen Jugendorganisation „Opera Nazionale Balilla" aus Mailand, September 1928 (SZ Photo/Süddeutsche Zeitung Photo, Bild-ID: 00919351) — **105**

Abb. 27: Antisemitische Karikatur aus dem „Simplicissimus", 1900 (Scherl/Süddeutsche Zeitung Photo, Bild-ID: 00081341) — **109**

Abb. 28: Übersichtsbogen des Reichsjustizministeriums aus der Personalakte Heinrich Schönfelders, undatiert, ca. 1937 (BArch, R 3001/75139) — **116**

Abkürzungen

Abs.	Absatz
AG	Amtsgericht
BAG	Bundesarbeitsgericht
BArch	Bundesarchiv
Bd.	Band
BGB	Bürgerliches Gesetzbuch
BVerfG	Bundesverfassungsgericht
bzw.	beziehungsweise
ca.	circa
ders.	derselbe
dies.	dieselbe
d. J.	dieses Jahres
d. R.	der Reserve
f.	folgende
Feldw.	Feldwebel
Gestapo	Geheime Staatspolizei
GStA PK	Geheimes Staatsarchiv Preußischer Kulturbesitz
Hrsg.	Herausgeber
HStA	Hauptstaatsarchiv
IfZ	Institut für Zeitgeschichte München–Berlin
Kap.	Kapitel
KPD	Kommunistische Partei Deutschlands
LG	Landgericht
M	Mark
Nr.	Nummer
NS	Nationalsozialismus/nationalsozialistisch
NSDAP	Nationalsozialistische Deutsche Arbeiterpartei
o. D.	ohne Datumsangabe
OLG	Oberlandesgericht
Ost-CDU	Christlich-Demokratische Union Deutschlands in der Deutschen Demokratischen Republik/ Sowjetischen Besatzungszone Deutschlands
P. L. D. K.	Polnische Landesdarlehnskasse
RGBl.	Reichsgesetzblatt
RM	Reichsmark
RMF	Reichsministerium der Finanzen
RV	Reichsverfassung
S.	Seite
SA	Sturmabteilung
SBZ	Sowjetische Besatzungszone Deutschlands
SED	Sozialistische Einheitspartei Deutschlands
SMAD	Sowjetische Militäradministration in Deutschland
SPD	Sozialdemokratische Partei Deutschlands
SS	Schutzstaffel
St.	Sankt
StA	Stadtarchiv
StArchiv	Staatsarchiv

u. a.	unter anderem
UAL	Archiv der Universität Leipzig
UAT	Archiv der Universität Tübingen
USA	United States of America
vgl.	vergleiche
VfZ	Vierteljahrshefte für Zeitgeschichte
v. Mts.	vorigen Monats
Zit.	Zitat
zit. n.	zitiert nach

Quellen und Literatur

1 Ungedruckte Quellen

BArch (Bundesarchiv)
PERS 6
PH 30-II
R 2
R 3001
R 3012
R 9361-IX KARTEI

GStA PK (Geheimes Staatsarchiv Preußischer Kulturbesitz Berlin-Dahlem)
I. HA, Rep. 84 a
I. HA, Rep. 84 b
I. HA, Rep. 151, IA

HStA Dresden (Hauptstaatsarchiv Dresden)
11018
11079

Landkreis Meißen, Kreisarchiv
Personenstandsregister

StA Dresden (Stadtarchiv Dresden)
Standesamt/Urkundenstelle, 1.3.2-143

StA Hildesheim (Stadtarchiv Hildesheim)
WB 19910

Stadtverwaltung Nossen
Personenstandsregister

StArchiv Hamburg (Staatsarchiv Hamburg)
213-1
221-11/X 871, Entnazifizierungsakte Palandt, Otto
364-5, I_D 60.02
364-5, I_M 110.05.01, Bd. 5

StArchiv Leipzig (Staatsarchiv Leipzig)
Polizeipräsidium Leipzig, PP-V

UAH (Universitätsarchiv Heidelberg)
H II, 111/123
K Ia, 58/31

UAL (Universitätsarchiv Leipzig)
JurFak, 01-02, Bd. 4, Heinrich Schönfelder
Quaestur, Otto Palandt
Quaestur, Heinrich Schönfelder
Rep. 01, 16/07 C/058 Bd. 2, Otto Palandt

UAT (Universitätsarchiv Tübingen)
005-45/148
258/16949

2 Gedruckte Quellen und Literatur

Amtliche Mitteilungen

Fürsten- und Landesschule St. Afra in Meißen, Jahresbericht von Juli 1915 bis Juni 1916, Meißen 1916.
Fürsten- und Landesschule St. Afra in Meißen, Jahresbericht von Juli 1916 bis Juni 1918, Meißen 1918.
Justiz-Ministerial-Blatt für die preußische Gesetzgebung und Rechtspflege, 1933, Nr. 15, Abgekürzte juristische Prüfungen.
Justiz-Ministerial-Blatt für die preußische Gesetzgebung und Rechtspflege, 1933, Nr. 16, Abgekürzte juristische Prüfungen.
Justiz-Ministerial-Blatt für die preußische Gesetzgebung und Rechtspflege, 1933, Nr. 21, Personalnachrichten.
Justiz-Ministerial-Blatt für die preußische Gesetzgebung und Rechtspflege, 1933, Nr. 32, Gemeinschaftsleben der zur großen Staatsprüfung zugelassenen Referendare.
Landeshauptstadt Dresden, Adreßbuch der Landeshauptstadt Dresden sowie für Freital, Radebeul und Vororte, Jahrgang 1936, Dresden 1936.
Landeshauptstadt Dresden, Adreßbuch der Landeshauptstadt Dresden sowie für Freital, Radebeul und Vororte, Jahrgang 1937, Dresden 1937.

Gesetze, Gesetzessammlungen, Kommentare und Verordnungen

Palandt, Otto (Hrsg.), Bürgerliches Gesetzbuch mit dem Einführungsgesetz, Ehegesetz, Testamentsgesetz und allen anderen einschlägigen Gesetzen, München 1939.
Palandt, Otto (Hrsg.), Bürgerliches Gesetzbuch mit dem Einführungsgesetz, Verschollenheitsgesetz, Schiffsrechtegesetz, Ehegesetz, Testamentsgesetz, Militärregierungsgesetz 52 und 53 und allen anderen einschlägigen Vorschriften, München 1949.
Palandt, Otto/Richter, Heinrich, Die Justizausbildungsordnung des Reiches nebst Durchführungsbestimmungen, Berlin 1934.
Preußisches Justizministerium, Die juristische Ausbildung in Preußen: Zusammenstellung der Gesetzes- und Verwaltungsvorschriften über Rechtsstudium, juristische Prüfungen und Vorbereitungsdienst nebst dem Gesetz über die Befähigung zum höheren Verwaltungsdienst, Berlin 1928.
RGBl., 1871, Nr. 24, Strafgesetzbuch für das Deutsche Reich.
RGBl. I, 1933, Nr. 17, Verordnung des Reichspräsidenten zum Schutz von Volk und Staat.
RGBl. I, 1933, Nr. 24, Verordnung des Reichspräsidenten über die Gewährung von Straffreiheit.
RGBl. I, 1933, Nr. 25, Gesetz zur Behebung der Not von Volk und Reich.
RGBl. I, 1933, Nr. 29, Vorläufiges Gesetz zur Gleichschaltung der Länder mit dem Reich.
RGBl. I, 1933, Nr. 34, Gesetz zur Wiederherstellung des Berufsbeamtentums.
RGBl. I, 1934, Nr. 86, Justizausbildungsordnung.

RGBl. I, 1939, Nr. 146, Erlaß des Führers und Reichskanzlers über die Ausübung des Gnadenrechts in der Berufsgerichtsbarkeit der Ärzte, Tierärzte und Apotheker.
Schönfelder, Heinrich (Hrsg.), Deutsche Reichsgesetze. Sammlung des Zivil-, Straf-, Verfahrens- und Staatsrechts für den täglichen Gebrauch, München 1931.

Editionen
Clausius, Reinhard, Infanterie-Regiment v. Wittich (3. Kurhessisches) Nr. 83. Nach den amtlichen Kriegstagebüchern bearbeitet im Auftrage des ehemaligen Regiments v. Wittich, Berlin 1926.
Mitscherlich, Alexander/Mielke, Fred, Medizin ohne Menschlichkeit. Dokumente des Nürnberger Ärzteprozesses, Frankfurt a. M. 2017.
Oetzel, Ernst, Mit der 22. Infanterie-Division. Kriegserlebnisse nach eigenen Tagebuchaufzeichnungen, Kassel 1921.
Oppitz, Ulrich-Dieter, Medizinverbrechen vor Gericht. Das Urteil im Nürnberger Ärzteprozeß gegen Karl Brandt und andere sowie aus dem Prozeß gegen Generalfeldmarschall Milch, Erlangen 1999.

Handbücher und Schriftensammlungen
Broszat, Martin/Weber, Hermann (Hrsg.), SBZ-Handbuch. Staatliche Verwaltungen, Parteien, gesellschaftliche Organisationen und ihre Führungskräfte in der Sowjetischen Besatzungszone Deutschlands 1945–1949, München 1993.
Buchstein, Hubertus, Otto Kirchheimer – Gesammelte Schriften. Band 1: Recht und Politik in der Weimarer Republik, Baden-Baden 2017.
Berg, Christa/Herrmann, Ulrich, Industriegesellschaft und Kulturkrise. Ambivalenzen der Epoche des Zweiten Deutschen Kaiserreiches 1870–1918, in: Berg, Christa (Hrsg.), Handbuch der deutschen Bildungsgeschichte. Band 4: 1870–1918, Von der Reichsgründung bis zum Ende des Ersten Weltkrieges, München 1991, S. 3–56.
Berg, Christa, Familie, Kindheit, Jugend, in: Berg, Christa (Hrsg.), Handbuch der deutschen Bildungsgeschichte. Band 4: 1870–1918, Von der Reichsgründung bis zum Ende des Ersten Weltkrieges, München 1991, S. 91–145.
Stolleis, Michael, Nationalsozialistisches Recht, in: Erler, Adalbert/Kaufmann, Ekkehard (Hrsg.), Handwörterbuch zur deutschen Rechtsgeschichte, Bd. 3, West-Berlin 1984, Sp. 873–892.

Aufsätze, Monografien und Sammelbände
Adelberger, Susanne, Wilhelm Kisch: Leben und Wirken (1874–1952). Von der Kaiser-Wilhelms-Universität Straßburg bis zur nationalsozialistischen Akademie für Deutsches Recht, Frankfurt a. M. 2007.
Amos, Heike, Justizverwaltung in der SBZ/DDR. Personalpolitik 1945 bis Anfang der 50er Jahre, Köln 1996.
Amos, Heike, Kommunistische Personalpolitik in der Justizverwaltung der SBZ/DDR (1945–1953). Vom liberalen Justizfachmann Eugen Schiffer über den Parteifunktionär Max Fechner zur kommunistischen Juristin Hilde Benjamin, in: Bender, Gerd/Falk, Ulrich (Hrsg.), Recht im Sozialismus. Analysen zur Normdurchsetzung in osteuropäischen Nachkriegsgesellschaften 1944/45–1989, Frankfurt a. M. 1999, S. 109–145.
Angermund, Ralph, Deutsche Richterschaft 1919–1945. Krisenerfahrung, Illusion, politische Rechtsprechung, Frankfurt a. M. 2015.
Arendt, Hannah, The Origins of Totalitarianism, New York 1951.
Arendt, Hannah, Elemente und Ursprünge totaler Herrschaft. Antisemitismus, Imperialismus, Totalitarismus, München 2008.
Auernheimer, Gustav, „Genosse Herr Doktor". Zur Rolle von Akademikern in der deutschen Sozialdemokratie 1890 bis 1933, Gießen 1985.
Aydin, Taner, Gustav Radbruch, Hans Kelsen und der Nationalsozialismus. Zwischen Recht, Unrecht und Nicht-Recht, Baden-Baden 2020.

Bach, Maurizio/Breuer, Stefan, Faschismus als Bewegung und Regime. Italien und Deutschland im Vergleich, Wiesbaden 2010.

Barnert, Elena, Von Station zu Station. Anm zu Otto Palandt (umstr) uam aAnl seines 130. Gebtags (mwN), in: myops 1 (2007), S. 56–67.

Barnert, Elena, Von Station zu Station. Anm zu Otto Palandt (umstr) uam, in: Beck, Hans Dieter (Hrsg.), Festschrift zur 75. Auflage des Kurz-Kommentars Palandt, Bürgerliches Gesetzbuch, München 2016, S. 23–32.

Beck, Hans Dieter, Der juristische Verlag seit 1763, in: C. H. Beck'sche Verlagsbuchhandlung (Hrsg.), Juristen im Portrait. Verlag und Autoren in 4 Jahrzehnten – Festschrift zum 225jährigen Jubiläum des Verlages C. H. Beck, München 1988, S. 19–67.

Beck, Hans Dieter (Hrsg.), Festschrift zur 75. Auflage des Kurz-Kommentars Palandt, Bürgerliches Gesetzbuch, München 2016.

Becker, Maximilian, Mitstreiter im Volkstumskampf. Deutsche Justiz in den eingegliederten Ostgebieten 1939–1945, München 2014.

Begalke, Sonja/Fröhlich, Claudia/Glienke, Stephan Alexander (Hrsg.), Der halbierte Rechtsstaat. Demokratie und Recht in der frühen Bundesrepublik und die Integration von NS-Funktionseliten, Baden-Baden 2015.

Berger, Sara, Experten der Vernichtung. Das T4-Reinhardt-Netzwerk in den Lagern Belzec, Sobibor und Treblinka, Hamburg 2013.

Bergmann, Werner, Geschichte des Antisemitismus, München 2004.

Birk, Eberhard, Die Schlacht von Tannenberg, August 1914, in: Pöhlmann, Markus/Potempa, Harald/Vogel, Thomas (Hrsg.), Der Erste Weltkrieg 1914–1918. Der deutsche Aufmarsch in ein kriegerisches Jahrhundert, München 2014, S. 18–36.

Blazek, Matthias, Von der Landdrostey zur Bezirksregierung. Die Geschichte der Bezirksregierung Hannover im Spiegel der Verwaltungsreformen, Stuttgart 2014.

Bösch, Frank/Wirsching, Andreas (Hrsg.), Hüter der Ordnung. Die Innenministerien in Bonn und Ost-Berlin nach dem Nationalsozialismus, Göttingen 2018.

Boysen, Jens, Der Geist des Grenzlands. Ideologische Positionen deutscher und polnischer Meinungsführer in Posen und Westpreußen vor und nach dem Ersten Weltkrieg, in: Krzoska, Markus/Tokarski, Peter (Hrsg.), Die Geschichte Polens und Deutschlands im 19. und 20. Jahrhundert. Ausgewählte Beiträge, Osnabrück 1994, S. 104–123.

Bracher, Karl Dietrich, Zeit der Ideologien. Eine Geschichte politischen Denkens im 20. Jahrhundert, Stuttgart 1982.

Bracher, Karl Dietrich, Die deutsche Diktatur. Entstehung, Struktur, Folgen des Nationalsozialismus, Köln 1993.

Bracher, Karl Dietrich/Sauer, Wolfgang/Schulz, Gerhard, Die nationalsozialistische Machtergreifung. Studien zur Errichtung des totalitären Herrschaftssystems in Deutschland 1933/34, Köln 1962.

Brand, Arthur, Das Beamtenrecht. Die Rechtsstellung der preußischen Staats- und Kommunalbeamten, Berlin 1926.

Braun, Jutta/Freund, Nadine/Mentel, Christian/Take, Gunnar, Das Kanzleramt. Bundesdeutsche Demokratie und NS-Vergangenheit, Göttingen 2024.

Brechtken, Magnus, Albert Speer. Eine deutsche Karriere, München 2017.

Breuer, Stefan, Ordnungen der Ungleichheit. Die deutsche Rechte im Widerstreit ihrer Ideen 1871–1945, Wiesbaden 2001.

Broszat, Martin, Die Machtergreifung. Der Aufstieg der NSDAP und die Zerstörung der Weimarer Republik, München 1984.

Broszat, Martin, Der Staat Hitlers. Grundlegung und Entwicklung seiner inneren Verfassung, München 2000.

Budde, Gunilla, Blütezeit des Bürgertums. Bürgerlichkeit im 19. Jahrhundert, Darmstadt 2009.

Burleigh, Michael, Die Zeit des Nationalsozialismus. Eine Gesamtdarstellung, Frankfurt a. M. 2000.
Burleigh, Michael, Tod und Erlösung. Euthanasie in Deutschland 1900–1945, Zürich 2002.
Busse, Christian, Deutsche juristische Literatur des 20. Jahrhunderts. Annotierte Rezensionen zweier Beschreibungen aus dem Hause C. H. Beck, in: Kritische Justiz 43 (2010), S. 319–337.
Caplan, Jane, The Civil Servant in the Third Reich. Oxford 1974.
Caplan, Jane, Government without Administration. State and Civil Service in Weimar and Nazi Germany, Oxford 1988.
Christians, Annemone, Das Private vor Gericht. Verhandlungen des Eigenen in der nationalsozialistischen Rechtspraxis, Göttingen 2020.
Citron-Piorkowski, Renate/Marenbach, Ulrich, Verjagt aus Amt und Würden. Vom Naziregime 1933 verfolgte Richter des Preußischen Oberverwaltungsgerichts, 14 Lebensläufe, Berlin 2017.
Clausen, Thomas, Roland Freisler (1893–1945): An Intellectual Biography, Cambridge 2020.
Danker, Uwe/Lehmann-Himmel, Sebastian, Landespolitik mit Vergangenheit. Geschichtswissenschaftliche Aufarbeitung der personellen und strukturellen Kontinuität in der schleswig-holsteinischen Legislative und Exekutive nach 1945, Husum 2017.
Deutsch, Karl W., Cracks in the Monolith: Possibilities and Patterns of Disintegration in Totalitarian Systems, in: Friedrich, Carl J. (Hrsg.), Totalitarianism. Proceedings of a Conference held at the American Academy of Arts and Sciences, March 1953, Cambridge 1954, S. 308–333.
Diehl-Thiele, Peter, Partei und Staat im Dritten Reich. Untersuchungen zum Verhältnis von NSDAP und allgemeiner innerer Staatsverwaltung 1933–1945, München 1969.
Dietze, Hans-Helmut, Naturrecht der Gegenwart. Bonn 1936.
Dörner, Klaus/Ebbinghaus, Angelika (Hrsg.), Vernichten und Heilen. Der Nürnberger Ärzteprozess und seine Folgen, Berlin 2002.
Dörrenbächer, Simon, NS-Strafjustiz an der Saar. Nationalsozialistisches Strafrecht in der Rechtsprechung des Sondergerichts Saarbrücken 1939 bis 1945, Berlin 2023.
Doetz, Susanne, Alltag und Praxis der Zwangssterilisation. Die Berliner Universitätsfrauenklinik unter Walter Stoeckel 1942–1944, Berlin 2011.
Dülffer, Jost, Deutsche Geschichte 1933–1945. Führerglaube und Vernichtungskrieg, Stuttgart 1992.
Dülffer, Jost, Europa im Ost-West-Konflikt 1945–1991, Berlin 2004.
Ebert, Udo, Die „Banalität des Bösen" – Herausforderung für das Strafrecht, in: Bialas, Wolfgang/Fritze, Lothar/Berenbaum, Michael (Hrsg.), Nationalsozialistische Ideologie und Ethik. Dokumentation einer Debatte, Göttingen 2020, S. 267–290.
Eckart, Wolfgang U., Medizin in der NS-Diktatur. Ideologie, Praxis, Folgen, Wien 2012.
Ellerbrock, Dagmar, „Healing Democracy" – Demokratie als Heilmittel. Krankheit und Politik in der amerikanischen Besatzungszone 1945–1949, Bonn 2004.
Epping, Volker, Die „Lex van der Lubbe". Zugleich auch ein Beitrag zur Bedeutung des Grundsatzes „nullum crimen, nulla poena sine lege", in: Der Staat 34 (1995), S. 243–267.
Erler, Peter, „Moskau-Kader" der KPD in der SBZ, in: Wilke, Manfred (Hrsg.), Anatomie der Parteizentrale. Die KPD/SED auf dem Weg zur Macht, Berlin 1998, S. 229–291.
Fahlbusch, Michael/Haar, Ingo, Einleitung: Das Völkische als genuin deutschnationales Ideologem, in: Fahlbusch, Michael/Haar, Ingo/Lobenstein-Reichmann, Anja/Reitzenstein, Julien (Hrsg.), Völkische Wissenschaften: Ursprünge, Ideologien und Nachwirkungen, Berlin 2020, S. 1–16.
Fahlbusch, Michael/Haar, Ingo/Lobenstein-Reichmann, Anja/Reitzenstein, Julien (Hrsg.), Völkische Wissenschaften: Ursprünge, Ideologien und Nachwirkungen, Berlin 2020.
Falk, Georg D., Entnazifizierung und Kontinuität. Der Wiederaufbau der hessischen Justiz am Beispiel des Oberlandesgerichts Frankfurt am Main, Marburg 2017.
Fauser, Manfred, Das Gesetz im Führerstaat, in: Archiv für das öffentliche Recht 35 (1935), S. 129–154.
Feiling, Keith, The Life of Neville Chamberlain, London 1946.

Fischer, Alexander/Agethen, Manfred, Die CDU in der sowjetisch besetzten Zone/DDR 1945–1952, Sankt Augustin 1994.
Foitzik, Jan, Die Sowjetische Militäradministration in Deutschland (SMAD) 1945–1949. Struktur und Funktion, Berlin 1999.
Foitzik, Jan (Hrsg.), Sowjetische Interessenpolitik in Deutschland 1944–1954, München 2012.
Foitzik, Jan (Hrsg.), Sowjetische Kommandanturen und deutsche Verwaltung in der SBZ und frühen DDR, Berlin 2015.
Fraenkel, Ernst, The Dual State. A Contribution to the Theory of Dictatorship, New York 1941.
Fraenkel, Ernst, Der Doppelstaat, Hamburg 2012.
Frank, Hans, Lebensrecht, nicht Formalrecht, in: Deutsches Recht 4 (1934), S. 231–234.
Frank, Hans, Die Technik des Staates, Krakau 1942.
Frei, Norbert/Schmitz, Johannes, Journalismus im Dritten Reich, München 1989.
Freisler, Roland, Justiz und Politik, in: Gürtner, Franz (Hrsg.), 200 Jahre Dienst am Recht. Gedenkschrift aus Anlaß des 200jährigen Gründungstages des Preußischen Justizministeriums, Berlin 1938, S. 193–234.
Frevert, Ute, Ehrenmänner. Das Duell in der bürgerlichen Gesellschaft, München 1995.
Friedl, Sophie, Demokratie lernen. Der Öffentliche Gesundheitsdienst in Bayern nach dem Nationalsozialismus, München 2024.
Friedländer, Saul, Bertelsmann im Dritten Reich, München 2002.
Friedländer, Saul, Das Dritte Reich und die Juden. Verfolgung und Vernichtung 1933–1945, München 2007.
Friedrichs, Jörg, Freispruch für die Nazi-Justiz. Die Urteile gegen NS-Richter seit 1948 – Eine Dokumentation, Reinbeck 1983.
Fromm, Wolfgang/Schiller, Theo/Seitz, Lothar (Hrsg.), NS-Justiz in Hessen. Verfolgung, Kontinuitäten, Erbe, Marburg 2015.
Gafke, Matthias, Heydrichs „Ostmärker". Das österreichische Führungspersonal von Sicherheitspolizei und SD 1939–1945, Darmstadt 2015.
Gebel, Ralf, „Heim ins Reich". Konrad Henlein und der Reichsgau Sudetenland 1938–1945. München 1999.
Geifes, Stephan, Das Duell in Frankreich 1789–1830. Zum Wandel von Diskurs und Praxis in Revolution, Kaiserreich und Restauration, Berlin 2013.
Gerst, Thomas, Neuaufbau und Konsolidierung: Ärztliche Selbstverwaltung und Interessenvertretung in den drei Westzonen und der Bundesrepublik Deutschland 1945–1995, in: Jütte, Robert (Hrsg.), Geschichte der deutschen Ärzteschaft. Organisierte Berufs- und Gesundheitspolitik im 19. und 20. Jahrhundert, Köln 1997, S. 195–242.
Glienke, Stephan Alexander, Die Ausstellung „Ungesühnte Nazijustiz" (1959–1962). Zur Geschichte der Aufarbeitung nationalsozialistischer Justizverbrechen, Baden-Baden 2008.
Göring, Hermann, Die Rechtssicherheit als Grundlage der Volksgemeinschaft, Hamburg 1935.
Görtemaker, Manfred/Safferling, Christoph, Die Akte Rosenburg. Das Bundesministerium der Justiz und die NS-Zeit, München 2016.
Graeser, Kurt, Der Zweikampf. Eine Studie, Heidelberg 1911.
Gruchmann, Lothar, Justiz im Dritten Reich 1933–1940. Anpassung und Unterwerfung in der Ära Gürtner, München 2009.
Günther, Frieder, Denken vom Staat her. Die bundesdeutsche Staatsrechtslehre zwischen Dezision und Integration 1949–1970, Berlin 2009.
Günther, Frieder, Rechtsstaat, Justizstaat oder Verwaltungsstaat? Die Verfassungs- und Verwaltungspolitik, in: Bösch, Frank/Wirsching, Andreas (Hrsg.), Hüter der Ordnung. Die Innenministerien in Bonn und Ost-Berlin nach dem Nationalsozialismus, Göttingen 2018, S. 381–412.
Günther, Frieder/Kreller, Lutz, Unpolitischer Beamter versus „Berufsrevolutionär". Traditionen, Ideen, Selbstverständnis, in: Bösch, Frank/Wirsching, Andreas (Hrsg.), Hüter der Ordnung. Die Innenministerien in Bonn und Ost-Berlin nach dem Nationalsozialismus, Göttingen 2018, S. 267–285.

Günther, Frieder, Verfassung vergeht, Verwaltung besteht? Die vier deutschen Innenministerien 1919 bis 1970, in: VfZ 68 (2020), S. 217–247.
Gürtner, Franz, Zur Erneuerung des deutschen Rechts, in: Deutsche Justiz 95 (1933), S. 622.
Gürtner, Franz, Der Gedanke der Gerechtigkeit in der deutschen Strafrechtserneuerung. Vortrag auf dem 11. Internationalen Strafrechts- und Gefängniskongreß in Berlin, Berlin 1935.
Gumbel, Emil Julius, Vier Jahre politischer Mord, Berlin 1922.
Gumbel, Emil Julius, Denkschrift des Reichsjustizministers zu „Vier Jahre politischer Mord", Berlin 1924.
Hachtmann, Rüdiger, Elastisch, dynamisch und von katastrophaler Effizienz – zur Struktur der Neuen Staatlichkeit des Nationalsozialismus, in: Reichardt, Sven/Seibel, Wolfgang (Hrsg.), Der prekäre Staat. Herrschen und Verwalten im Nationalsozialismus, Frankfurt a. M. 2011, S. 29–73.
Haensel, Carl, Das Urteil im Nürnberger Juristenprozeß, in: Deutsche Rechts-Zeitschrift, 3 (1948), S. 40–43.
Haferkamp, Hans-Peter, Wege zur Rechtsgesichte: Das BGB, Köln 2022.
Harms, Ingo, Biologismus. Zur Theorie und Praxis einer wirkmächtigen Ideologie, Oldenburg 2011.
Harrington, Daniel F., Berlin on the Brink. The Blockade, the Airlift, and the Early Cold War, Lexington 2012.
Hartlich, Otto, Die Fürsten- und Landesschule St. Afra zu Meißen in den Jahren 1918–1922, Meißen 1922.
Hartmann, Christian, Unternehmen Barbarossa. Der deutsche Krieg im Osten 1941–1945, München 2012.
Heiber, Helmut, Zur Justiz im Dritten Reich, in: VfZ 3 (1955), S. 275–296.
Heidenreich, Frank, Arbeiterkulturbewegung und Sozialdemokratie in Sachsen vor 1933, Weimar 1995.
Heinrichs, Helmut, Bernhard Danckelmann, in: C. H. Beck'sche Verlagsbuchhandlung (Hrsg.), Juristen im Portrait. Verlag und Autoren in 4 Jahrzehnten – Festschrift zum 225jährigen Jubiläum des Verlages C. H. Beck, München 1988, S. 229–233.
Heinrichs, Helmut, Palandt – Der Mensch und das Werk, in: Ludwig-Maximilians-Universität München, Verleihung der Ehrendoktorwürde an Dr. h. c. Helmut Heinrichs, München 1988, S. 17–29.
Henke, Klaus-Dietmar/Woller, Hans (Hrsg.), Politische Säuberung in Europa. Die Abrechnung mit Faschismus und Kollaboration nach dem Zweiten Weltkrieg, München 1991.
Herbe, Daniel, Hermann Weinkauff (1894–1981). Der erste Präsident des Bundesgerichtshofs, Tübingen 2008.
Herbert, Ulrich, Traditionen des Rassismus, in: Niethammer, Lutz, Bürgerliche Gesellschaft in Deutschland. Historische Einblicke, Fragen, Perspektiven, Frankfurt a. M. 1990, S. 472–488.
Herbert, Ulrich, Rassismus und rationales Kalkül. Zum Stellenwert utilitaristisch verbrämter Legitimationsstrategien in der nationalsozialistischen Weltanschauung, in: Schneider, Wolfgang (Hrsg.), „Vernichtungspolitik". Eine Debatte über den Zusammenhang von Sozialpolitik und Genozid im nationalsozialistischen Deutschland, Hamburg 1991, S. 25–35.
Herbert, Ulrich, Werner Best – Radikalismus, Weltanschauung und Vernunft, Berlin 1997.
Herbert, Ulrich, Das Dritte Reich. Geschichte einer Diktatur, München 2016.
Heyde, Jürgen, Geschichte Polens, München 2017.
Hilberg, Raul, Die Vernichtung der europäischen Juden. Bände 1 bis 3, Frankfurt a. M. 1990.
Hildebrand, Klaus, Monokratie oder Polykratie? Hitlers Herrschaft und das Dritte Reich, in: Bracher, Karl Dietrich/Funke, Manfred/Jacobsen, Hans-Adolf (Hrsg.), Nationalsozialistische Diktatur 1933–1945, Düsseldorf 1983, S. 73–96.
Hirschfeld, Gerhard, Karrieren im Nationalsozialismus. Funktionseliten zwischen Mitwirkung und Distanz, Frankfurt a. M. 2004.
Hoche, Ulrich, BGB-Sachenrecht, Heinrich Schönfelder: Prüfe dein Wissen, Viertes Heft, München 1953.
Hoche, Ulrich, Handelsrecht I. Handelsgesetzbuch einschließlich Seehandel, Heinrich Schönfelder: Prüfe dein Wissen, Siebentes Heft, München 1960.
Hofer, Dirk Henning, Karl Konrad Werner Wedemeyer (1870–1934). Ein Juristen- und Gelehrtenleben in drei Reichen, eine Biographie, Frankfurt a. M. 2010.
Hoffmann, Gabriele, Sozialdemokratie und Berufsbeamtentum. Zur Frage nach Wandel und Kontinuität im Verhältnis der Sozialdemokratie zum Berufsbeamtentum, Hamburg 1972.

Jarausch, Konrad H., Deutsche Studenten 1800–1970, Frankfurt a. M. 1984.
Jarausch, Konrad H., Universität und Hochschule, in: Berg, Christa (Hrsg.), Handbuch der deutschen Bildungsgeschichte. Band 4: 1870–1918, Von der Reichsgründung bis zum Ende des Ersten Weltkrieges, München 1991, S. 313–345.
Jasch, Hans-Christian, Staatssekretär Wilhelm Stuckart und die Judenpolitik. Der Mythos von der sauberen Verwaltung, Berlin 2012.
Jenne, Erin K., Ethnic Bargaining. The Paradox of Minority Empowerment, Ithaca 2014.
John, Jürgen/Möller, Horst/Schaarschmidt, Thomas (Hrsg.), Die NS-Gaue. Regionale Mittelinstanzen im zentralistischen „Führerstaat", München 2007.
Jungcurt, Uta, Alldeutscher Extremismus in der Weimarer Republik. Denken und Handeln einer einflussreichen bürgerlichen Minderheit, Berlin 2016.
Kallis, Aristotle, Fascist Ideology. Territory and Expansionism in Italy and Germany 1922–1045, London 2000.
Kampe, Norbert, Studenten und „Judenfrage" im Deutschen Kaiserreich. Die Entstehung einer akademischen Trägerschicht des Antisemitismus, Göttingen 1988.
Karpiński, Zygmunt, Bank Polski 1924–1939. Przyczynek do historii gospodarczej okresu międzywojennego, Warszaw 1958.
Kater, Michael H., Studentenschaft und Rechtsradikalismus in Deutschland 1918–1933. Eine sozialgeschichtliche Studie zur Bildungskrise in der Weimarer Republik, Hamburg 1975.
Kauffman, Jesse Curtis, Sovereignty and the Search for Order in German-Occupied Poland 1915–1918, Stanford 2008.
Kenkmann, Alfons, Zwischen Nonkonformität und Widerstand. Abweichendes Verhalten unter nationalsozialistischer Herrschaft, in: Süß, Dietmar/Süß, Winfried (Hrsg.), Das „Dritte Reich". Eine Einführung, Berlin 2008, S. 143–164.
Kerrl, Hanns, Nationalsozialistisches Strafrecht. Denkschrift des Preußischen Justizministers, Berlin 1933.
Kershaw, Ian, Hitler. 1889–1936, Stuttgart 1998.
Kielmansegg, Peter Graf, Lange Schatten. Vom Umgang der Deutschen mit der nationalsozialistischen Vergangenheit, Berlin 1989.
Kießling, Friedrich/Safferling, Christoph, Staatsschutz im Kalten Krieg. Die Bundesanwaltschaft zwischen NS-Vergangenheit, Spiegel-Affäre und RAF, München 2021.
Kißener, Michael/Roth, Andreas, Notare in der nationalsozialistischen „Volksgemeinschaft". Das westfälische Anwaltsnotariat 1933–1945, Baden-Baden 2017.
Klee, Ernst, Deutsche Medizin im Dritten Reich. Karrieren vor und nach 1945, Frankfurt a. M. 2001.
Klee, Ernst, „Euthanasie" im Dritten Reich. Die „Vernichtung lebensunwerten Lebens", Frankfurt a. M. 2010.
Klemperer, Victor, LTI. Notizbuch eines Philologen, Stuttgart 2020.
Kluke, Paul, Der Fall Potempa, in: VfZ 5 (1957), S. 279–297.
Koch, Arnd/Kubiciel, Michael/Löhnig, Martin, Strafrecht zwischen Novemberrevolution und Weimarer Republik, Tübingen 2020.
Koch, Hannsjoachim W., Volksgerichtshof. Politische Justiz im 3. Reich, München 1988.
Köckritz, Moritz von, Die deutschen Oberlandesgerichtspräsidenten im Nationalsozialismus (1933–1945), Frankfurt a. M. 2011.
Koellreutter, Otto, Der deutsche Führerstaat, Tübingen 1934.
König, Stefan, Dienst am Recht. Rechtsanwälte als Strafverteidiger im Nationalsozialismus, West-Berlin 1987.
Kollmer, Dieter H., Die Eroberung von Lüttich, August 1914, in: Pöhlmann, Markus/Potempa, Harald/Vogel, Thomas (Hrsg.), Der Erste Weltkrieg 1914–1918. Der deutsche Aufmarsch in ein kriegerisches Jahrhundert, München 2014, S. 15–17.
Komierzyńska-Orlińska, Eliza, The Origin of the Polish National Loan Fund and its Operation on the Polish Lands, in: Roczniki Nauk Prawnych 28 (2018), S. 45–69.

Kreller, Lutz, Kontinuität der Experten. Die Meteorologie und das Archivwesen im MdI, in: Bösch, Frank/Wirsching, Andreas, Hüter der Ordnung. Die Innenministerien in Bonn und Ost-Berlin nach dem Nationalsozialismus, Göttingen 2018, S. 710–728.

Kreller, Lutz/Kuschel, Franziska, Ein Neubeginn. Das Innenministerium der DDR und sein Führungspersonal, in: Bösch, Frank/Wirsching, Andreas, Hüter der Ordnung. Die Innenministerien in Bonn und Ost-Berlin nach dem Nationalsozialismus, Göttingen 2018, S. 182–237.

Kreller, Lutz/Kuschel, Franziska, Vom „Volkskörper" zum Individuum. Das Bundesministerium für Gesundheitswesen nach dem Nationalsozialismus, Göttingen 2022.

Krohn, Manfred, Die deutsche Justiz im Urteil der Nationalsozialisten 1920–1933, Frankfurt a. M. 1991.

Kühl, Stefan, Ganz normale Organisationen. Zur Soziologie des Holocaust, Berlin 2014.

Kühl, Stefan, Brauchbare Illegalität. Vom Nutzen des Regelbruchs in Organisationen, Frankfurt a. M. 2020.

Kühn, Ulrich, Die Reform des Rechtsstudiums zwischen 1848 und 1933 in Bayern und Preußen, Berlin 2000.

Kuhn, Robert, Die Vertrauenskrise der Justiz (1926–1928). Der Kampf um die „Republikanisierung" der Rechtspflege in der Weimarer Republik, Köln 1983.

Kuller, Christiane, „Kämpfende Verwaltung". Bürokratie im NS-Staat, in: Süß, Dietmar/Süß, Winfried (Hrsg.), Das „Dritte Reich". Eine Einführung, München 2008, S. 227–245.

Kundrus, Birthe/Steinbacher, Sybille, Kontinuitäten und Diskontinuitäten: Der Nationalsozialismus in der Geschichte des 20. Jahrhunderts, Göttingen 2013.

Kuschel, Franziska/Rigoll, Dominik, Broschürenkrieg statt Bürgerkrieg. BMI und MdI im deutsch-deutschen Systemkonflikt, in: Bösch, Frank/Wirsching, Andreas (Hrsg.), Hüter der Ordnung. Die Innenministerien in Bonn und Ost-Berlin nach dem Nationalsozialismus, Göttingen 2018, S. 355–380.

Kuschel, Franziska/Rigoll, Dominik, Saubere Verwaltung, sicherer Staat. Personalpolitik als Sicherheitspolitik im BMI und MdI, in: Bösch, Frank/Wirsching, Andreas (Hrsg.), Hüter der Ordnung. Die Innenministerien in Bonn und Ost-Berlin nach dem Nationalsozialismus, Göttingen 2018, S. 355–380.

Langewiesche, Dieter, Die Eberhard-Karls-Universität Tübingen in der Weimarer Republik. Krisenerfahrungen und Distanz zur Demokratie an deutschen Universitäten, in: Zeitschrift für württembergische Landesgeschichte 51 (1992), S. 345–381.

Lauf, Edmund, Der Volksgerichtshof uns sein Beobachter. Bedingungen und Funktionen der Gerichtsberichterstattung im Nationalsozialismus, Wiesbaden 1994.

Le Bouedec, Nathalie, Die westdeutschen Juristen und der Nürnberger Juristenprozess. Analyse einer (Nicht-)Rezeption, in: Leipziger Beiträge zur Universalgeschichte und vergleichenden Gesellschaftsforschung 4 (2016), S. 87–103.

Leiß, Ludwig, Strafrecht – Allgemeiner Teil, Heinrich Schönfelder: Prüfe dein Wissen, Neuntes Heft, München 1955.

Leiß, Ludwig, Strafrecht – Besonderer Teil, Heinrich Schönfelder: Prüfe dein Wissen, Zehntes Heft, München 1955.

Leßau, Hanne, Entnazifizierungsgeschichten. Die Auseinandersetzung mit der eigenen NS-Vergangenheit in der frühen Nachkriegszeit, Göttingen 2020.

Leszczyńska, Ceczlia, An Outline History of Polish Central Banking, Warsaw 2011.

Levsen, Sonja, Elite, Männlichkeit und Krieg. Tübinger und Cambridger Studenten, Göttingen 2006.

Ley, Astrid, Zwangssterilisation und Ärzteschaft. Hintergründe und Ziele ärztlichen Handelns 1934–1945, Frankfurt a. M. 2003.

Löffler, Matthias, Das Diensttagebuch des Reichsjustizministers Gürtner 1934 bis 1938. Eine Quelle für die Untersuchung der „Richterdisziplinierung" während der Anfangsjahre des Nationalsozialismus, Frankfurt a. M. 1997.

Löhnig, Martin/Preisner, Mareike, (Hrsg.), Weimarer Zivilrechtswissenschaft, Tübingen 2014.

Longerich, Peter, Deutschland 1918–1933: Die Weimarer Republik, Hannover 1995.

Longerich, Peter, Politik der Vernichtung. Eine Gesamtdarstellung der nationalsozialistischen Judenverfolgung, München 1998.

Longerich, Peter, Die Sportpalast-Rede 1943. Goebbels und der „totale Krieg", München 2023.
Loo, Janwillem van de, Den Palandt umbenennen. Ein Beitrag zu juristischer Erinnerungskultur in Deutschland, in: Juristenzeitung 17 (2017), S. 827–830.
Loo, Janwillem van de, Auf den Kommentaren der Muff von 1000 Jahren? Palandt, Maunz, das NS-Regime und die zweite Aufarbeitung, in: Bretthauer, Sebastian/Henrich, Christina/Völzmann, Berit/Wolckenhaar, Leonhard/Zimmermann, Sören (Hrsg.), Wandlungen im Öffentlichen Recht. Festschrift zu 60 Jahren Assistententagung – Junge Tagung öffentliches Recht, Baden-Baden 2020, S. 65–88.
Luber, Martin, Strafverteidigung im Nürnberger Juristenprozess am Beispiel des Angeklagten Oswald Rothaug, Berlin 2018.
Lüdtke, Alf, Lebenswelt und Alltagswissen, in: Berg, Christa (Hrsg.), Handbuch der deutschen Bildungsgeschichte. Band 4: 1870–1918, Von der Reichsgründung bis zum Ende des Ersten Weltkrieges, München 1991, S. 57–90.
Maier, Charles S., The Unmasterable Past. History, Holocaust, and German National Identity, Cambridge 1988.
Majer, Diemut, Rechtstheoretische Funktionsbestimmungen der Justiz im Nationalsozialismus am Beispiel der „völkischen Ungleichheit", in: Rottleuthner, Hubert, Recht, Rechtsphilosophie und Nationalsozialismus. Vorträge aus der Tagung der deutschen Sektion der Internationalen Vereinigung für Rechts- und Sozialphilosophie (IVR) in der Bundesrepublik Deutschland vom 11. und 12. Oktober 1982 in Berlin (West), Wiesbaden 1983, S. 163–175.
Mallmann, Klaus-Michael/Paul, Gerhard (Hrsg.), Karrieren der Gewalt. Nationalsozialistische Täterbiografien, Frankfurt a. M. 2013.
Malycha, Andreas, Die SED. Geschichte ihrer Stalinisierung 1946–1953, Paderborn 2000.
Malycha, Andreas/Winters, Peter Jochen, Die SED. Geschichte einer deutschen Partei, München 2009.
Manthe, Barbara, Richter in der nationalsozialistischen Kriegsgesellschaft. Beruflicher und privater Alltag von Richtern des Oberlandesgerichtsbezirks Köln, 1939–1945, Tübingen 2013.
Marxen, Klaus, Der Kampf gegen das liberale Strafrecht. Eine Studie zum Antiliberalismus in der Strafrechtswissenschaft der zwanziger und dreißiger Jahre, Berlin 1975.
Marxen, Klaus, Die Rechtsprechung des Volksgerichtshofs, in: Säcker, Franz Jürgen (Hrsg.), Recht und Rechtslehre im Nationalsozialismus. Ringvorlesung der Rechtswissenschaftlichen Fakultät der Christian-Albrechts-Universität zu Kiel, Baden-Baden 1992, S. 203–217.
Marxen, Klaus, Das Volk und sein Gerichtshof. Eine Studie zum nationalsozialistischen Volksgerichtshof, Frankfurt a. M. 1994.
Materna, Markus, Richter der eigenen Sache. Die „Selbstexkulpation" der Justiz nach 1945 in Bayern am Beispiel der Todesurteile bayerischer Sondergerichte, Baden-Baden 2021.
Maubach, Franka/Middendorf, Stefanie, Über den Ort des Nationalsozialismus im langen 20. Jahrhundert. Kolonialismus, Rassismus, Kapitalismus, in: Redaktion der „Beiträge zur Geschichte des Nationalsozialismus" (Hrsg.), NS-Geschichte als Herausforderung. Neue und alte Fragen, Göttingen 2022, S. 107–129.
Maus, Ingeborg, Juristische Methodik und Justizfunktion im Nationalsozialismus, in: Rottleuthner, Hubert, Recht, Rechtsphilosophie und Nationalsozialismus. Vorträge aus der Tagung der deutschen Sektion der Internationalen Vereinigung für Rechts- und Sozialphilosophie (IVR) in der Bundesrepublik Deutschland vom 11. und 12. Oktober 1982 in Berlin (West), Wiesbaden 1983, S. 176–196.
Merkel, Christian, „Tod den Idioten". Eugenik und Euthanasie in juristischer Rezeption vom Kaiserreich zur Hitlerzeit, Berlin 2006.
Mertens, Bernd, „Spitzenjurist" im Nationalsozialismus (in Verwaltung, Justiz und Wissenschaft) – das Beispiel Martin Jonas, in: Juristen-Zeitung 79 (2024), S. 82–90.
Meusinger, Peter, Juristen als Wegbereiter der Verbrechen an Psychiatriepatienten im Dritten Reich, in: Hübener, Kristina (Hrsg.), Brandenburgische Heil- und Pflegeanstalten in der NS-Zeit, Berlin 2002, S. 47–60.

Middendorf, Stefanie, Macht der Ausnahme. Reichsfinanzministerium und Staatlichkeit (1919–1945), München 2021.

Mijndert, Bertram, Das Königreich Hannover. Kleine Geschichte eines vergangenen deutschen Staates, Hannover 2004.

Miller, Susanne, Die Bürde der Macht. Die deutsche Sozialdemokratie 1918–1920, Düsseldorf 1978.

Mommsen, Hans, Beamtentum im Dritten Reich. Mit ausgewählten Quellen zur nationalsozialistischen Beamtenpolitik, Stuttgart 1966.

Müller, Ingo, Furchtbare Juristen. Die unbewältigte Vergangenheit unserer Justiz, Berlin 2014.

Müller-Dietz, Heinz, Recht und Nationalsozialismus. Gesammelte Beiträge, Baden-Baden 2000.

Münkler, Herfried, Der Große Krieg. Die Welt 1914–1918, Bonn 2014.

Münzenmaier, Heinrich, Geschichte der Landsmannschaft Schottland zu Tübingen 1849 bis 1924, Stuttgart 1924.

Neef, Hermann, Der Beamte im nationalsozialistischen Führerstaat. Rede gehalten auf dem Reichsparteitage in Nürnberg am 8. September 1934, Berlin 1934.

Nettersheim, Gerd J./Kiesel, Doron (Hrsg.), Das Bundesministerium der Justiz und die NS-Vergangenheit. Bewertungen und Perspektiven, Göttingen 2021.

Neubach, Helmut, Posen – Preußens ungeliebte Provinz. Beiträge zur Geschichte des deutsch-polnischen Verhältnisses 1815–1918, Herne 2019.

Neumann, Franz, Behemoth. The Structure and Practice of National Socialism 1933–1944, New York 1967.

Niethammer, Lutz, Die Mitläuferfabrik. Die Entnazifizierung am Beispiel Bayerns, West-Berlin 1982.

Nipperdey, Thomas, Deutsche Geschichte 1866–1918. Erster Band: Arbeiterwelt und Bürgergeist, München 1991.

Nipperdey, Thomas, Deutsche Geschichte 1866–1918. Zweiter Band: Machtstaat vor der Demokratie, München 1993.

Nolzen, Armin, Entwicklungstendenzen, Probleme und Perspektiven der (west-)deutschen NS-Forschung, in: Redaktion der „Beiträge zur Geschichte des Nationalsozialismus" (Hrsg.), NS-Geschichte als Herausforderung. Neue und alte Fragen, Göttingen 2022, S. 154–188.

Palandt, Otto, Drei Monate Prüflinge. Aus dem Gemeinschaftslager der preußischen Referendare, in: Deutsche Justiz 95 (1933), S. 640 f.

Palandt, Otto, Die große juristische Staatsprüfung in Preußen im Jahre 1933. Ergebnisse, Erfahrungen und Aussichten, in: Deutsche Justiz 96 (1934), S. 250–254.

Palandt, Otto, Die Ergebnisse der ersten juristischen Staatsprüfungen in Preußen im Jahre 1933, in: Deutsche Justiz 96 (1934), S. 254–256.

Palm, Stefanie/Stange, Irina, Vergangenheiten und Prägungen des Personals des Bundesinnenministeriums, in: Bösch, Frank/Wirsching, Andreas, Hüter der Ordnung. Die Innenministerien in Bonn und Ost-Berlin nach dem Nationalsozialismus, Göttingen 2018, S. 122–181.

Pauer-Studer, Herlinde/Fink, Julian (Hrsg.), Rechtfertigungen des Unrechts. Das Rechtsdenken im Nationalsozialismus in Originaltexten, Berlin 2014.

Pauer-Studer, Herlinde, Recht, Gesetz und „Sittlichkeit": Die ideologische Moralisierung des Rechts im Nationalsozialismus, in: Bialas, Wolfgang/Fritze, Lothar/Berenbaum, Michael (Hrsg.), Nationalsozialistische Ideologie und Ethik. Dokumentation einer Debatte, Göttingen 2020, S. 251–266.

Perels, Joachim, Der Nürnberger Juristenprozeß im Kontext der Nachkriegsgeschichte. Ausgrenzung und späte Rezeption eines amerikanischen Urteils, in: Kritische Justiz 31 (1998), S. 84–98.

Perels, Joachim, Zur Rechtslehre vor und nach 1945, in: Schumann, Eva (Hrsg.), Kontinuitäten und Zäsuren. Rechtswissenschaft und Justiz im „Dritten Reich" und in der Nachkriegszeit, Göttingen 2008, S. 123–140.

Pletzing, Christian, Vom Völkerfrühling zum nationalen Konflikt. Deutscher und polnischer Nationalismus in Ost- und Westpreußen 1830–1871, Wiesbaden 2003.

Poehlmann, Christof Ludwig, Die deutsche Frau nach 1914, München 1914.

Poehlmann, Christof Ludwig, Geistes-Schulung und Pflege. Umfassend Poehlmann's Gesundheits- und Beobachtungslehre, Sinnesübung und Denklehre, Phantasiebildung, Gedächtnis- und Konzentrationslehre, Willensstärke, Redekunst, Abschnitte 1–10, München 1914.

Poehlmann, Christof Ludwig, Das Gute des Weltkrieges, München 1914.

Pöhlmann, Markus/Potempa, Harald/Vogel, Thomas (Hrsg.), Der Erste Weltkrieg 1914–1918. Der deutsche Aufmarsch in ein kriegerisches Jahrhundert, München 2014.

Pyta, Wolfram, Hindenburg. Herrschaft zwischen Hohenzollern und Hitler, München 2007.

Raether, Manfred, Polens deutsche Vergangenheit. Das Gebiet zwischen oder und Memel im Ablauf der deutschen und der polnischen Geschichte, Schöneck 2004.

Raim, Edith, Der Wiederaufbau der Justiz in Westdeutschland und die Verfolgung von NS-Verbrechen 1945–1949, in: Braun, Hans (Hrsg.), Die lange Stunde Null. Gelenkter sozialer Wandel in Westdeutschland nach 1945, Baden-Baden 2007, S. 141–174.

Raithel, Thomas/Weise, Niels, „Für die Zukunft des deutschen Volkes". Das bundesdeutsche Atom- und Forschungsministerium zwischen Vergangenheit und Neubeginn 1955–1972, Göttingen 2022.

Rasehorn, Theo, Justizkritik in der Weimarer Republik. Das Beispiel der Zeitschrift „Die Justiz", Frankfurt a. M. 1985.

Rebentisch, Dieter, Führerstaat und Verwaltung im Zweiten Weltkrieg. Verfassungsentwicklung und Verwaltungspolitik 1939–1945, Stuttgart 1989.

Reichardt, Sven/Seibel, Wolfgang (Hrsg.), Der prekäre Staat. Herrschen und Verwalten im Nationalsozialismus, Frankfurt a. M. 2011.

Reicher, Harry, Evading Responsibility for Crimes against Humanity: Murderous Lawyers at Nuremberg, in: Steinweis, Alan E./Rachlin, Robert D. (Hrsg.), The Law in Nazi Germany. Ideology, Opportunism, and the Perversion of Justice, New York 2015, S. 137–159.

Reitter, Ekkehard, Franz Gürtner. Politische Biographie eines deutschen Juristen 1881–1941, Berlin 1976.

Richter, Michael, Die Ost-CDU 1948–1952. Zwischen Widerstand und Gleichschaltung, Düsseldorf 1991.

Ritter, Gerhard A./Tenfelde, Klaus, Arbeiter im Deutschen Kaiserreich 1871–1914, Bonn 1992.

Roberts, Stephen H., The House that Hitler Built, New York 1938.

Rohrbacher, Stefan/Schmidt, Michael, Judenbilder. Kulturgeschichte antijüdischer Mythen und antisemitischer Vorurteile, Reinbeck bei Hamburg 1991.

Rosenberg, Alfred/Hitler, Adolf (Hrsg.), Wesen, Ziele und Grundsätze der Nationalsozialistischen Deutschen Arbeiterpartei. Das Programm der Bewegung, München 1923.

Rottleuthner, Hubert, Recht, Rechtsphilosophie und Nationalsozialismus. Vorträge aus der Tagung der deutschen Sektion der Internationalen Vereinigung für Rechts- und Sozialphilosophie (IVR) in der Bundesrepublik Deutschland vom 11. und 12. Oktober 1982 in Berlin (West), Wiesbaden 1983.

Rudolph, Karsten, Die Sozialdemokratie in der Regierung. Das linksrepublikanische Projekt in Sachsen 1920–1922, in: Grebing, Helga/Mommsen, Hans/Rudolph, Karsten (Hrsg.), Demokratie und Emanzipation zwischen Saale und Elbe. Beiträge zur Geschichte der sozialdemokratischen Arbeiterbewegung bis 1933, Essen 1993, S. 212–225.

Rückert, Joachim, Justiz und Nationalsozialismus: Bilanz einer Bilanz, in: Möller, Horst/ Wengst, Udo (Hrsg.), 50 Jahre Institut für Zeitgeschichte. Eine Bilanz, München 1999, S. 181–214.

Sabrow, Martin, Der Rathenaumord und die deutsche Gegenrevolution, Göttingen 2022.

Säcker, Franz Jürgen, Recht und Rechtslehre im Nationalsozialismus. Ringvorlesung der Rechtswissenschaftlichen Fakultät der Christian-Albrechts-Universität zu Kiel, Baden-Baden 1992.

Sauer, Bernhard, Schwarze Reichswehr und Fememorde. Eine Milieustudie zum Rechtsradikalismus in der Weimarer Republik, Berlin 2004.

Saur, Klaus Gerhard, Verlage im „Dritten Reich", Frankfurt a. M. 2013.

Schenk, Dieter, Hans Frank. Hitlers Kronjurist und Generalgouverneur, Frankfurt a. M. 2008.

Schieder, Wolfgang, Der italienische Faschismus 1919–1945, München 2010.

Schmeitzner, Mike, Alfred Fellisch 1884–1973. Eine politische Biographie, Köln 2000.

Schmeitzner, Mike, Georg Gradnauer. Der Begründer des Freistaates Sachsen (1918–1920), in: ders./ Wagner, Andreas (Hrsg.), Macht und Ohnmacht. Sächsische Ministerpräsidenten im Zeitalter der Extreme 1919–1952, Beucha 2006, S. 52–88.

Schmeitzner, Mike, Erich Zeigner. Der Linkssozialist und die Einheitsfront (1923), in: ders./Wagner, Andreas (Hrsg.), Macht und Ohnmacht. Sächsische Ministerpräsidenten im Zeitalter der Extreme 1919–1952, Beucha 2006, S. 128–158.

Schmerbach, Folker, Das „Gemeinschaftslager Hanns Kerrl" für Referendare in Jüterbog 1933–1939, Tübingen 2021.

Schönfelder, Heinrich, Die Veredelung der Diktatur. Die italienische Wahlreform im Jahre 1923, Leipzig 1926.

Schönfelder, Heinrich, Prüfe dein Wissen. Rechtsfälle und Fragen mit Antworten, Zweites Heft: Bürgerliches Gesetzbuch. Recht der Schuldverhältnisse, Allgemeine Lehren, München 1931.

Schönfelder, Heinrich, Prüfe dein Wissen. Rechtsfälle und Fragen mit Antworten, Siebtes Heft: Reichsverfassung, München 1930.

Schönfelder, Heinrich, Prüfe dein Wissen. Rechtsfälle und Fragen mit Antworten, Achtes Heft: Handelsrecht, München 1931.

Schönfelder, Heinrich, Prüfe dein Wissen. Rechtsfälle und Fragen mit Antworten, Neuntes Heft: Strafgesetzbuch I, München 1932.

Schönfelder, Heinrich, Prüfe dein Wissen. Rechtsfälle und Fragen mit Antworten, Zehntes Heft: Strafgesetzbuch II, München 1932.

Schönhagen, Benigna, Tübingen unterm Hakenkreuz. Eine Universitätsstadt in der Zeit des Nationalsozialismus, Stuttgart 1991.

Schoeps, Julius H. (Hrsg.), Antisemitismus. Vorurteile und Mythen, München 1995.

Schoeps, Julius H. (Hrsg.), Bilder der Judenfeindschaft. Antisemitismus: Vorurteile und Mythen, München 1999.

Schorn, Hubert, Der Richter im Dritten Reich. Geschichte und Dokumente, Frankfurt a. M. 1959.

Schröder, Rainer, Der zivilrechtliche Alltag des Volksgenossen. Beispiele aus der Praxis des Oberlandesgerichts Celle im Dritten Reich, in: Diestelkamp, Bernhard/Stolleis, Michael (Hrsg.), Justizalltag im Dritten Reich, Frankfurt a. M. 1988, S. 39–62.

Schudnagies, Christian, Hans Frank. Aufstieg und Fall des NS-Juristen und Generalgouverneurs, Frankfurt a. M. 1989.

Schulin, Paul, Der Aufbau von Tatbestand, Gutachten und Entscheidungsgründen. Mit einem Geleitwort und einer Einführung von Dr. Otto Palandt, Präsident des Reichs-Justizprüfungsamts, Berlin 1940.

Schulz, Andreas, Lebenswelt und Kultur des Bürgertums im 19. und 20. Jahrhundert, München 2005.

Schumann, Eva (Hrsg.), Kontinuitäten und Zäsuren. Rechtswissenschaft und Justiz im „Dritten Reich" und in der Nachkriegszeit, Göttingen 2008.

Schwarte, Max (Hrsg.), Der Weltkampf um Ehre und Recht. Band: Der deutsche Landkrieg. Erster Teil: Vom Kriegsbeginn bis zum Frühjahr 1915, Leipzig 1921.

Schwarte, Max (Hrsg.), Der Weltkampf um Ehre und Recht. Band: Die Organisationen der Kriegführung, Dritter Teil: Die Organisationen für das geistige Leben im Heer, Leipzig 1923.

Schwarz, Jürgen, Studenten in der Weimarer Republik. Die deutsche Studentenschaft in der Zeit von 1918 bis 1923 und ihre Stellung zur Politik, West-Berlin 1971.

Schwinger, Elke, Angewandte Ethik. Naturrecht – Menschenrechte, Berlin 2019.

Schwister, Wilhelm, Die Erneuerung des Studiums aus dem Geist der Humanität, in: Deutsche Juristen-Zeitung 38 (1933), S. 62–70.

Schwister, Wilhelm, Referendarprüfung 1932, in: Der junge Jurist. Beilage zur Deutschen Juristen-Zeitung 38 (1933), S. 640–644.

Schwister, Wilhelm, Zur Umgestaltung der Prüfungen, in: Der junge Jurist. Beilage zur Deutschen Juristen-Zeitung 38 (1933), S. 1139–1144.

Siemens, Daniel, Sturmabteilung. Die Geschichte der SA, München 2019.
Sigler, Sebastian (Hrsg.), Corpsstudenten im Widerstand gegen Hitler, Berlin 2014.
Simmel, Ernst, Anti-Semitism. A Social Disease, New York 1946.
Sinzheimer, Hug/Fraenkel, Ernst, Die Justiz in der Weimarer Republik. Eine Chronik, Neuwied 1968.
Slapnicar, Klaus W., Palandts erster unverschuldeter Karriereknick – ein junger Jurist mit Recht gegen die Konventionen, in: Kokemoor, Axel (Hrsg.), Recht im Dialog. Gedächtnisschrift für Rainer Wörlen, Baden-Baden 2013, S. 19–56.
Sobieraj, Silke, Die nationale Politik des Bundes der Landwirte in der Ersten Tschechoslowakischen Republik, Frankfurt a. M. 2002.
Stachelbeck, Christian, Taktik des Landkrieges, in: Pöhlmann, Markus/Potempa, Harald/Vogel, Thomas (Hrsg.), Der Erste Weltkrieg 1914–1918. Der deutsche Aufmarsch in ein kriegerisches Jahrhundert, München 2014, S. 63–71.
Stachelbeck, Christian, Deutschlands Heer und Marine im Ersten Weltkrieg, Berlin 2017.
Stange, Irina, Das Bundesministerium des Innern und seine leitenden Beamten, in: Bösch, Frank/Wirsching, Andreas, Hüter der Ordnung. Die Innenministerien in Bonn und Ost-Berlin nach dem Nationalsozialismus, Göttingen 2018, S. 55–121.
Steber, Martina/Gotto, Bernhard (Hrsg.), Visions of Community in Nazi Germany. Social Engineering and Private Lives, Oxford 2014.
Steinweis, Alan E., Kristallnacht 1938. Ein deutscher Pogrom, Stuttgart 2011.
Steinweis, Alan E./Rachlin, Robert D. (Hrsg.), The Law in Nazi Germany. Ideology, Opportunism, and the Perversion of Justice, New York 2015.
Stöver, Bernd, Der Kalte Krieg 1947–1991. Geschichte eines radikalen Zeitalters, München 2017.
Stolleis, Michael, Gemeinwohlformeln im nationalsozialistischen Recht, West-Berlin 1974.
Stolleis, Michael, Geschichte des öffentlichen Rechts in Deutschland. Dritter Band, Staats- und Verwaltungsrechtswissenschaft in Republik und Diktatur 1914–1945, München 1999.
Stolleis, Michael, Geschichte des öffentlichen Rechts in Deutschland. Weimarer Republik und Nationalsozialismus, München 2002.
Storek, Henning, Dirigierte Öffentlichkeit. Die Zeitungen als Herrschaftsmittel in den Anfangsjahren der nationalsozialistischen Regierung, Opladen 1972.
Thielmann, Karl-Heinz, Die Kameradschaft „Ostland" im Krieg, in: Förderverein Schwabstraße 20 Tübingen (Hrsg.), Geschichte der Landsmannschaft Schottland im CC zu Tübingen. Zweiter Teil: 1924–1999, Stuttgart 2000, S. 74–81.
Thier, Andreas, Palandt, Otto, in: Deutsche Biographie 20 (2001), S. 9 f.
Titze, Hartmut, Hochschulen, in: Langewiesche, Dieter/Tenorth, Heinz-Elmar (Hrsg.), Handbuch der deutschen Bildungsgeschichte. Band 5: 1918–1945, Die Weimarer Republik und die nationalsozialistische Diktatur, München 1989, S. 209–239.
Treziak, Ulrike, Deutsche Jugendbewegung am Ende der Weimarer Republik. Zum Verhältnis von Bündischer Jugend und Nationalsozialismus, Frankfurt a. M. 1986.
Triebel, Bertram, Die Thüringer CDU in der SBZ/DDR. Blockpartei mit Eigeninteresse, Sankt Augustin 2019.
Turner, Henry A., Hitlers Weg zur Macht. Der Januar 1933, München 1997.
Ulrich, Bernd, Untertan in Uniform. Militär und Militarismus im Kaiserreich 1871–1914, Frankfurt a. M. 2001.
Vogel, Thomas, Der Zweite Weltkrieg in Italien 1943–1945, Stuttgart 2021.
Wachheim, Hedwig, Die deutsche Arbeiterbewegung 1844 bis 1914, Opladen 1967.
Wagner, Walter, Der Volksgerichtshof im nationalsozialistischen Staat. Mit einem Forschungsbericht für die Jahre 1974 bis 2010 von Jürgen Zarusky, München 2011.
Wassermann, Hendrik, Vergessene Juristen: Erich Koch-Weser: Erfolgreichster Justizminister der Weimarer Republik, in: Recht und Politik 45 (2009), S. 55 f.
Weber, Petra, Justiz und Diktatur. Justizverwaltung und Politische Strafjustiz in Thüringen 1945–1961, Berlin 2000.

Wehler, Hans-Ulrich, Das Deutsche Kaiserreich 1871–1918, Göttingen 1994.
Wehler, Hans-Ulrich, Deutsche Gesellschaftsgeschichte. Dritter Band: Von der „Deutschen Doppelrevolution" bis zum Beginn des Ersten Weltkrieges 1849–1914, München 1995.
Weichbrodt, Stephan, Die Geschichte des Kammergerichts von 1913 bis 1945, Berlin 2009.
Weindling, Paul J., Gerechtigkeit aus der Perspektive der Medizingeschichte: „Euthanasie" im Nürnberger Ärzteprozess, in: Frewer, Andreas/Neumann, Josef N. (Hrsg.), Medizingeschichte und Medizinethik. Kontroversen und Begründungsansätze 1900–1950, Frankfurt a. M. 2001, S. 311–333.
Weingart, Peter/Kroll, Jürgen/Bayertz, Kurt, Rasse, Blut und Gene. Geschichte der Eugenik und Rassenhygiene in Deutschland, Frankfurt a. M. 1988.
Weinkauff, Hermann, Die deutsche Justiz und der Nationalsozialismus. Ein Überblick, Stuttgart 1968.
Weiss, Sheila Faith, Die rassenhygienische Bewegung in Deutschland 1904–1933, in: Ärztekammer Berlin (Hrsg.), Der Wert des Menschen. Medizin in Deutschland 1918–1945, West-Berlin 1989, S. 153–199.
Welsh, Helga A., Revolutionärer Wandel auf Befehl? Entnazifizierungs- und Personalpolitik in Thüringen und Sachsen (1945–1948), München 1989.
Welsh, Helga A., „Antifaschistisch-demokratische Umwälzung" und politische Säuberung in der sowjetischen Besatzungszone Deutschlands, in: Henke, Klaus-Dietmar/Woller, Hans (Hrsg.), Politische Säuberung in Europa. Die Abrechnung mit Faschismus und Kollaboration nach dem Zweiten Weltkrieg, München 1991, S. 84–107.
Welsh, Helga A., Thüringen, in: Broszat, Martin/Weber, Hermann (Hrsg.), SBZ-Handbuch. Staatliche Verwaltungen, Parteien, gesellschaftliche Organisationen und ihre Führungskräfte in der Sowjetischen Besatzungszone Deutschlands 1945–1949, München 1993, S. 167–189.
Welzer, Harald, Täter. Wie aus ganz normalen Menschen Massenmörder werden, Frankfurt a. M. 2005.
Wendel, Friedrich, 50 Jahre Wahrer Jacob. Eine Festschrift, Berlin 1929.
Wengst, Udo, Thomas Dehler 1897–1967. Eine politische Biographie, Berlin 2014.
Wentker, Hermann, Ein deutsch-deutsches Schicksal. Der CDU-Politiker Helmut Brandt zwischen Anpassung und Widerstand, in: VfZ 49 (2001), S. 465–506.
Wentker, Hermann, Justiz in der SBZ/DDR 1945–1953. Transformation und Rolle ihrer zentralen Institutionen, München 2001.
Wette, Wolfram, Schule der Gewalt. Militarismus in Deutschland 1871 bis 1945, Berlin 2005.
Whiteside, Andrew Gladding, Austrian National Socialism Before 1918, The Hague 1962.
Wiedemann, Felix, „Anständige" Täter – „asoziale" Opfer. Der Wiesbadener Juristenprozess 1951/52 und die Aufarbeitung des Mords an Strafgefangenen im Nationalsozialismus, in: VfZ 47 (2019), S. 593–619.
Wiener, Christina, Kieler Fakultät und „Kieler Schule". Die Rechtslehrer an der Rechts- und Staatswissenschaftlichen Fakultät zu Kiel in der Zeit des Nationalsozialismus und ihre Entnazifizierung, Baden-Baden 2012.
Wildt, Michael, Generation des Unbedingten. Das Führungskorps des Reichssicherheitshauptamtes, Hamburg 2002.
Wildt, Michael, Sind die Nazis Barbaren? Betrachtungen zu einer geklärten Frage, in: Bialas, Wolfgang/Fritze, Lothar/Berenbaum, Michael (Hrsg.), Nationalsozialistische Ideologie und Ethik. Dokumentation einer Debatte, Göttingen 2020, S. 65–81.
Wilhelm, Uwe, Das Deutsche Kaiserreich und seine Justiz. Justizkritik – politische Strafrechtsprechung – Justizpolitik, Berlin 2010.
Winkler, Heinrich August, Der Schein der Normalität. Arbeiter und Arbeiterbewegung in der Weimarer Republik 1924 bis 1930, West-Berlin 1988.
Winkler, Heinrich August, Weimar 1918–1933. Die Geschichte der ersten deutschen Demokratie, München 1993.
Winkler, Heinrich August (Hrsg.), Weimar im Widerstreit. Deutungen der ersten deutschen Republik im geteilten Deutschland, München 2002.
Winkler, Heinrich August, Geschichte des Westens. Die Zeit der Weltkriege 1914–1945, München 2011.

Wirsching, Andreas, Vom Weltkrieg zum Bürgerkrieg? Politischer Extremismus in Deutschland und Frankreich 1918–1933/39, Berlin und Paris im Vergleich, München 1999.
Wirsching, Andreas (Hrsg.), Das Jahr 1933. Die nationalsozialistische Machteroberung und die deutsche Gesellschaft, Göttingen 2009.
Wirsching, Andreas, Die Weimarer Republik. Politik und Gesellschaft, München 2010.
Wirsching, Andreas, Schicksalsjahr 1932: Woran scheiterte die Weimarer Republik? Nicht nur am Ränkespiel ihrer politischen Gegner. Die tiefen Krisen zerstörten die Hoffnungen vieler Menschen auf privates Glück, in: ZEIT Geschichte, Nr. 5, 2022, S. 16–19.
Wolff, Michael W., Die Währungsreform in Berlin 1948/49, Berlin 1990.
Woller, Hans, Geschichte Italiens im 20. Jahrhundert, München 2010.
Wrobel, Hans, Otto Palandt zum Gedächtnis. 1.5.1877–3.12.1951, in: Kritische Justiz 15 (1982), S. 1–17.
Wrobel, Hans, Otto Palandt. Ein deutsches Juristenleben, in: Redaktion Kritische Justiz (Hrsg.), Der Unrechts-Staat. Band II: Recht und Justiz im Nationalsozialismus, Baden-Baden 1984, S. 137–154.
Wrobel, Hans, Heinrich Schönfelder. Sammler Deutscher Gesetze 1902–1944, München 1997.
Würfel, Martin, Das Reichsjustizprüfungsamt, Tübingen 2019.
Wulff, Arne, Staatssekretär Prof. Dr. Dr. h. c. Franz Schlegelberger 1876–1970, Frankfurt a. M. 1991.
Zankl, Heinrich, Von der Vererbungslehre zur Rassenhygiene, in: Henke, Klaus-Dietmar (Hrsg.), Tödliche Medizin im Nationalsozialismus. Von der Rassenhygiene zum Massenmord, Köln 2008, S. 47–63.
Zarusky, Jürgen, Die deutschen Sozialdemokraten und das sowjetische Modell. Ideologische Auseinandersetzungen und außenpolitische Konzeptionen 1917–1933, München 1992.
Zarusky, Jürgen, Walter Wagners Volksgerichtshof-Studie von 1974 im Kontext der Forschungsentwicklung, in: Wagner, Walter, Der Volksgerichtshof im nationalsozialistischen Staat. Mit einem Forschungsbericht für die Jahre 1974 bis 2010 von Jürgen Zarusky, München 2011, S. 993–1023.
Zentral-Justizblatt für die Britische Zone, Das Nürnberger Juristenurteil (Allgemeiner Teil), Hamburg 1949.
Zimmermann, John, Tannenberg 1914. Der Erste Weltkrieg in Ostpreußen, Berlin 2021.

Onlinequellen

Angaben der Gemeinde Schönheide, online: https://www.gemeinde-schoenheide.de/seite/649774/geschichte.html (3.1.2023).
Angaben des Hessischen Staatsarchives Marburg zum Bestand 263, online: https://arcinsys.hessen.de/arcinsys/detailAction.action?detailid=b722 (12.12.2022).
Angaben des Landesgymnasiums St. Afra, online: www.sankt-afra.de/landesgymnasium/geschichte.html (10.1.2023).
Angaben der Stadt Chemnitz, online: www.grosse-chemnitzer.de/grosse-chemnitzer/richard-tauber (22.1.2023).
Angaben der Stadt Hildesheim „Ehrenbürgerinnen und Ehrenbürger", online: stadtarchiv.stadt-hildesheim.de/portal/seiten/ehrenbuergerinnen-und-ehrenbuerger-900001272-33610.html (28.11.2022).
Angaben der Stadt Nossen, online: www.nossen.de/geschichte.html (30.12.2022).
Bundesrechtsanwaltskammer: Beck Verlag benennt Palandt und Schönfelder um, online: www.brak.de/newsroom/news/beck-verlag-benennt-palandt-und-schoenfelder-um/ (2.11.2021).
Forschungsvorhaben – Geschichte des Bundesarbeitsgerichts, online: www.bundesarbeitsgericht.de/presse/forschungsvorhaben-geschichte-des-bundesarbeitsgerichts/?highlight=studie+vergangenheit (10.3.2022).
IfZ-Projekt: „Die Berlinale in der Ära Bauer", online: www.ifz-muenchen.de/aktuelles/aus-dem-institut/artikel/die-berlinale-und-die-aera-bauer (22.10.2022).
IfZ-Projekt: „Das Bundesarbeitsgericht zwischen Kontinuität und Neuanfang nach 1945", online: https://www.ifz-muenchen.de/forschung/ea/forschung/das-bundesarbeitsgericht-zwischen-kontinuitaet-und-neuanfang-nach-1945 (12.2.2023).

IfZ-Projekt: „Das Bundesverfassungsgericht nach dem Nationalsozialismus", online: www.ifz-muenchen.de/forschung/ea/forschung/das-bundesverfassungsgericht-nach-dem-nationalsozialismus (12.2.2022).

IfZ-Projekt: „Das Kanzleramt: Bundesdeutsche Demokratie und NS-Vergangenheit", online: www.ifz-muenchen.de/aktuelles/themen/bundeskanzleramt (14.4.2022).

IfZ-Projekt: „Landesjustiz und NS-Vergangenheit. Demokratie und Diktaturnachwirkungen im Bayerischen Staatsministerium der Justiz", online: www.ifz-muenchen.de/forschung/ea/forschung/landesjustiz-und-ns-vergangenheit-demokratie-und-diktaturnachwirkungen-im-bayerischen-staatsministerium-der-justiz (12.2.2022).

Jahresberichte des Königin Carola-Gymnasiums, online: http://digital.ub.uni-duesseldorf.de/ulbdsp/periodical/titleinfo/5576832 (2.1.2023).

Rothkirchen, Livia, The Protectorate Government and the „Jewish Question" 1939–1941, online: www.yadvashem.org/articles/academic/the-protectorate-government-and-the-jewish-question.html (24.11.2022).

Personenregister

Kursiv gesetzte Zahlen verweisen auf Namen in den Anmerkungen. Otto Palandt und Heinrich Schönfelder wurden aufgrund des häufigen Auftretens beider Namen nicht erfasst.

Anz, Heinrich 54
Arendt, Hannah 5 f., 8, 11

Becker, Bruno 76
Beseler, Hans von 42
Billerbeck, Doris 19

Chamberlain, Neville 5

Firnhaber, Carl 38
Firnhaber, Marie 38
Firnhaber, Helene *32*, 38, 44, 75 f.
Fraenkel, Ernst 5 f., 8, 11
Frank, Hans 7 f., 59, 70
Freisler, Roland 7 f., 15, 55 f., 74, 121
Fritsch, Hans 39

Glenewinkel, Louise 18, 21
Glenewinkel-Schneidler, Caroline 21 f., 25
Goebbels, Joseph 75
Gürtner, Franz 8, 79 f.
Gumbel, Emil 99
Groschupf 28 f.
Grüneberg, Christian *2*
Gryczewski, Friedrich 42

Habersack, Mathias *2*
Hartlich, Otto 93 f.
Heinroth, Wilhelm 36 f.
Hindenburg, Paul von 77, 79, 95
Hitler, Adolf 3, 5–8, 10 f., 13, 17, 53–55, 60, 62 f., 71, 76, 81, 112–114, 117, 120, 124, 126 f.

Joël, Günther 4

Kerrl, Hanns *14*, 54 f., 57–60, 63–66, 68–71, 83, 120
Kolle, Leonhard 27 f., 30, 32 f., 35 f., 40, 48
Krah, Adam 27 f., 31, 34
Kries, Wolfgang von 42, 45–54, 56–58, 121

Leonhardt 29
Liebknecht, Karl 77
Lubbe, Marinus van der 8 f.

Mitzenheim, Ellen 115
Mitzenheim, Hugo 115
Mussolini, Benito 103–105

Palandt, Ernst (Bruder Otto Palandts) 18, 24 f.
Palandt, Ernst (Vater Otto Palandts) 19–25
Palandt, Friedrich 18
Palandt, Hans 18
Palandt, Wilhelm 18–20, 22
Poehlmann, Christof Ludwig 89–93, 96, 101, 106
Poeschel, Johannes 88

Rietschel, Ernst 87
Rietschel, Lina 87
Roberts, Stephen H. 5 f., 8, 11
Rothenberger, Curt 74

Sattelmacher, Paul 57 f.
Schönfelder, Heinrich Ludwig 86 f.
Schwemann, Friedrich 21
Schwister, Wilhelm 56–59, 61, 65, 121
Siebert, Arno 115
Simon 27 f., 31
Solmi, Arrigo 70
Stuckart, Wilhelm 123 f.

Tauber, Richard (junior) 115
Tauber, Richard (senior) 115
Thierack, Otto 73–76, 81
Tulpanow, Sergej 78

Willikens, Werner *13*
Wolf, Kurt 98
Wrobel, Hans 100

Zehnhoff, Hugo am 51